CALCULO DIFERENCIAL EM R^n

MARIA DOS ANJOS FONSECA SARAIVA
MARIA ALDINA CARVALHO SILVA

CALCULO DIFERENCIAL EM R^n

RESUMO DA TEORIA
EXERCÍCIOS RESOLVIDOS
EXERCÍCIOS PARA RESOLVER

2.ª EDIÇÃO

(REIMPRESSÃO)

ALMEDINA

TÍTULO:	CÁLCULO DIFERENCIAL EM R^n
AUTOR	MARIA DOS ANJOS FONSECA SARAIVA MARIA ALDINA CARVALHO SILVA
EDITOR:	LIVRARIA ALMEDINA – COIMBRA www.almedina.net
LIVRARIAS:	LIVRARIA ALMEDINA ARCO DE ALMEDINA, 15 TELEF. 239 851900 FAX 239 851901 3004-509 COIMBRA – PORTUGAL LIVRARIA ALMEDINA – PORTO R. DE CEUTA, 79 TELEF. 22 2059773 FAX 22 2039497 4050-191 PORTO – PORTUGAL EDIÇÕES GLOBO, LDA. R. S. FILIPE NERY, 37-A (AO RATO) TELEF. 21 3857619 FAX 21 3844661 1250-225 LISBOA – PORTUGAL LIVRARIA ALMEDINA ATRIUM SALDANHA LOJA 31 PRAÇA DUQUE DE SALDANHA, 1 TELEF. 21 3712690 atrium@almedina.net
EXECUÇÃO GRÁFICA:	G.C. – GRÁFICA DE COIMBRA, LDA. PALHEIRA – ASSAFARGE 3001-453 COIMBRA E-mail: producao@graficadecoimbra.pt OUTUBRO, 2000
DEPÓSITO LEGAL:	33278/89
	Toda a reprodução desta obra, por fotocópia ou outro qualquer processo, sem prévia autorização escrita do Editor, é ilícita e passível de procedimento judicial contra o infractor.

ÍNDICE

I
Domínios

1.1. Definições 1
1.2. Exemplos 1
1.3. Exercícios para resolver 6

II
Limites

2.1. Definições. Notas 7
2.2. Exemplos 9
2.3. Exercícios para resolver 17

III
Continuidade

3.1. Definições. Notas. Teoremas 19
3.2. Exemplos 20
3.3. Exercícios para resolver 27

IV
Derivadas parciais

4.1. Definições. Notas. Teorema de Schwarz 31
4.2. Exemplos de derivadas parciais de 1.ª ordem 35
4.3. Exemplos de derivadas parciais de ordem superior à primeira 44
4.4. Exercícios para resolver 54

V
Funções diferenciáveis e diferencial de uma função

5.1. Definições. Notas. Teoremas mais importantes 61
5.2. Exemplos 65
5.3. Exercícios para resolver 81

VI
Derivadas e diferenciais de funções compostas

6.1. Derivadas de funções compostas 85
6.2. Diferenciais de funções compostas 89
6.3. Exemplos 90
6.4. Exercícios para resolver 113

VII

VII
Funções homogéneas

7.1. Definição. Teorema de Euler 117
7.2. Exemplos 118
7.3. Exercícios para resolver 128

VIII
Derivadas direccionais e gradiente

8.1. Definições. Notas. Teoremas 131
8.2. Exemplos 133
8.3. Exercícios para resolver 144

IX
Funções implícitas

9.1. Definições. Teoremas 147
9.2. Exemplos 150
9.3. Exercícios para resolver 174

X
Plano tangente e normais a uma superfície

10.1. Definições. Teorema. Nota 179
10.2. Exemplos 181
10.3. Exercícios para resolver 190

XI
Mudança de variável

11.1. Independência funcional. Teorema de Jacobi 193
11.2. Mudança de variáveis 193
11.3. Exemplos 199
11.4. Exercícios para resolver 216

XII
Extremos de funções de duas ou mais variáveis

12.1. Extremos em pontos interiores 221
12.2. Caso particular: $n = 2$ 223
12.3. Extremos ligados ou condicionados 225
12.4. Exemplos 226
    12.4.1. Extremos livres 226
    12.4.2. Extremos ligados 248
12.5. Exercícios para resolver 296

XIII

Exercícios saídos em exame 301

I
DOMÍNIOS

1.1 — Definições

Seja C um conjunto de R^n e sejam $x_1, x_2, ..., x_n$ variáveis reais e y uma outra variável que também pode tomar valores reais. Se a cada sistema de valores $(x_1, x_2, ..., x_n)$ pertencente a C corresponde, por qualquer forma, um só valor de y sem que o mesmo aconteça para os sistemas $(x_1, x_2, ..., x_n)$ que não pertençam a C, diz-se que y é uma função de $x_1, x_2, ..., x_n$ definida em C. A este conjunto chama-se *campo de existência* ou *domínio* da função, $x_1, x_2, ..., x_n$ chamam-se *variáveis independentes* ou argumentos e a y *variável dependente* ou função. Exprime-se que y é função de $x_1, x_2, ..., x_n$ escrevendo $y = f(x_1, x_2, ..., x_n)$ ou $y = f(X)$ [sendo X o ponto $(x_1, x_2, ..., x_n)$]. Chama-se *contradomínio* da função $y = f(X)$ ao conjunto dos valores de y obtidos quando X percorre o domínio da função.

1.2 — Exemplos

Calcule o domínio de cada uma das seguintes funções e represente-os graficamente

a) $f(x,y) = \sqrt{6-(2x+2y)}$

RESOLUÇÃO

a) A função $f(x,y)$ é definida para os pontos (x,y) tais que $6-(2x+2y) \geqslant 0$, ou seja, para o semiplano definido pela desigualdade $2x+2y \leqslant 6$ (ver Fig. 1).

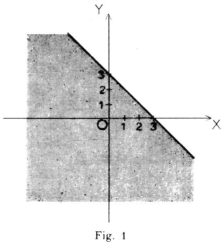

Fig. 1

b) $f(x,y) = \log[(16 - x^2 - y^2)(x^2 + y^2 - 4)]$

RESOLUÇÃO

b) A função é definida para os pontos (x,y) tais que

$$(16 - x^2 - y^2)(x^2 + y^2 - 4) > 0,$$

ou seja, a região aberta dos pontos interiores ao círculo de centro na origem e raio 4 e exteriores ao círculo de centro, na origem e raio 2 (ver Fig. 2).

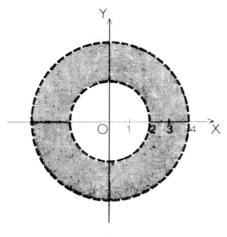

Fig. 2

c) $f(x,y) = \log(1 - x^2 - y^2)$

RESOLUÇÃO

A função só é definida quando $x^2 + y^2 < 1$. O domínio é pois o interior do círculo unitário com centro na origem (ver Fig. 3).

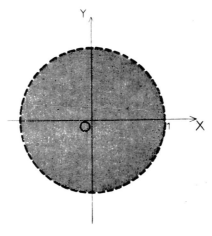

Fig. 3

d) $f(x,y) = \sqrt{x^2 + y^2 - 1} + \log(4 - x^2 - y^2)$

RESOLUÇÃO

Para que a raiz quadrada seja real é necessário que $x^2 + y^2 \geqslant 1$ e para que o logarítmo seja definido é necessário que $x^2 + y^2 < 4$. O domínio da função é, pois, o anel circular entre os círculos $x^2 + y^2 = 1$ e $x^2 + y^2 = 4$. A circunferência menor faz parte do domínio ao passo que a maior não faz (ver Fig. 4).

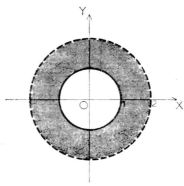

Fig. 4

e) $f(x,y) = \dfrac{x}{y^2 - 4x}$

RESOLUÇÃO

A função não é definida quando o denominador é zero, isto é, é definida para todos os pontos do plano excepto nos pontos da parábola $y^2 = 4x$ (ver Fig. 5).

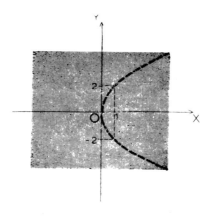

Fig. 5

f) $f(x,y) = \sqrt{x^2 - y^2} + \sqrt{x^2 + y^2 - 1}$

RESOLUÇÃO

O domínio é definido pelas desigualdades $x^2 \geqslant y^2$ e $x^2 + y^2 \geqslant 1$. As rectas $x - y = 0$, $x + y = 0$ dividem o plano em quatro quadrantes. A desigualdade $x^2 \geqslant y^2$ obriga a que os pontos (x,y) se situem nos dois quadrantes que contêm o eixo dos XX. A outra desigualdade obriga a que os pontos (x,y) se situem fora do círculo $x^2 + y^2 = 1$. O domínio é pois o dado pela Fig. 6.

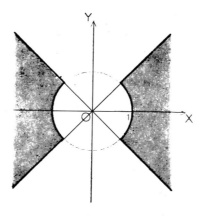

Fig. 6

g) $z = \log(x^2 - 4x + 3) + \sqrt{y^2 - 1}$

RESOLUÇÃO

O domínio é definido pelas desigualdades $x^2 - 4x + 3 > 0$ e $y^2 - 1 \geqslant 0$ ou seja

$$x < 1 \text{ ou } x > 3$$

e

$$y \leqslant -1 \text{ ou } y \geqslant 1$$

O domínio de função é o indicado na Fig. 7.

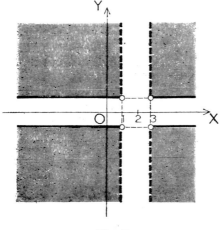

Fig. 7

5

1.3 — Exercícios para resolver

1 — *Calcule o domínio de cada uma das funções seguintes e represente-o graficamente*

a) $\quad z = \dfrac{1}{\sqrt{x+y}} + \dfrac{1}{\sqrt{x-y}}$

b) $\quad z = \sqrt{x \cdot \sin y}$

c) $\quad z = \sqrt{\dfrac{x^2 + 2x + y^2}{x^2 - 2x + y^2}}$

d) $\quad f(x,y) = \log y^2 + \sqrt{1 - x^2}$

e) $\quad f(x,y) = \log(5x - x^2 - 6) + \log(1 - y^2)$

f) $\quad f(x,y) = \begin{cases} x^2 & para\ (x,y)\ tais\ que\ x \neq y \\ 0 & para\ (x,y)\ tais\ que\ x = y \end{cases}$

R.:

a) $x + y > 0$ e $x - y > 0$

b) Se $x \geqslant 0$ então $2k\pi \leqslant y \leqslant (2k+1)\pi$
$\qquad\qquad\qquad\qquad\qquad\qquad\qquad k$ inteiro
Se $x < 0$ então $(2k+1)\pi \leqslant y \leqslant (2k+2)\pi$

c) A região do plano exterior às circunferências de raios unitários centradas em $A(-1,0)$ e $B(1,0)$. Pertencem ao domínio os pontos da 1.ª circunferência.

d) A região do plano tal que $-1 \leqslant x \leqslant 1$ e $y \neq 0$ qualquer, isto é, uma faixa de plano compreendido entre as rectas $x = 1$ e $x = -1$ com excepção dos pontos do eixo dos XX.

e) $2 < x < 3,\ -1 < y < 1$, isto é, o rectângulo determinado pelas rectas $x = 2$, $x = 3$ e $y = -1$, $y = 1$.

f) R^2

II
LIMITES

2.1 — Definições. Notas

Seja $f:C \subseteq R^n \to R$ uma função definida num conjunto C de R^n e com valores no conjunto R dos números reais.

Seja $A = (a_1, a_2, \ldots, a_n)$ um ponto de R^n não exterior a C. Diz-se que $f(X)$ *tende para* L ou *tem por limite* L quando X tende para A, quando a todo o número $\delta > 0$ se pode fazer corresponder um número $\varepsilon > 0$ de tal modo que se tenha $|f(X) - L| < \delta$ sempre que $0 < |X - A| < \varepsilon$, ou seja,

$$\lim_{X \to A} f(X) = L \Leftrightarrow \forall \delta > 0, \exists \varepsilon > 0 : 0 < |X - A| < \varepsilon (X \in C) \Rightarrow |f(X) - L| < \delta$$

Escreve-se, então:

$$\lim_{X \to A} f(X) = L$$

ou, o que é a mesma coisa:

(1) $$\lim_{\substack{x_k \to a_k \\ (k = 1, 2, \ldots, n)}} f(x_1, x_2, \ldots, x_n) = L$$

Nota 1

É evidente que A pode pertencer ou não a C; porém A tem que pertencer forçosamente ao fecho de C, pois temos que garantir que qualquer vizinhança de centro A intersecte C.

NOTA 2

Na relação (1) admitimos que as n variáveis $x_1, x_2, \ldots, x_n$ convergem simultaneamente para $a_1, a_2, \ldots, a_n$. Podemos, porém, admitir que primeiro fazemos x_1 tender para a_1, depois x_2 para $a_2 \ldots$ finalmente x_n para a_n. Obtemos assim um limite *escalonado* ou *iterado* e que se representa por

$$\lim_{x_n \to a_n} \ldots \lim_{x_2 \to a_2} \lim_{x_1 \to a_1} f(x_1 x_2, \ldots, x_n)$$

Naturalmente, no nosso caso, em que temos n variáveis, os limites iterados são em número de $n!$.

Se existe limite de $f(X)$ quando X tende para A e existem os $n!$ limites iterados então têm todos o mesmo valor. A existência de dois limites iterados distintos implica a não existência de limite no ponto considerado.

NOTA 3

Se $f: C \subseteq R^2 \to R$ e $A = (a_1, a_2)$ então poderemos dizer que o limite de $f(x,y)$ é l, à medida que x tende para a_1 e y tende para a_2, se para cada $\delta > 0$ há um $\varepsilon > 0$ tal que

$$|f(x,y) - l| < \delta$$

para todos os pontos $(x,y) \varepsilon C$ para os quais se verifica a desigualdade

$$0 < \sqrt{(x - a_1)^2 + (y - a_2)^2} < \varepsilon$$

NOTA 4

Para verificarmos que não existe

$$\lim_{X \to A} f(X)$$

considera-se, no caso de funções $f(x,y)$ de duas variáveis, a restrição à recta

$$y = a_2 + m(x - a_1)$$

que passa pelo ponto (a_1, a_2) e com coeficiente angular m qualquer. Estuda-se o limite

$$\lim_{x \to a_1} f[x, a_2 + m(x - a_1)]$$

Se este limite depende de m, não existe

$$\lim_{\substack{x \to a_1 \\ y \to a_2}} f(x,y)$$

porque, neste caso, o limite varia consoante a maneira como (x,y) tende para (a_1, a_2).

2.2 — Exemplos

1 — *Mostre que a função* $f(x,y) = \dfrac{x^2 - y^2}{x^2 + y^2}$ *de domínio* $R^2 - \{0,0\}$ *não tem limite quando* $(x,y) \to (0,0)$.

Resolução:

1.º processo

Calculemos os limites iterados na origem $(0,0)$:

$$\lim_{x \to 0} \lim_{y \to 0} f(x,y) = \lim_{x \to 0} \frac{x^2}{x^2} = \lim_{x \to 0} 1 = 1$$

$$\lim_{y \to 0} \lim_{x \to 0} f(x,y) = \lim_{y \to 0} \frac{-y^2}{y^2} = \lim_{y \to 0} (-1) = -1$$

Os dois limites iterados possíveis existem e são distintos; logo, não existe o limite simultâneo

$$\lim_{\substack{x \to 0 \\ y \to 0}} f(x,y)$$

2.º processo

A restrição de $f(x,y)$ à recta $y = mx$ é:

$$f(x, mx) = \frac{x^2 - m^2 x^2}{x^2 + m^2 x^2}$$

Se considerarmos $x \neq 0$, teremos

$$f(x,mx) = \frac{1-m^2}{1+m^2}$$

Então

$$\lim_{x \to 0} f(x,mx) = \frac{1-m^2}{1+m^2} \quad \text{(depende de } m\text{)}$$

logo não existe

$$\lim_{\substack{x \to 0 \\ y \to 0}} f(x,y)$$

2 — Mostre que,

$$\lim_{(x,y) \to (0,0)} \frac{2x^3 - y^3}{x^2 + y^2} = 0$$

RESOLUÇÃO

Teremos de provar que sendo δ um número positivo qualquer, existe outro número positivo ε (dependente de δ), tal que, para $0 < x^2 + y^2 < \varepsilon^2$ se tem $\left| \dfrac{2x^3 - y^3}{x^2 + y^2} \right| < \delta$.

Seja então dado o número $\delta > 0$.

Como:

$$|2x^3 - y^3| \leqslant 2|x|^3 + |y|^3 = 2|x||x|^2 + |y||y|^2$$

e

$$|x| \leqslant \sqrt{x^2 + y^2} \quad \text{e} \quad |y| \leqslant \sqrt{x^2 + y^2}$$

Então

$$|2x^3 - y^3| \leqslant (x^2+y^2)^{1/2}(2x^2+y^2) \leqslant 2(x^2+y^2)^{3/2}$$

e

$$\left| \frac{2x^3 - y^3}{x^2+y^2} \right| \leqslant 2(x^2+y^2)^{1/2} < 2\varepsilon \quad \text{se} \quad 0 < x^2+y^2 < \varepsilon^2$$

Então

$$\forall \delta > 0, \ \exists \varepsilon = \frac{\delta}{2} : 0 < x^2+y^2 < \varepsilon^2 \Rightarrow \left| \frac{2x^3 - y^3}{x^2+y^2} \right| < \delta$$

o que prova que

$$\lim_{\substack{x \to 0 \\ y \to 0}} \frac{2x^3 - y^3}{x^2 + y^2} = 0$$

3 — *Examine o comportamento da função* $f(x,y) = \dfrac{x^4 y^4}{(x^2 + y^4)^3}$, *quando* $(x,y) \to (0,0)$ *ao longo de várias rectas de* R^2. *Considere depois o que acontece quando* $(x,y) \to (0,0)$ *ao longo da curva* $y^2 = x$. *Que conclusões tira?*

RESOLUÇÃO

Consideremos a restrição da função à recta $y = mx$ e calculemos o seu limite:

(1) $\lim\limits_{x \to 0} f(x,mx) = \lim\limits_{x \to 0} \dfrac{x^4 m^4 x^4}{(x^2 + m^4 x^4)^3} = \lim\limits_{x \to 0} \dfrac{x^8 m^4}{x^6(1 + m^4 x^2)^3} = \lim\limits_{x \to 0} \dfrac{x^2 m^4}{(1 + m^4 x^2)^3} = 0$

Podemos concluir, que sempre que o ponto (x,y) tende para $(0,0)$ ao longo de rectas que passem nesse ponto, o limite de $f(x,y)$ existe e é zero.

Considerando a restrição da função à parábola $y^2 = x$ e calculando o limite, vem:

(2) $\lim\limits_{y \to 0} f(y^2,y) = \lim\limits_{y \to 0} \dfrac{y^8 y^4}{(y^4 + y^4)^3} = \lim\limits_{y \to 0} \dfrac{y^{12}}{8 y^{12}} = \dfrac{1}{8}.$

Concluimos que quando $(x,y) \to (0,0)$ ao longo da parábola $y^2 = x$, o o limite de $f(x,y)$ existe e é $\dfrac{1}{8}$.

A função não tem pois limite quando $(x,y) \to (0,0)$, pois acabamos de provar que esse limite depende da maneira como (x,y) tende para $(0,0)$.

Logo, não existe $\lim\limits_{\substack{x \to 0 \\ y \to 0}} f(x,y)$

4 — *Mostrar que a função*

$$u = \frac{x + y}{x - y}$$

quando $(x,y) \to (0,0)$ *pode tender para um limite qualquer (segundo a maneira como* x *e* y *tendem para zero). Citar exemplos de variação de* x *e* y *tais que a)* $\lim_{(x,y) \to (0,0)} u = 1$

b) $\lim_{(x,y) \to (0,0)} u = 2$

RESOLUÇÃO

Se dado o ponto P(*x,y*), primeiro tender *x* para zero e depois *y* tender para zero, vem:

$$\lim_{y \to 0} \left(\lim_{x \to 0} \frac{x+y}{x-y} \right) = \lim_{y \to 0} \frac{y}{-y} = -1$$

Se primeiro for a variável *y* a tender para para zero e depois a variável *x* teremos:

$$\lim_{x \to 0} \left(\lim_{y \to 0} \frac{x+y}{x-y} \right) = \lim \frac{x}{x} = 1$$

Se fizermos tender *x* e *y* ao mesmo tempo para zero através das rectas $y = mx$, virá:

$$\lim_{x \to 0} f(x,mx) = \lim_{x \to 0} \frac{x+mx}{x-mx} = \lim_{x \to 0} \frac{1+m}{1-m} = \frac{1+m}{1-m}$$

ou seja, o limite depende do coeficiente angular da recta segundo a qual o ponto P tende para a origem.

$\lim_{(x,y) \to (0,0)} u = 1$ se $\frac{1+m}{1-m} = 1$. Logo $m = 0$

$\lim_{(x,y) \to (0,0)} u = 2$ se $\frac{1+m}{1-m} = 2$. Logo $m = \frac{1}{3}$.

Então quando (*x,y*) tender para (0,0) ao longo da recta $y = 0$, *u* tende para 1. Quando (*x,y*) tender para (0,0) ao longo da recta $y = \frac{1}{3} x$, *u* tende para 2.

5 — *Mostre que a função* $f(x,y) = \frac{x^2 y^2}{x^2 + y^2}$ *de domínio* $R^2 - \{0,0\}$, *tende para zero quando* $(x,y) \to (0,0)$.

RESOLUÇÃO

Recorrendo à definição de limite, teremos de provar que:

$$\forall \delta > 0, \quad \exists \varepsilon > 0 : 0 < x^2 + y^2 < \varepsilon^2 \Rightarrow \left| \frac{x^2 y^2}{x^2 + y^2} - 0 \right| < \delta$$

Como

$$(x^2 + y^2)^2 - 4x^2 y^2 = (x^2 - y^2)^2 \geqslant 0 \Rightarrow x^2 y^2 \leqslant \frac{(x^2 + y^2)^2}{4} \Rightarrow \frac{x^2 y^2}{x^2 + y^2} \leqslant$$

$$\leqslant \frac{(x^2 + y^2)}{4} \ .$$

Mas desde que, $0 < x^2 + y^2 < \varepsilon^2$, teremos $\dfrac{x^2 y^2}{x^2 + y^2} < \dfrac{\varepsilon^2}{4} = \delta$

ou seja,

$$\forall \delta > 0, \quad \exists \varepsilon = 2\sqrt{\delta} : \ 0 < x^2 + y^2 < \varepsilon^2 \Rightarrow \frac{x^2 y^2}{x^2 + y^2} < \delta$$

Então

$$\lim_{\substack{x \to 0 \\ y \to 0}} \frac{x^2 y^2}{x^2 + y^2} = 0$$

6 — *Seja* f(x,y) = xy $\dfrac{x^2 - y^2}{x^2 + y^2}$. *Prove que* $\lim\limits_{\substack{x \to 0 \\ y \to 0}}$ f(x,y) = 0.

RESOLUÇÃO

Sabemos que $2|ab| \leqslant a^2 + b^2$ e $|a^2 - b^2| \leqslant |a|^2 + |b|^2$

Assim,

$$|f(x,y)| = \left| xy \, \frac{x^2 - y^2}{x^2 + y^2} \right| = |xy| \cdot \frac{|x^2 - y^2|}{x^2 + y^2} \leqslant \frac{1}{2}(x^2 + y^2) \cdot \frac{x^2 + y^2}{x^2 + y^2} =$$

$$= \frac{1}{2}(x^2 + y^2).$$

Desde que, $0 < x^2 + y^2 < \varepsilon^2$ vem:

$$|f(x,y)| \leqslant \frac{1}{2}(x^2+y^2) < \frac{\varepsilon^2}{2} = \delta$$

logo

$$\forall \delta > 0,\ \exists \varepsilon = \sqrt{2\delta} : 0 < x^2+y^2 < \varepsilon^2 \Rightarrow \left| xy\frac{x^2-y^2}{x^2+y^2} \right| < \delta$$

o que prova que

$$\lim_{\substack{x \to 0 \\ y \to 0}} f(x,y) = 0$$

7 — *Demonstre, através da definição, que*

$$\lim_{(x,y) \to (1,2)} (3x^2 + y) = 5$$

RESOLUÇÃO

$$|3x^2+y-5| = |3x^2-3+y-2| = |3(x-1)(x+1)+y-2| \leqslant$$
$$\leqslant 3|x-1||x+1|+|y-2|$$

mas

$$0 < \sqrt{(x-1)^2+(y-2)^2} < \varepsilon,\ \text{logo}\ |x-1| < \varepsilon\ e\ |y-2| < \varepsilon$$

Considerado $0 < \varepsilon \leqslant 1$, virá:

$|x-1| < \varepsilon \leqslant 1$ ou seja $|x-1| < 1; -1 < x-1 < +1; 1 < x+1 < 3$.

Então:

$$3|x-1||x+1|+|y-2| < 3.\varepsilon.3 + \varepsilon = 10\varepsilon = \delta$$

e

$$\forall \delta > 0,\ \exists \varepsilon = \min\left\{1, \frac{\delta}{10}\right\} : 0 < (x-1)^2+(y-2)^2 < \varepsilon^2 \Rightarrow |3x^2+y-5| < \delta$$

ou seja

$$\lim_{(x,y) \to (1,2)} (3x^2+y) = 5$$

8 — *Prove, através da definição que*

$$\lim_{\substack{x \to 1 \\ y \to 2}} (x^2 + 2y) = 5$$

RESOLUÇÃO

Teremos que provar que:

$$\forall \delta > 0, \ \exists \varepsilon > 0 : 0 < (x-1)^2 + (y-2)^2 < \varepsilon^2 \Rightarrow |x^2 + 2y - 5| < \delta$$

mas,

se $0 < |x-1| < \varepsilon \Rightarrow 1 - \varepsilon < x < 1 + \varepsilon \Rightarrow 1 + \varepsilon^2 - 2\varepsilon < x^2 < 1 + \varepsilon^2 + 2\varepsilon$

e

$$0 < |y-2| < \varepsilon \Rightarrow 2 - \varepsilon < y < 2 + \varepsilon \Rightarrow 4 - 2\varepsilon < 2y < 4 + 2\varepsilon$$

Somando, vem:

$$5 - 4\varepsilon + \varepsilon^2 < x^2 + 2y < 5 + 4\varepsilon + \varepsilon^2$$
$$-4\varepsilon + \varepsilon^2 < x^2 + 2y - 5 < 4\varepsilon + \varepsilon^2$$

Mas se $0 < \varepsilon \leqslant 1$ $\varepsilon^2 \leqslant \varepsilon$ e $\varepsilon^2 > -\varepsilon$ logo:

$$-5\varepsilon < x^2 + 2y - 5 < 5\varepsilon$$

ou seja

$$|x^2 + 2y - 5| < 5\varepsilon = \delta$$

Então

$$\forall \delta > 0, \ \exists \varepsilon = \min\left\{1, \frac{\delta}{5}\right\} : 0 < (x-1)^2 + (y-2)^2 < \varepsilon^2 \Rightarrow |x^2 - 2y - 5| < \delta$$

o que prova que

$$\lim_{(x,y) \to (1,2)} (x^2 + 2y) = 5$$

9 — *Prove através da definição que*

$$\lim_{\substack{x \to 4 \\ y \to -1}} (3x - 2y) = 14$$

15

RESOLUÇÃO

Teremos de provar que

$$\forall \delta > 0, \quad \exists \varepsilon > 0 : 0 < (x-4)^2 + (y+1)^2 < \varepsilon^2 \Rightarrow |3x - 2y - 14| < \delta$$

$$|3x - 2y - 14| = |3(x-4) + 12 - 2(y+1) + 2 - 14| =$$
$$= |3(x-4) - 2(y+1)| \leq 3|x-4| + 2|y-1|$$

Se $|x-4| < \varepsilon$ e $|y-1| < \varepsilon$

$$|3x - 2y - 14| < 3\varepsilon + 2\varepsilon = 5\varepsilon = \delta$$

Então

$$\forall \delta > 0, \quad \exists \varepsilon = \frac{\delta}{5} : 0 < (x-4)^2 + (y+1)^2 < \varepsilon^2 \Rightarrow |3x - 2y - 14| < \delta$$

o que prova que

$$\lim_{(x,y) \to (4,-1)} f(x,y) = 14$$

10 — *Prove, através da definição que*

$$\lim_{(x,y) \to (2,1)} (xy - 3x + 4) = 0$$

RESOLUÇÃO

Teremos de provar que

$$\forall \delta > 0, \quad \exists \varepsilon > 0 : 0 < (x-2)^2 + (y-1)^2 < \varepsilon^2 \Rightarrow |xy - 3x + 4| < \delta$$

Se $\quad 0 < |x+2| < \varepsilon, \quad 0 < |y-1| < \varepsilon \quad$ e $\quad \varepsilon \leq 1 \quad$ vem:

$$2 - \varepsilon < x < 2 + \varepsilon \quad \Leftrightarrow \quad -6 - 3\varepsilon < -3x < -6 + 3\varepsilon$$
$$1 - \varepsilon < y < 1 + \varepsilon$$

logo

$$2 - 3\varepsilon + \varepsilon^2 < xy < 2 + 3\varepsilon + \varepsilon^2$$
$$-4 - 6\varepsilon + \varepsilon^2 < xy - 3x < -4 + 6\varepsilon + \varepsilon^2$$
$$-6\varepsilon + \varepsilon^2 < xy - 3x + 4 < 6\varepsilon + \varepsilon^2$$

$$-7\varepsilon < xy - 3x + 4 < 7\varepsilon$$
$$|xy - 3x + 4| < 7\varepsilon = \delta$$

Então

$$\forall \delta > 0, \ \exists \varepsilon = \min\left\{1, \frac{\delta}{7}\right\}: \ 0 < (x-2)^2 + (y-1)^2 < \varepsilon^2 \Rightarrow |xy - 3x + 4| < \delta$$

o que prova que

$$\lim_{(x,y) \to (2,1)} (xy - 3x + 4) = 0 \ .$$

2.3. Exercícios para resolver

1 — Seja $f(x,y) = \begin{cases} x \sin \dfrac{1}{y} & \text{se } y \neq 0 \\ 0 & \text{se } y = 0 \end{cases}$

a) *Mostre que* $f(x,y) \to 0$ *quando* $(x,y) \to (0,0)$, *mas que*

$$\lim_{y \to 0}\left[\lim_{x \to 0} f(x,y)\right] \neq \lim_{x \to 0}\left[\lim_{y \to 0} f(x,y)\right]$$

b) *Explique se este resultado contradiz a nota 2.*

2 — *Seja* $f(x,y) = \dfrac{x^2 y^2}{x^2 y^2 + (x-y)^2}$ *para* $x^2 y^2 + (x-y)^2 \neq 0$. *Mostre que*

$$\lim_{x \to 0}\left[\lim_{x \to 0} f(x,y)\right] = \lim_{x \to 0}\left[\lim_{y \to 0} f(x,y)\right] = 0$$

mas que $f(x,y)$ não tem limites quando $(x,y) \to (0,0)$.

3 — *Discuta a existência dos seguintes limites:*

a) $\displaystyle\lim_{(x,y) \to (0,0)} \dfrac{x+y}{\sqrt{x^2+y^2}}$

b) $\displaystyle\lim_{(x,y) \to (0,0)} \dfrac{xy}{\sqrt{x^2+y^2}}$

c) $\displaystyle\lim_{(x,y) \to (0,0)} (x^2+y^2) \sin \dfrac{1}{xy}$

d) $\lim\limits_{(x,y) \to (0,0)} \dfrac{x^2}{x^2 + y^2}$

e) $\lim\limits_{(x,y) \to (0,0)} \dfrac{x + y}{5x - y}$.

R:

a) Não existe limite.

b) 0.

c) 0.

d) Não existe limite.

e) Não existe limite.

4 — *Prove, através de definição que*

a) $\lim\limits_{(x,y) \to (3,2)} (3x - 4y) = 1$

b) $\lim\limits_{(x,y) \to (2,4)} (x^2 + 2x - y) = 4$

c) $\lim\limits_{(x,y) \to (0,0)} \dfrac{x^2 y^2}{x^2 + y^2} = 0$

d) $\lim\limits_{(x,y) \to (0,0)} \dfrac{3x^2 y}{x^2 + y^2} = 0$

III

CONTINUIDADE

3.1 — Definições. Notas. Teoremas

DEFINIÇÃO 1

Seja $f(X)$ uma função real de n variáveis reais definidas no subconjunto $C \subseteq R^n$ e seja $A \in C$. Diz-se que $f(X)$ é contínua no ponto A, se as duas condições seguintes são verificadas:

a) existe $\lim_{X \to A} f(X)$. Chamemos L a esse limite

b) $f(A) = L$.

Em símbolos:

$$\forall \delta > 0, \ \exists \varepsilon > 0 : 0 < |X - A| < \varepsilon, (X \in C) \Rightarrow |f(X) - f(A)| < \delta$$

NOTA 1

Nesta definição o ponto A tem que pertencer forçosamente a C, uma vez que a condição b) exige que

$$f(A) = L.$$

DEFINIÇÃO 2

$f(X)$ é contínua no conjunto C, se e só se, for contínua em todos os pontos de C.

Definição 3

Se uma função não é contínua num ponto, é descontínua nesse ponto. Diz-se que a descontinuidade é *não essencial* ou *removível*, se existe $\lim_{X \to A} f(X)$, mas esse valor é diferente de $f(A)$. Neste caso, alterando o valor da função no ponto, ela passa a ser contínua nesse ponto.

Teorema 1

Uma função polinomial, de duas variáveis, é contínua em todo o ponto de R^2.

Teorema 2

As funções reais contínuas, de n variáveis reais, gozam de propriedades análogas às que se conhecem para funções de uma só variável, e que são:

P_1) Se f e g são contínuas em A, $|f|$, $f+g$, $f.g$ e $\dfrac{f}{g}$ se $g(A) \neq 0$, são funções contínuas no ponto A.

P_2) Se f é contínua em A, e g contínua em $B = f(A)$, a função composta *gof* é contínua em A.

P_3) Se f é contínua em A (ponto não isolado do domínio da função) e $f(A) \neq 0$, existe uma vizinhança de A, onde f mantém o sinal que toma em A.

P_4) Se f é contínua num conjunto limitado e fechado, tem nesse conjunto um máximo e um mínimo.

3.2 — **Exemplos**

1 — *Seja* $f(x,y) = \begin{cases} \dfrac{x^2 y^2}{x^2 + y^2} & se \quad (x,y) \neq (0,0) \\ 0 & se \quad (x,y) = (0,0) \end{cases}$

Estude a continuidade de $f(x,y)$ *em* R^2.

Resolução

Para pontos de R^2 distintos da origem, a função é contínua, por ser o quociente de duas funções contínuas, em que o denominador nunca se anula. Vejamos o que se passa na origem. Para isso, teremos de calcular, caso exista, $\lim_{(x,y) \to (0,0)} f(x,y)$.

Como:
$$|x|^2 = (\sqrt{x^2})^2 \leqslant (\sqrt{x^2+y^2})^2 = x^2+y^2$$
$$|y|^2 \leqslant (x^2+y^2)$$

Vem:
$$\left| \frac{x^2 y^2}{x^2+y^2} \right| = \frac{|x|^2 |y|^2}{|x^2+y^2|} \leqslant (x^2+y^2)$$

Desde que, $0 < \sqrt{x^2+y^2} < \varepsilon$, vem:
$$\left| \frac{x^2 y^2}{x^2+y^2} \right| < \varepsilon^2 = \delta.$$

Então, podemos concluir, que
$$\forall \delta > 0, \ \exists \varepsilon = \sqrt{\delta} : 0 < x^2+y^2 < \varepsilon^2 \Rightarrow \left| \frac{x^2 y^2}{x^2+y^2} \right| < \delta$$

o que significa que $f(x,y) \to 0$ quando $(x,y) \to (0,0)$.

Como:
$\lim_{(x,y) \to (0,0)} f(x,y) = f(0,0)$ poderemos concluir que a função é contínua na origem. Logo é contínua em $\mathbb{R}^2$.

2 — *Estude a continuidade da função*

$$f(x,y) = \begin{cases} (x+y) \sin \dfrac{1}{x} & \text{se } x \neq 0 \\ 0 & \text{se } x = 0 \end{cases}$$

na origem.

RESOLUÇÃO

Calculemos $\lim_{(x,y) \to (0,0)} f(x,y)$

a) Consideremos em primeiro lugar $x \neq 0$

Como $|f(x,y)-0| = |(x+y)\sin\dfrac{1}{x}| = |x+y|\;|\sin\dfrac{1}{x}| \leqslant |x+y| \leqslant$

$\leqslant |x|+|y| \leqslant \sqrt{x^2+y^2} + \sqrt{x^2+y^2} = 2\sqrt{x^2+y^2}$

Então, desde que $0 < \sqrt{x^2+y^2}) < \varepsilon = \dfrac{\delta}{2}$ virá:

$$|f(x,y)-0| < \delta, \text{ ou seja,}$$

$\forall \delta > 0, \; \exists \varepsilon = \dfrac{\delta}{2} : 0 < x^2+y^2 < \varepsilon^2 \Rightarrow |(x+y)\sin\dfrac{1}{x}| < \delta$

o que significa que $\lim\limits_{(x,y)\to(0,0)} f(x,y) = 0$.

b) Se $x = 0$ então $f(x,y) = 0$ e $\lim\limits_{(x,y)\to(0,0)} f(x,y) = 0$

Podemos, pois, concluir que:

$$\lim_{(x,y)\to(0,0)} f(x,y) = 0 = f(0,0)$$

A função é contínua na origem.

3 — *Verifique que a função* $f(x_1,x_2) = \dfrac{2x_1 x_2}{x_1^2 + x_2^2}$ *para* $x_1^2 + x_2^2 \neq 0$ *e* $f(0,0) = 0$ *é contínua na origem como função de* x_1, *contínua como função de* x_2, *mas não é contínua como função de* (x_1,x_2).

RESOLUÇÃO

Considerando a restrição da função dada ao conjunto

$M = \{(x_1,x_2): x_2 = 0\} \subseteq R^2$ obtemos:

$$f(x_1,x_2)\Big|_M = f(x_1,0) = \varphi(x_1) = 0$$

logo $\lim\limits_{(x_1,x_2)\to(0,0)} f(x_1,x_2) = 0 = f(0,0)$.

A função é contínua na origem como função de x_1.

Considerando a restrição da função dada ao conjunto

$N = \{(x_1,x_2) : x_1 = 0\} \subseteq R^2$ obtemos

$$f(x_1,x_2)\underset{N}{\Big|} = f(0,x_2) = \Psi(x_2) = 0$$

$$\lim_{(x_1,x_2) \to (0,0)} f(x_1,x_2) = 0 = f(0,0)$$

A função é contínua na origem como função de x_2.

Para provar que a função não é contínua na origem como função de x_1 e x_2, basta considerar a restrição da função ao conjunto

$$P = \{(x_1,x_2) : x_2 = mx_1\} \subseteq R^2$$

e obtemos:

$$f(x_1,x_2)\underset{P}{\Big|} = f(x_1,mx_1) = \frac{2x_1^2 m}{x_1^2 + m^2 x_1^2} = \frac{2m}{1+m^2} \text{ supondo que } x_1 \neq 0.$$

Então $\lim_{(x_1,x_2) \to (0,0)} f(x_1,x_2) = \lim_{x_1 \to 0} f(x_1,mx_1) = \frac{2m}{1+m^2}$ e este valor depende do coeficiente angular da recta que passa pela origem. O limite não é independente do modo como as variáveis tendem para zero, o que nos leva a concluir que não existe esse limite e portanto a função não é contínua.

4 — *Calcular os pontos de descontinuidade da função* $z = \dfrac{1}{x^2 + y^2}$. *Estudar o comportamento da função na vizinhança do ponto de descontinuidade.*

RESOLUÇÃO

A função é descontínua para os pontos $P(x,y)$ tais que $x^2 + y^2 = 0$, ou seja no ponto $O(0,0)$.

Como $\forall \delta > 0, \exists \varepsilon > 0 : \sqrt{x^2 - y^2} < \varepsilon \Rightarrow f(x,y) > \dfrac{1}{\varepsilon^2} = \dfrac{1}{\delta}$

ou seja.

$$\forall \delta > 0, \exists \varepsilon = \sqrt{\delta} : \sqrt{x^2 + y^2} < \varepsilon \Rightarrow f(x,y) > \frac{1}{\delta}$$

Poderemos dizer que, na vizinhança da origem, a função toma valores positivos tão grandes quanto se queira.

5 — *As funções seguintes são descontínuas na origem. Verifique se a descontinuidade é removível ou essencial. Se a descontinuidade for removível, defina f(0,0) de modo a remover a descontinuidade.*

a) $\quad f(x,y) = \begin{cases} \dfrac{x+y}{5x-y} & se\ (x,y) \neq (0,0) \\ 0 & se\ (x,y) = (0,0) \end{cases}$

b) $\quad f(x,y) = \begin{cases} \dfrac{xy}{\sqrt{x^2+y^2}} & se\ (x,y) \neq (0,0) \\ 1 & se\ (x,y) = (0,0) \end{cases}$

RESOLUÇÃO

a) A função é descontínua na origem pois não tem limite nesse ponto. A descontinuidade é essencial.

b) A função é descontínua na origem pois

$$\lim_{(x,y) \to (0,0)} f(x,y) = 0 \neq f(0,0)$$

A descontinuidade é removível. Para tornar a função contínua basta considerar $f(0,0) = 0$.

6 — *Nos exercícios seguintes, determine a região onde f(x,y) é contínua.*

a) $\quad f(x,y) = \dfrac{xy}{\sqrt{16-x^2-y^2}}$

RESOLUÇÃO

A função é contínua para $16 - x^2 - y^2 > 0$ ou seja $x^2 + y^2 < 16$. Só servem os pontos interiores à circunferência de centro na origem e raio 4.

b) $\quad f(x,y) = x\ \log(xy)$

RESOLUÇÃO

A função é contínua para $xy > 0$, ou seja, no 1.º e 3.º quadrantes, exceptuando os eixos coordenados.

c) $f(x,y) = \begin{cases} \dfrac{\sin(x+y)}{x+y} & se \quad x+y \neq 0 \\ 1 & se \quad x+y = 0 \end{cases}$

RESOLUÇÃO

Para pontos tais que $x + y \neq 0$ a função é contínua (quociente de duas funções contínuas em que o denominador nunca se anula). Vejamos o que se passa para $x + y = 0$. Seja:

$P(x,y)$ um ponto, tal que, $x + y \neq 0$

$Q(x_0, y_0)$ um ponto, tal que, $x + y = 0$

$$\lim_{(x,y) \to (x_0,y_0)} f(x,y) = \lim_{(x,y) \to (x_0,y_0)} \frac{\sin(x+y)}{x+y} = 1 = f(Q)\ .$$

Então a função $f(x,y)$ é contínua para todos os pontos de R^2.

d) $f(x,y) = \text{arc sin } (xy)$

RESOLUÇÃO

$-1 \leqslant xy \leqslant 1$ ou seja os pontos entre as hipérboles equiláteras $xy = 1$ e $xy = -1$.

7 — *Seja* $f(x,y) = \begin{cases} 0 & para \quad y \leqslant 0 \quad ou \quad y \geqslant x^2 \quad (1) \\ 1 & para \quad 0 < y < x^2 \quad (2) \end{cases}$

Mostre que f(x,y) $\to 0$ *quando* (x,y) $\to (0,0)$ *ao longo de alguma recta que passe pela origem. Calcule a curva que passa pela origem, ao longo da qual (excepto na origem)* f(x,y) *tem o valor constante* 1. *Será* f(x,y) *contínua na origem?*

RESOLUÇÃO

a) $\lim\limits_{x \to 0} f(x, \sqrt{3}\ x) = \lim\limits_{x \to 0} 0 = 0$, pois para $y = \sqrt{3}\ x$ a expressão analítica da função é (1).

b) Se considerarmos a curva $y = \tfrac{1}{2}x^2$, $f(x, \tfrac{1}{2}x^2) = 1$ pois que para $y = \tfrac{1}{2}x^2$ a expressão analítica da função é (2) (excepto na origem, claro!). Então podemos concluir que a função $f(x,y)$ não é contínua na origem, pois $\lim_{\substack{x \to 0 \\ y \to 0}} f(x,y)$ não existe. Ele depende da maneira como $(x,y) \to (0,0)$.

Na verdade
$$\lim_{\substack{x \to 0 \\ y = \sqrt{3}\, x}} f(x,y) = 0$$

$$\lim_{\substack{x \to 0 \\ y = \frac{1}{3}x^2}} f(x,y) = 1.$$

8 — *Estude a continuidade da função*

$$f(x,y) = \begin{cases} 0 & se \quad x \neq y \\ 1 & se \quad (x,y) = (0,0) \\ x^2 & se \quad x = y \neq 0 \end{cases}$$

Resolução

O domínio desta função é todo o plano. Consideremos um ponto $P(a,a)$ com $a \neq 0$. Se fizermos tender (x,y) para (a,a) ao longo da recta $y = x$, ter-se-à, atendendo à maneira como é definida a função:

$$\lim_{(x,y) \to (a,a)} f(x,y) = a^2$$

Se fizermos tender (x,y) para (a,a) fora de recta $y = x$ então, atendendo à maneira como é definida a função

$$\lim_{(x,y) \to (a,a)} f(x,y) = 0$$

Podemos já concluir que a função não tem limite nos pontos $P(a,a)$, logo não é contínua nesses pontos.

Consideremos agora o ponto $(0,0)$. Neste caso sendo os pontos (x,y) distintos de $(0,0)$ e tais que $(x,y) \to (0,0)$ tem-se $\lim_{(x,y) \to (0,0)} f(x,y) = 0$. No entanto a função não é contínua na origem pois $f(0,0) = 1$.

Para todos os outros pontos do plano ela é contínua.

3.3. — Exercícios para resolver

1 — *Estude a continuidade em todo o domínio da função*

$$f(x,y) = \begin{cases} \dfrac{x^2-y^2}{x^2+y^2} & para \quad (x,y) \neq (0,0) \\ 0 & para \quad (x,y) = (0,0) \end{cases}$$

R: É contínua em todo o plano excepto na origem.

2 — *Mostre que a função*

$$f(x,y) = \begin{cases} \dfrac{3xy}{x^2+y^2} & para \quad (x,y) \neq (0,0) \\ 0 & para \quad (x,y) = (0,0) \end{cases}$$

é contínua na origem em relação a cada uma das variáveis x *e* y *mas não é contínua em relação às duas variáveis.*

3 — *Estude a continuidade das seguintes funções*

a)
$$f(x,y) = \begin{cases} \dfrac{xy^2}{x^2+y^4} & se \quad (x,y) \neq (0,0) \\ 0 & se \quad (x,y) = (0,0) \end{cases}$$

b)
$$f(x,y) = \begin{cases} \dfrac{x+y}{x^2+y^2} & se \quad (x,y) \neq (0,0) \\ 0 & se \quad (x,y) = (0,0) \end{cases}$$

c)
$$f(x,y) = \begin{cases} \dfrac{xy}{|x|+|y|} & se \quad (x,y) \neq (0,0) \\ 0 & se \quad (x,y) = (0,0) \end{cases}$$

d)
$$f(x,y) = \begin{cases} x^2+y^2 & se \quad x^2+y^2 \leqslant 1 \\ 0 & se \quad x^2+y^2 > 1 \end{cases}$$

e)
$$f(x,y) = \dfrac{1}{7-x^2-y^2}$$

R:

    a) Descontínua na origem.
    b) Descontínua na origem.
    c) Contínua em R^2.
    d) Descontínua ao longo da circunferência $x^2 + y^2 = 1$.
    e) Descontínua ao longo da circunferência $x^2 + y^2 = 7$.

4 — *Seja a função*

$$f(x,y) = \begin{cases} \dfrac{\sin(x^2 + y^2)}{x^2 + y^2} & se \quad x^2 + y^2 \neq 0 \\ k & se \quad x^2 + y^2 = 0 \end{cases}$$

Diga se há algum valor de k para o qual seja contínua na origem.

    R: $k = 1$.

5 — *Nos exercícios seguintes demonstre que a função é descontínua na origem. Determine se a descontinuidade é removível ou essencial. Se a descontinuidade for removível, defina* f(0,0), *de modo a remover a descontinuidade.*

    a) $f(x,y) = (x + y) \sin \dfrac{x}{y}$

    b) $f(x,y) = \dfrac{x^3 y^2}{x^6 + y^4}$.

R:

    a) Removível; $f(0,0) = 0$.
    b) Essencial.

6 — *Em cada um dos exemplos seguintes define-se uma função* f, *dada por uma equação para todos os pontos* (x,y) *do plano, para os quais a expressão da direita é definida. Em cada exemplo determine o conjunto de pontos* (x,y) *para os quais* f *é contínua*

    a) $f(x,y) = x^4 + y^4 - 4x^2 y^2$

    b) $f(x,y) = \text{tg}\, \dfrac{x^2}{y}$.

c) $f(x,y) = \dfrac{x}{\sqrt{x^2+y^2}}$

d) $f(x,y) = \text{arc tg } \dfrac{x+y}{1-xy}$.

R.:

a) Todos os (x,y)

b) Todos os (x,y) com $y \neq 0$ e $\dfrac{x^2}{y} \neq \dfrac{\pi}{2} + k\pi$ com $k = 0, 1, 2, \ldots$

c) Todos os $(x,y) \neq (0,0)$.

d) Todos os (x,y) tais que $x.y \neq 1$.

IV

DERIVADAS PARCIAIS

4.1 — Definições. Notas. Teorema de Schwarz

Considere-se uma função $f:C \subseteq R^n \to R$ e seja $A = (a_1, a_2, \ldots, a_n)$ um ponto do seu domínio. Fixando $x_2 = a_2, x_3 = a_3, \ldots, x_n = a_n$, a função $f(X)$ passa a ser uma função de uma só variável independente x_1

$$f(x_1, a_2, \ldots, a_n) = \varphi(x_1)$$

Se esta função $\varphi(x_1)$ for derivável no ponto $x_1 = a_1$, tem-se,

$$\varphi'(a_1) = \lim_{h_1 \to 0} \frac{\varphi(a_1 + h_1) - \varphi(a_1)}{h_1} =$$

$$\lim_{h_1 \to 0} \frac{f(a_1 + h_1, a_2, \ldots, a_n) - f(a_2, a_2, \ldots, a_n)}{h_1}$$

Este limite denomina-se *derivada parcial de* f(X) *em ordem a* x_1 no ponto A e escreve-se

$$\frac{\partial f}{\partial x_1}(A) \; ; \; f'_{x_1}(A) \; ; \; f_{x_1}(A)$$

Do mesmo modo, se define a derivada parcial de $f(X)$ em ordem a x_2 no ponto A como o limite, caso exista

$$\lim_{h_2 \to 0} \frac{f(a_1, a_2 + h_2, \ldots, a_n) - f(a_1, a_2, \ldots, a_n)}{h_2}$$

e o mesmo para as outras variáveis.

Fixemos a atenção na derivada parcial em ordem a x_1, e designemos por S a totalidade dos pontos C, onde tal derivada existe. A cada ponto de S podemos associar um número real, que é a derivada parcial de f em ordem a x_1 nesse ponto. Obtem-se, desta forma, uma nova função definida em S e com valores em R, que se chamará a derivada parcial de f em ordem a x_1 e se representará por

$$\frac{\partial f}{\partial x_1} \; ; f'_{x_1} \; ; f_{x_1}$$

Analogamente se define a função derivada parcial de f em ordem a x_2, etc.

Se $\dfrac{\partial f}{\partial x_1}$ admite derivada parcial em ordem a x_1 no ponto A, essa derivada é a segunda derivada (ou derivada de 2.ª ordem) de $f(X)$ em ordem a x_1 no ponto A, a qual se escreve

$$\frac{\partial^2 f}{\partial x_1^2}(A) \; ; \; f''_{x_1^2}(A); \; f_{x_1^2}(A)$$

Se $\dfrac{\partial f}{\partial x_1}$ admite derivada parcial em ordem a x_2 no ponto A, tal derivada é a segunda derivada (ou derivada de 2.ª ordem) de $f(X)$ em ordem a x_1 e a x_2 no ponto A, e escreve-se

$$\frac{\partial^2 f}{\partial x_1 \partial x_2}(A) \; ; \; f''_{x_1 x_2}(A) \; ; \; f_{x_1 x_2}(A)$$

Do mesmo modo, se definiriam todas as outras derivadas de 2.ª ordem. A partir das derivadas de 2.ª ordem definem-se as de 3.ª ordem e assim sucessivamente.

NOTA 1

A ordem de derivação é indicada da esquerda para a direita. Assim, $f_{x_k x_i}(A)$ indica que primeiro se deriva em ordem à variável x_k e depois em ordem à variável x_i.

Se $i \neq k$ a derivada

$$\frac{\partial^2 f}{\partial x_k \partial x_i}(A)$$

diz-se *rectangular* ou *mista*, se $i = k$ a derivada

$$\frac{\partial^2 f}{\partial x_k^2} \quad (A)$$

diz-se *quadrada*

Nota 2

No caso da função real de duas variáveis reais, e escrevendo $f(x,y)$ em vez de $f(x_1,x_2)$, podemos dizer que haverá 2^k derivadas parciais de ordem k, embora algumas delas se identifiquem, como veremos.

Nota 3

Uma derivada parcial pode ser interpretada como uma razão de variação. De facto, toda a derivada é uma medida de uma razão de variação. Se f é uma função de duas variáveis x e y, a derivada $\frac{\partial f}{\partial x}$ no ponto $P(a_1,a_2)$ dá a razão instantânea de variação em P, de $f(x,y)$, por unidade de variação em x (apenas x varia e y é considerada fixa em a_2). Do mesmo modo $\frac{\partial f}{\partial y}$ no ponto $P(a_1,a_2)$ dá a razão instantânea de variação em P, de $f(x,y)$, por unidade de variação em y.

Nota 4

Interpretação geométrica das derivadas de 1.ª ordem.
Consideremos de novo a função $f(x,y)$ de domínio C e o conjunto de R^3, assim definido:

$$H = \{(x,y,z) : (x,y) \in C \text{ e } z = f(x,y)\}$$

H é chamado *gráfico* da função e podemos dizer que os pontos que o constituem formam uma porção de superfície — sendo x a *abcissa*, y a *ordenada* e z a *cota* de cada um dos seus pontos no referencial OXYZ, que vamos supor fixado em R^3.

Seccionando a superfície $z = f(x,y)$ pelo plano $y = a_2$ obtém-se uma linha γ de equação

$$\begin{cases} z = f(x,y) \\ y = a_2 \end{cases} \Rightarrow z = f(x,a_2) = \varphi(x)$$

situada num plano paralelo ao plano XOZ. Então, do que se conhece para funções de uma variável, podemos afirmar que $\dfrac{\partial f}{\partial x}(a_1,a_2) = \varphi'(a_1)$ se pode interpretar como a tangente trigonométrica do ângulo que forma com a parte positiva do eixo dos XX a tangente à linha γ no ponto $P(a_1,a_2,f(a_1,a_2))$.

Do mesmo modo, $\dfrac{\partial f}{\partial y}(a_1,a_2)$ é a tangente trigonométrica do ângulo que forma com a parte positiva do eixo dos YY a tangente no mesmo ponto à linha que se obtém seccionando o gráfico da função pelo plano $x = a_1$.

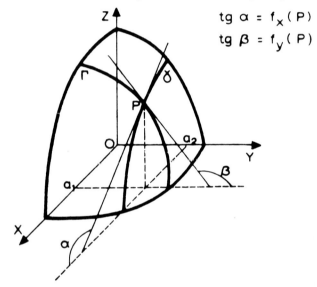

TEOREMA 1 (de Schwarz)

Se existirem f'_x, f'_y e f''_{xy} numa vizinhança do ponto (a_1,a_2) e se f''_{xy} for contínua nesse ponto, então também existe $f''_{yx}(a_1,a_2)$ e o seu valor é o de $f''_{xy}(a_1,a_2)$.

NOTA 5

O teorema de Schwarz exprime apenas uma condição suficiente de igualdade das derivadas mistas, isto é, f_{xy} pode ser igual a f_{yx} sem que estas derivadas sejam contínuas.

4.2 — Exemplos de derivadas parciais de 1.ª ordem

1 — *Sendo* $f(x,y) = \dfrac{x-y}{x+y}$, *calcule através da definição no ponto* $P(2,-1)$, *as derivadas* $\dfrac{\partial f}{\partial x}$ *e* $\dfrac{\partial f}{\partial y}$

RESOLUÇÃO

$$\dfrac{\partial f}{\partial x}(P) = \lim_{h \to 0} \dfrac{f(2+h,-1) - f(2,-1)}{h} = \lim_{h \to 0} \dfrac{\dfrac{2+h+1}{2+h-1} - 3}{h} =$$

$$= \lim_{h \to 0} \dfrac{\dfrac{3+h}{1+h} - 3}{h} = \lim_{h \to 0} \dfrac{-2h}{h(1+h)} = \lim_{h \to 0} \dfrac{-2}{1+h} = -2$$

$$\dfrac{\partial f}{\partial y}(P) = \lim_{k \to 0} \dfrac{f(2,-1+k) - f(2,-1)}{k} = \lim_{k \to 0} \dfrac{\dfrac{2+1-k}{2-1+k} - 3}{k} =$$

$$= \lim_{k \to 0} \dfrac{-4k}{k(1+k)} = \lim_{k \to 0} \dfrac{-4}{1+k} = -4$$

2 — *Sendo*

$$f(x,y) = \begin{cases} \dfrac{x^3+y^3}{x^2+y^2} & se \quad (x,y) \neq (0,0) \\ 0 & se \quad (x,y) = (0,0) \end{cases}$$

Calcule

a) $\dfrac{\partial f}{\partial x}(0,0)$

b) $\dfrac{\partial f}{\partial y}(0,0)$

RESOLUÇÃO

a) $\dfrac{\partial f}{\partial x}(0,0) = \lim_{h \to 0} \dfrac{f(h,0) - f(0,0)}{h} = \lim_{h \to 0} \dfrac{\dfrac{h^3}{h^2} - 0}{h} = \lim_{h \to 0} \dfrac{h^3}{h^3} = 1$

b) $\quad \dfrac{\partial f}{\partial y}(0,0) = \lim\limits_{k \to 0} \dfrac{f(0,k) - f(0,0)}{k} = \lim\limits_{k \to 0} \dfrac{\frac{k^3}{k^2} - 0}{k} = \lim\limits_{k \to 0} \dfrac{k^3}{k^3} = 1$

3 — *Sendo*

$$f(x,y) = \begin{cases} \dfrac{xy(x^2 - y^2)}{x^2 + y^2} & se \quad (x,y) \neq (0,0) \\ 0 & se \quad (x,y) = (0,0) \end{cases}$$

calcule através da definição

a) $\quad \dfrac{\partial f}{\partial x}(0,y)$

b) $\quad \dfrac{\partial f}{\partial y}(x,0)$

RESOLUÇÃO

Se $y \neq 0$

$$\dfrac{\partial f}{\partial x}(0,y) = \lim\limits_{h \to 0} \dfrac{f(h,y) - f(0,y)}{h} = \lim\limits_{h \to 0} \dfrac{\frac{hy(h^2 - y^2)}{h^2 + y^2} - 0}{h} =$$

$$= \lim\limits_{h \to 0} \dfrac{y(h^2 - y^2)}{h^2 + y^2} = \dfrac{-y^3}{y^2} = -y$$

Se $y = 0$

$$\dfrac{\partial f}{\partial x}(0,0) = \lim\limits_{h \to 0} \dfrac{f(h,0) - f(0,0)}{h} = \lim\limits_{k \to 0} \dfrac{0 - 0}{h} = 0$$

Então como $\dfrac{\partial f}{\partial x}(0,y) = -y$ e $\dfrac{\partial f}{\partial x}(0,0) = 0$ podemos afirmar que

$$\dfrac{\partial f}{\partial y}(0,y) = -y \quad \text{para qualquer } y.$$

b) Se $x \neq 0$

$$\frac{\partial f}{\partial y}(x,0) = \lim_{k \to 0} \frac{f(x,k) - f(x,0)}{k} = \lim_{k \to 0} \frac{\frac{xk(x^2 - k^2)}{x^2 + k^2} - 0}{k} =$$

$$= \lim_{k \to 0} \frac{x(x^2 - k^2)}{x^2 + k^2} = \frac{x^3}{x^2} = x$$

Se $x = 0$ vem

$$\frac{\partial f}{\partial y}(0,0) = \lim_{k \to 0} \frac{f(0,k) - f(0,0)}{k} = \lim_{k \to 0} \frac{0-0}{k} = 0$$

Como $\dfrac{\partial f}{\partial y}(x,0) = x$ e $\dfrac{\partial f}{\partial y}(0,0) = 0$ podemos concluir que $\dfrac{\partial f}{\partial y}(x,0) = x$ para todo o x.

4 — *Mostre que a função*

$$f(x,y) = \begin{cases} \dfrac{xy}{x^2 + y^2} & se \quad (x,y) \neq (0,0) \\ 0 & se \quad (x,y) = (0,0) \end{cases}$$

admite derivadas parciais de 1.ª ordem em todos os pontos (x,y) e calcule-as.

RESOLUÇÃO

Se $(x,y) \neq (0,0)$ vem

$$\frac{\partial f}{\partial x}(x,y) = \frac{y(x^2 + y^2) - 2x(xy)}{(x^2 + y^2)^2} = \frac{-x^2 y + y^3}{(x^2 + y^2)^2} = \frac{y(-x^2 + y^2)}{(x^2 + y^2)^2}$$

Se $(x,y) = (0,0)$ vem

$$\frac{\partial f}{\partial x}(0,0) = \lim_{h \to 0} \frac{f(h,0) - f(0,0)}{h} = \lim_{h \to 0} \frac{0 - 0}{h} = 0$$

logo

$$\frac{\partial f}{\partial x}(x,y) = \begin{cases} \dfrac{y(y^2 - x^2)}{(x^2 + y^2)^2} & se \quad (x,y) \neq (0,0) \\ 0 & se \quad (x,y) = (0,0) \end{cases}$$

Do mesmo modo se provava que

$$\frac{\partial f}{\partial y}(x,y) = \begin{cases} \dfrac{x(x^2-y^2)}{(x^2+y^2)^2} & se \quad (x,y) \neq (0,0) \\ 0 & se \quad (x,y) = (0,0) \end{cases}$$

(5) — *Determine* $u = u(x,y)$ *sabendo que* $\dfrac{\partial u}{\partial x} = \dfrac{x^2 + y^2}{x}$ *e* $u(x,y) = \sin y$ *para* $x = 1$.

RESOLUÇÃO

$$\text{De } \frac{\partial u}{\partial x} = \frac{x^2 + y^2}{x} \text{ vem } u = \int \frac{x^2 + y^2}{x}\, dx + k(y)$$

logo

$$u = \frac{x^2}{2} + y^2 \log |x| + k(y)$$

Para $x = 1$

$$u = \frac{1}{2} + k(y) = \sin y$$

$$\text{logo } k(y) = \sin y - \frac{1}{2}$$

A função $u(x,y)$ pedida será,

$$u(x,y) = \frac{x^2}{2} + y^2 \log |x| + \sin y - \frac{1}{2}$$

6 — *Sendo*

$$z = xy\, \operatorname{tg} \frac{y}{x} \quad para \quad (x,y) \neq (0,0) \land x \neq 0$$

$$z = 0 \quad para \quad (x,y) = (0,0)$$

a) Prove que z *satisfaz a equação*

$$x\frac{\partial z}{\partial x} + y\frac{\partial z}{\partial y} = 2z \quad se \quad (x,y) \neq (0,0)$$

b) *Discuta a alínea anterior para todos os outros pontos* (x,y).

Resolução

a) Para $(x,y) \neq (0,0)$ vem

$$\frac{\partial z}{\partial x} = y \operatorname{tg}\left(\frac{y}{x}\right) + xy \sec^2\left(\frac{y}{x}\right)\left(-\frac{y}{x^2}\right)$$

$$= y \operatorname{tg}\left(\frac{y}{x}\right) - \frac{y^2}{x} \sec^2\left(\frac{y}{x}\right)$$

$$\frac{\partial z}{\partial y} = x \operatorname{tg}\left(\frac{y}{x}\right) + xy \sec^2\left(\frac{y}{x}\right) \cdot \frac{1}{x}$$

$$= x \operatorname{tg}\left(\frac{y}{x}\right) + y \sec^2\left(\frac{y}{x}\right)$$

Então para $(x,y) \neq (0,0)$

$$x\frac{\partial z}{\partial x} + y\frac{\partial z}{\partial y} = xy \operatorname{tg}\left(\frac{y}{x}\right) - y^2 \sec^2\left(\frac{y}{x}\right) + xy \operatorname{tg}\left(\frac{y}{x}\right) + y^2 \sec^2\left(\frac{y}{x}\right) =$$

$$= 2xy \operatorname{tg}\left(\frac{y}{x}\right) = 2z$$

b) $\dfrac{\partial z}{\partial x}(0,0) = \lim\limits_{h \to 0} \dfrac{h \operatorname{tg} 0 - 0}{h} = \lim\limits_{h \to 0} 0 = 0$

$\dfrac{\partial z}{\partial y}(0,0) = \lim\limits_{k \to 0} \dfrac{f(0,k) - f(0,0)}{k}$ que não existe

logo para $(x,y) = (0,0)$ a igualdade da alínea anterior não é verificada.

(7) — *Calcular as 1.ᵃˢ derivadas parciais das funções*

a) $z = \operatorname{arc tg} \dfrac{y}{x}$

(b) $z = e^x f(x+y) + e^{-x} g(x-y)$ *com f e g deriváveis*

c) $z = \log(x^2 + \sqrt{x^3 + y^2})$

d) $u = (\sin x)^{yz}$

RESOLUÇÃO

a) $\dfrac{\partial z}{\partial x} = \dfrac{-\dfrac{y}{x^2}}{1+\left(\dfrac{y}{x}\right)^2} = \dfrac{-\dfrac{y}{x^2}}{\dfrac{x^2+y^2}{x^2}} = -\dfrac{y}{x^2+y^2}$

$\dfrac{\partial z}{\partial y} = \dfrac{\dfrac{1}{x}}{1+\left(\dfrac{y}{x}\right)^2} = \dfrac{\dfrac{1}{x}}{\dfrac{x^2+y^2}{x^2}} = \dfrac{x}{x^2+y^2}$

b) $\dfrac{\partial z}{\partial x} = e^x f(x+y) + e^x f'(x+y) - e^{-x} g(x-y) + e^{-x} g'(x-y)$

$\dfrac{\partial z}{\partial y} = e^x f'(x+y) - e^{-x} g'(x-y)$

c) $\dfrac{\partial z}{\partial x} = \dfrac{2x + \dfrac{3x^2}{2\sqrt{x^3+y^2}}}{x^2 + \sqrt{x^3+y^2}} = \dfrac{4x\sqrt{x^3+y^2} + 3x^2}{2x^2\sqrt{x^3+y^2} + 2x^3 + 2y^2}$

$\dfrac{\partial z}{\partial y} = \dfrac{\dfrac{y}{\sqrt{x^3+y^2}}}{x^2 + \sqrt{x^3+y^2}} = \dfrac{y}{x^2\sqrt{x^3+y^2} + x^3 + y^2}$

d) $\dfrac{\partial u}{\partial x} = yz (\sin x)^{yz-1} \cos x$

$\dfrac{\partial u}{\partial y} = (\sin x)^{yz} \cdot z \cdot \log \sin x.$

$\dfrac{\partial u}{\partial z} = (\sin x)^{yz} \cdot y \cdot \log \sin x \; .$

8 — *Seja* $f(x,y) = \displaystyle\int_0^{\sqrt{xy}} e^{-t^2}\, dt$ *para* $x > 0$ *e* $y > 0$.

Calcule $\dfrac{\partial f}{\partial x}$ *em função de* x *e* y.

RESOLUÇÃO

$$\frac{\partial f}{\partial x} = e^{-xy} \frac{\partial}{\partial x}(\sqrt{xy}) = e^{-xy} \frac{y}{2\sqrt{xy}} = \frac{1}{2} e^{-xy} x^{-\frac{1}{2}} \cdot y^{\frac{1}{2}}$$

NOTA

Como é sabido do cálculo integral em R, sendo $I_\alpha(x) = \int_\alpha^{\varphi(x)} f(t)dt$, se $f(x)$ é contínua então $I'_\alpha(x) = f[\varphi(x)] \cdot \varphi'(x)$

9 — *Dada a função* $f(x,y,z) = \log(1 + x + y^2 + z^3)$, *calcule* f'x + f'y + f'z *para* x = y = z = 1

RESOLUÇÃO

$$f'_x = \frac{1}{1 + x + y^2 + z^3} \; ; \; f'_x(1,1,1) = \frac{1}{4}$$

$$f'_y = \frac{2y}{1 + x + y^2 + z^3} \; ; \; f'_y(1,1,1) = \frac{1}{2}$$

$$f'_z = \frac{3z^2}{1 + x + y^2 + z^3} \; ; \; f'_z(1,1,1) = \frac{3}{4}$$

logo

$$f'_x + f'_y + f'_z = \frac{6}{4} = \frac{3}{2}$$

10 — *Mostrar que* $z = \frac{y^2}{2} + \varphi\left(\frac{1}{x} + \log y\right)$ *satisfaz a equação* yq + x²p = y² *em que* φ *é uma função continuamente derivável em relação ao seu argumento.*

$\left(\text{Nota: em notação de Monge } p = \frac{\partial z}{\partial x} \text{ e } q = \frac{\partial z}{\partial y}\right)$

RESOLUÇÃO

$$\frac{\partial z}{\partial x} = \varphi'\left(\frac{1}{x} + \log y\right)\left(-\frac{1}{x^2}\right) = -\frac{\varphi'}{x^2}$$

$$\frac{\partial z}{\partial y} = y + \varphi'\left(\frac{1}{x} + \log y\right)\left(\frac{1}{y}\right) = y + \frac{\varphi'}{y}$$

Então

$$yq + x^2 p = y^2 + \varphi' + (-\varphi') = y^2$$

11 — *Verifique que*

a) $z = f\left(\dfrac{y}{x}\right)$ *satisfaz a equação*

$$x\frac{\partial z}{\partial x} + y\frac{\partial z}{\partial y} = 0$$

b) $z = \varphi(x^2 + y^2)$ *satisfaz a equação*

$$y\frac{\partial z}{\partial x} - x\frac{\partial z}{\partial y} = 0$$

RESOLUÇÃO

a) $\quad \dfrac{\partial z}{\partial x} = f'\left(\dfrac{y}{x}\right) \cdot \left(-\dfrac{y}{x^2}\right) = -\dfrac{yf'}{x^2}$

$\quad \dfrac{\partial z}{\partial y} = f'\left(\dfrac{y}{x}\right) \cdot \left(\dfrac{1}{x}\right) = \dfrac{f'}{x}$

então

$$x\frac{\partial z}{\partial x} + y\frac{\partial z}{\partial y} = -\frac{y}{x}f' + \frac{y}{x}f' = 0$$

b) $\quad \dfrac{\partial z}{\partial x} = \varphi'(x^2 + y^2) \cdot 2x = 2x\varphi'$

$$\frac{\partial z}{\partial y} = \varphi'(x^2 + y^2) \cdot 2y = 2y\varphi'$$

então

$$y\frac{\partial z}{\partial x} - x\frac{\partial z}{\partial y} = 2xy\varphi' - 2xy\varphi' = 0$$

12 — a) *Calcular o ângulo que a tangente à curva*

$$\begin{cases} z = x^2 + y^2 \\ y = 1 \end{cases}$$

no ponto P(1,1,2) *faz com a direcção positiva do eixo das abcissas*

b) *Prove que é paralela ao eixo das abcissas a tangente à curva*

$$\begin{cases} z = \sqrt{1 - x^2 - \dfrac{y^2}{4}} \\ y = 1 \end{cases}$$

no ponto $Q\left(0, 1, \dfrac{\sqrt{3}}{2}\right)$

RESOLUÇÃO

a) Sendo α o ângulo, pedido podemos escrever:

$$\operatorname{tg} \alpha = \left(\frac{\partial z}{\partial x}\right)_P = (2x)_P = 2$$

Logo

$$\alpha = \operatorname{arctg} 2.$$

b) Sendo β o ângulo que a tangente à curva dada no ponto Q faz com o eixo das abcissas:

$$\operatorname{tg} \beta = \left(\frac{\partial z}{\partial x}\right)_P = \left(\frac{-x}{\sqrt{1 - x^2 - \dfrac{y^2}{4}}}\right)_P = 0$$

Logo $\beta = 0$.

4.3 — Exemplos de derivadas parciais de ordem superior à primeira

1 — *Seja*

$$f(x,y) = \begin{cases} y\dfrac{x^2-y^2}{x^2+y^2} & se \quad (x,y) \neq (0,0) \\ 0 & se \quad (x,y) = (0,0) \end{cases}$$

Calcule, caso existam, $\dfrac{\partial f}{\partial x}(0,0)$, $\dfrac{\partial f}{\partial y}(0,0)$, $\dfrac{\partial^2 f}{\partial x \partial y}(0,0)$ *e* $\dfrac{\partial^2 f}{\partial y \partial x}(0,0)$.

RESOLUÇÃO

Para $(x,y) \neq (0,0)$

$$\frac{\partial f}{\partial x}(x,y) = \frac{2xy(x^2+y^2) - 2xy(x^2-y^2)}{(x^2+y^2)^2} = \frac{4xy^3}{(x^2+y^2)^2}$$

Para $(x,y) = (0,0)$

$$\frac{\partial f}{\partial x}(0,0) = \lim_{h \to 0}\frac{f(h,0)-f(0,0)}{h} = \lim_{h \to 0}\frac{0}{h} = 0$$

Então

$$\frac{\partial f}{\partial x} = \begin{cases} \dfrac{4xy^3}{(x^2+y^2)^2} & se \quad (x,y) \neq (0,0) \\ 0 & se \quad (x,y) = (0,0) \end{cases}$$

Para $(x,y) \neq (0,0)$:

$$\frac{\partial f}{\partial y}(x,y) = \frac{(x^2-3y^2)(x^2+y^2) - 2y^2(x^2-y^2)}{(x^2+y^2)^2}$$

$$= \frac{x^4 - 3x^2y^2 + x^2y^2 - 3y^4 - 2y^2x^2 + 2y^4}{(x^2+y^2)^2}$$

$$= \frac{x^4 - 4x^2y^2 - y^4}{(x^2+y^2)^2}$$

44

Para $(x,y) = (0,0)$:

$$\frac{\partial f}{\partial y}(0,0) = \lim_{k \to 0} \frac{f(0,k) - f(0,0)}{k} = \lim_{k \to 0} \frac{\frac{-k^3}{k^2} - 0}{k} = -1$$

logo

$$\frac{\partial f}{\partial y} = \begin{cases} \dfrac{x^4 - 4x^2y^2 - y^4}{(x^2 + y^2)^2} & para \quad (x,y) \neq (0,0) \\ -1 & para \quad (x,y) = (0,0) \end{cases}$$

$$\frac{\partial^2 f}{\partial x \partial y}(0,0) = \lim_{k \to 0} \frac{f_x(0,k) - f_x(0,0)}{k} = \lim_{k \to 0} \frac{0 - 0}{k} = 0$$

$$\frac{\partial^2 f}{\partial y \partial x}(0,0) = \lim_{h \to 0} \frac{f_y(h,0) - f_y(0,0)}{h} = \lim_{h \to 0} \frac{\frac{h^4}{h^4} + 1}{h} = \lim_{h \to 0} \frac{2}{h} = \infty$$

logo

$$\frac{\partial^2 f}{\partial y \partial x}(0,0) \text{ não existe.}$$

2 — *Dada a função*

$$f(x,y) = \begin{cases} \dfrac{xy(x^2 - y^2)}{x^2 + y^2} & para \quad (x,y) \neq (0,0) \\ 0 & para \quad (x,y) = (0,0) \end{cases}$$

a) *Verifique que* $\dfrac{\partial^2 f}{\partial x \partial y}(0,0) \neq \dfrac{\partial^2 f}{\partial y \partial x}(0,0)$

b) *Prove que* $\dfrac{\partial^2 f}{\partial x \partial y}$ *é descontínua na origem.*

Resolução

Do exercício n.º 3 da parte 4.2 podemos dizer que:

$$f_x(0,y) = \frac{\partial f}{\partial x}(0,y) = -y$$

$$f_y(x,0) = \frac{\partial f}{\partial y}(x,0) = x$$

logo

$$\frac{\partial^2 f}{\partial x \partial y}(0,0) = \frac{\partial}{\partial y}\left[\frac{\partial f}{\partial x}\right](0,0) = \lim_{k \to 0} \frac{f_x(0,k) - f_x(0,0)}{k} = \lim_{k \to 0} \frac{-k}{k} = -1$$

$$\frac{\partial^2 f}{\partial y \partial x}(0,0) = \frac{\partial}{\partial x}\left[\frac{\partial f}{\partial y}\right](0,0) = \lim_{h \to 0} \frac{f_y(h,0) - f_y(0,0)}{h} = \lim_{h \to 0} \frac{h}{h} = 1$$

logo

$$\frac{\partial^2 f}{\partial x \partial y}(0,0) \neq \frac{\partial^2 f}{\partial y \partial x}(0,0)$$

b) $\quad \dfrac{\partial^2 f}{\partial x \partial y} = \dfrac{\partial}{\partial y}\left(\dfrac{\partial f}{\partial x}\right) = \dfrac{x^6 - y^6 + 10x^4y^2 - 9x^2y^4}{(x^2 + y^2)^3}$

$$\frac{\partial^2 f}{\partial x \partial y}(0,0) = -1$$

logo

$$\frac{\partial^2 f}{\partial x \partial y} = \begin{cases} \dfrac{x^6 - y^6 + 10x^4y^2 - 9x^2y^4}{(x^2 + y^2)^3} & \text{para } (x,y) \neq (0,0) \\ -1 & \text{para } (x,y) = (0,0) \end{cases}$$

Calculando $\lim\limits_{(x,y) \to (0,0)} f_{xy}(x,y)$ através das rectas $y = mx$ vem:

$$\lim_{\substack{x \to 0 \\ y = mx}} f_{xy}(x,y) = \frac{1 - m^6 + 10m^2 - 9m^4}{(1 + m^2)^3}$$ que depende de m. Então não existe o limite.

Logo $f_{xy}(x,y)$ não é contínua na origem.

3 — *Determine as funções* h = u(x,y) *que satisfazem a*

a) $\quad \dfrac{\partial^2 u}{\partial x^2} = 0$

b) $\dfrac{\partial^2 u}{\partial x\, \partial y} = 0$

RESOLUÇÃO

a) Se $\dfrac{\partial^2 u}{\partial x^2} = 0$ então $\dfrac{\partial}{\partial x}\left(\dfrac{\partial u}{\partial x}\right) = 0$ ou seja

$\dfrac{\partial u}{\partial x}$ é apenas uma função de y.

ou seja:

$$\dfrac{\partial u}{\partial x} = \varphi(y).$$

Logo:

$$u = \int \varphi(y)dx + k(y) = x\varphi(y) + k(y)\ .$$

A função u pedida será

$$u(x,y) = x\varphi(y) + k(y)$$

b) Se $\dfrac{\partial^2 u}{\partial x \partial y} = 0$ então $\dfrac{\partial}{\partial y}\left(\dfrac{\partial u}{\partial x}\right) = 0$ ou seja

$$\dfrac{\partial u}{\partial x} = \Psi(x).$$

Logo

$$u = \int \Psi(x)dx + c(y) = \Phi(x) + c(y) \text{ com } \Phi(x) \text{ uma primitiva de } \Psi(x)$$

A função $u(x,y)$ pedida será:

$$u(x,y) = \Phi(x) + c(y)$$

4 — *Determine todas as derivadas parciais de 2.ª ordem das seguintes funções:*

a) $z = 3x^5 + \dfrac{y^2}{3}$

b) $z = \text{arctg}(xy)$

c) $z = 3^{2xy}$

RESOLUÇÃO

a) $\dfrac{\partial z}{\partial x} = 15x^4 \; ; \; \dfrac{\partial^2 z}{\partial x^2} = 60x^3 \; ; \; \dfrac{\partial^2 z}{\partial x\,\partial y} = 0$

$\dfrac{\partial z}{\partial y} = \dfrac{2}{3}y \; ; \; \dfrac{\partial^2 z}{\partial y^2} = \dfrac{2}{3} \; ; \; \dfrac{\partial^2 z}{\partial y\,\partial x} = 0$

b) $\dfrac{\partial z}{\partial x} = \dfrac{y}{1+(xy)^2} \; ; \; \dfrac{\partial^2 z}{\partial x^2} = \dfrac{-2xy^3}{(1+x^2y^2)^2}$

$\dfrac{\partial^2 z}{\partial x\,\partial y} = \dfrac{1+x^2y^2-2x^2y^2}{(1+x^2y^2)^2} = \dfrac{1-x^2y^2}{(1+x^2y^2)^2}$

$\dfrac{\partial z}{\partial y} = \dfrac{x}{1+x^2y^2} \; ; \; \dfrac{\partial^2 z}{\partial y^2} = \dfrac{-2x^3y}{(1+x^2y^2)^2}$

$\dfrac{\partial^2 z}{\partial y\,\partial x} = \dfrac{1+x^2y^2-2x^2y^2}{(1+x^2y^2)^2} = \dfrac{1-x^2y^2}{(1+x^2y^2)^2}$

c) $\dfrac{\partial z}{\partial x} = 3^{2xy} \cdot 2y \log 3$

$\dfrac{\partial^2 z}{\partial x^2} = 2y \log 3 (3^{2xy} 2y \log 3) = 4y^2 \log^2 3 \; \; 3^{2xy}$

$\dfrac{\partial^2 z}{\partial x\,\partial y} = 2 \log 3 \; 3^{2xy} + 2y \log 3 \; 3^{2xy} \cdot 2x \log 3$

$= 2 \log 3 \; 3^{2xy}(1 + 2xy \log 3)$

$\dfrac{\partial z}{\partial y} = 3^{2xy} 2x \log 3$

$\dfrac{\partial^2 z}{\partial y^2} = 3^{2xy} \cdot 2x \log 3 \cdot 2x \log 3 = 4x^2 \log^2 3 \; 3^{2xy}$

$\dfrac{\partial^2 z}{\partial y\,\partial x} = 3^{2xy} 2y \cdot 2x \log 3 \log 3 + 2 \log 3 \; 3^{2xy}$

$= 2 \log 3 \; 3^{2xy}(1 + 2xy \log 3)$

5) *Mostre que se* $z = \sqrt[3]{x^2 + y^2}$ *então*

$$3x \frac{\partial^2 z}{\partial x \partial y} + 3y \frac{\partial^2 z}{\partial y^2} + \frac{\partial z}{\partial y} = 0$$

(*F.C.T.U.C.* — *Exame* 1979).

Resolução

$$z = (x^2 + y^2)^{1/3}$$

$$\frac{\partial z}{\partial x} = \frac{1}{3}(x^2 + y^2)^{-2/3} \cdot 2x = \frac{2}{3} x(x^2 + y^2)^{-2/3}$$

$$\frac{\partial^2 z}{\partial x \partial y} = \frac{\partial}{\partial y}\left(\frac{\partial z}{\partial x}\right) = \frac{2}{3} x \cdot \left(-\frac{2}{3}\right) \cdot 2y \cdot (x^2 + y^2)^{-5/3}$$

$$= -\frac{8}{9} xy(x^2 + y^2)^{-5/3}$$

$$\frac{\partial z}{\partial y} = \frac{1}{3}(x^2 + y^2)^{-2/3} \cdot 2y$$

$$\frac{\partial^2 z}{\partial y^2} = \frac{1}{3}, 2(x^2 + y^2)^{-2/3} + \frac{1}{3}\left(-\frac{2}{3}\right)(x^2 + y^2)^{-5/3} \cdot 2y, 2y =$$

$$= \frac{2}{3}(x^2 + y^2)^{-2/3} - \frac{8}{9} y^2(x^2 + y^2)^{-5/3}$$

Logo:

$$3x \frac{\partial^2 z}{\partial x \partial y} + 3y \frac{\partial^2 z}{\partial y^2} + \frac{\partial z}{\partial y} = -\frac{8}{3} x^2 y(x^2 + y^2)^{-5/3} + 2y(x^2 + y^2)^{-2/3} -$$

$$-\frac{8}{3} y^3(x^2 + y^2)^{-5/3} + \frac{2}{3} y(x^2 + y^2)^{-2/3} = 2y(x^2 + y^2)^{-5/3} \cdot$$

$$\left[-\frac{4}{3} x^2 + (x^2 + y^2) - \frac{4}{3} y^2 + \frac{1}{3}(x^2 + y^2)\right] = 2y(x^2 + y^2)^{-5/3} \cdot$$

$$[-x^2 + x^2 + y^2 - y^2] = 0 .$$

6 — *Duas funções de F e G de uma variável e a função z de duas variáveis estão relacionadas pela equação*

$$[F(x) + G(y)]^2 \; e^{z(x,y)} = 2F'(x)G'(y) \quad (1)$$

com $F(x) + G(y) \neq 0$.

Mostre que a derivada $\dfrac{\partial^2 z}{\partial x \, \partial y}$ *nunca é nula (supomos a existência e a continuidade de todas as derivadas encontradas).*

RESOLUÇÃO

A função $G(y)$ nunca pode ser nula, pois se $G(y) = 0$ então $G'(y) = 0$ e substituindo na relação (1) viria

$$[F(x)]^2 \; e^{z(x,y)} = 0$$

o que implicaria $F(x) = 0$. Então $F(x) + G(y) = 0$ o que contraria a hipótese dada.

Do mesmo modo provaríamos que $F'(x)$ nunca é nula.

Da relação (1) vem

$$e^{z(x,y)} = \frac{2F'(x)G'(y)}{[F(x) + G(y)]^2}$$

Logaritmizando vem:

$$Z(x,y) = \log \frac{2F'(x)G'(y)}{[F(x) + G(y)]^2}$$

$$\frac{\partial z}{\partial x} = \frac{\dfrac{2F''(x)G'(y)[F(x) + G(y)]^2 - 4F'(x)G'(y)[F(x) + G(y)] \cdot F'(x)}{2F'(x)G'(y) \cdot [F(x) + G(y)]^4}}{[F(x) + G(y)]^2}$$

$$= \frac{[F(x) + G(y)]\{2F''(x)G'(y)[F(x) + G(y)] - 4F'^2(x)G'(y)\}}{2F'(x)G'(y)[F(x) + G(y)]^2}$$

$$= \frac{F''(x)[F(x) + G(y)] - 2F'^2(x)}{F'(x)[F(x) + G(y)]}$$

Então

$$\frac{\partial^2 z}{\partial x \partial y} = \frac{\partial}{\partial y}\left(\frac{\partial z}{\partial x}\right)$$ seria nula se $G(y) = 0$ o que, como foi demonstrado, não é possível.

7 — *Considere a função*

$$f(x,y) = e^{2x} g\left(\frac{x}{y}\right)$$

Prove que

$$\frac{x}{y}\frac{\partial^2 f}{\partial x \partial y} + \frac{\partial^2 f}{\partial y^2} = \frac{2x-1}{y}\frac{\partial f}{\partial y}$$

RESOLUÇÃO

$$\frac{\partial f}{\partial x} = 2e^{2x}g\left(\frac{x}{y}\right) + e^{2x}g'\left(\frac{x}{y}\right)\cdot\frac{1}{y} = e^{2x}\left(2g + \frac{g'}{y}\right)$$

$$\frac{\partial^2 f}{\partial x \partial y} = e^{2x}\left[2g'\left(\frac{x}{y}\right)\cdot\left(-\frac{x}{y^2}\right) - \frac{1}{y^2}g'\left(\frac{x}{y}\right) + g''\left(\frac{x}{y}\right)\cdot\left(-\frac{x}{y^2}\right)\cdot\frac{1}{y}\right]$$

$$= e^{2x}\left[-\frac{2x}{y^2}g' - \frac{1}{y^2}g' - \frac{x}{y^3}g''\right]$$

$$\frac{\partial f}{\partial y} = e^{2x}\cdot g'\left(\frac{x}{y}\right)\cdot\left(-\frac{x}{y^2}\right) = e^{2x}\left[-\frac{x}{y^2}g'\right]$$

$$\frac{\partial^2 f}{\partial y^2} = e^{2x}\left[\frac{2x}{y^3}g'\left(\frac{x}{y}\right) - \frac{x}{y^2}g''\left(\frac{x}{y}\right)\cdot\left(-\frac{x}{y^2}\right)\right] =$$

$$= e^{2x}\left[\frac{2x}{y^3}g' + \frac{x^2}{y^4}g''\right]$$

Então

$$\frac{x}{y}\frac{\partial^2 f}{\partial x \partial y} + \frac{\partial^2 f}{\partial y^2} = e^{2x}\left[-\frac{2x^2}{y^3}g' - \frac{x}{y^3}g' - \frac{x^2}{y^4}g''\right] +$$

$$+ e^{2x}\left[\frac{2x}{y^3}g' + \frac{x^2}{y^4}g''\right]$$

$$= e^{2x}\left[\left(-\frac{2x^2}{y^3}-\frac{x}{y^3}+\frac{2x}{y^3}\right)g'\right]$$

$$= e^{2x}\left[\left(-\frac{2x^2}{y^3}+\frac{x}{y^3}\right)g'\right]$$

$$= -\frac{xe^{2x}}{y^2}g'\left(\frac{2x}{y}-\frac{1}{y}\right)$$

$$= \frac{\partial f}{\partial y}\frac{2x-1}{y}$$

8 — *A função* u(x,y) *é definida por uma equação da forma*

$$u(x,y) = xyf\left(\frac{x+y}{xy}\right)$$

Mostre que u *satisfaz a equação*

$$x^2\frac{\partial u}{\partial x} - y^2\frac{\partial u}{\partial y} = G(x,y)u$$

e calcule G(x,y)

RESOLUÇÃO

$$\frac{\partial u}{\partial x} = yf\left(\frac{x+y}{xy}\right) + xyf'\left(\frac{x+y}{xy}\right)\cdot\frac{xy-y(x+y)}{(xy)^2}$$

$$= yf + xyf'\frac{-y^2}{(xy)^2} = yf - \frac{y}{x}f'$$

$$\frac{\partial u}{\partial y} = xf\left(\frac{x+y}{xy}\right) + xyf'\left(\frac{x+y}{xy}\right)\cdot\frac{xy-x(x+y)}{(xy)^2}$$

$$= xf + xyf'\left(-\frac{x^2}{(xy)^2}\right) = xf - \frac{x}{y}f'$$

$$x^2 \frac{\partial u}{\partial x} - y^2 \frac{\partial u}{\partial y} = x^2 yf - xyf' - y^2 xf + yxf' = xyf(x-y) =$$

$$= xyf\left(\frac{x+y}{x \cdot y}\right) \cdot (x-y) = G(x,y) \cdot u$$

Então a função $G(x,y)$ será dada pela expressão

$$G(x,y) = x - y$$

9 — *Calcular*

a) $\dfrac{\partial^3 u}{\partial x \, \partial y \, \partial z}$ se $u = e^{xyz}$

b) $\dfrac{\partial^3 z}{\partial x \, \partial y^2}$ se $z = \sin(xy)$.

RESOLUÇÃO

a) $\dfrac{\partial^3 u}{\partial x \, \partial y \, \partial z} = \dfrac{\partial}{\partial z}\left(\dfrac{\partial^2 u}{\partial x \partial y}\right) = \dfrac{\partial}{\partial z}\left[\dfrac{\partial}{\partial y}\left(\dfrac{\partial u}{\partial x}\right)\right] =$

$= \dfrac{\partial}{\partial z}\left[\dfrac{\partial}{\partial y}\left(e^{xyz} \cdot yz\right)\right] =$

$= \dfrac{\partial}{\partial z}\left[e^{xyz} \cdot xz \cdot yz + e^{xyz} z\right]$

$= \dfrac{\partial}{\partial z}\left[e^{xyz}(xyz^2 + z)\right]$

$= e^{xyz} \cdot xy(xyz^2 + z) + e^{xyz}(2xyz + 1)$

$= e^{xyz}[x^2 y^2 z^2 + 3xyz + 1]$

b) $\dfrac{\partial^3 z}{\partial x \, \partial y^2} = \dfrac{\partial^2}{\partial y^2}\left(\dfrac{\partial z}{\partial x}\right) = \dfrac{\partial}{\partial y}\left[\dfrac{\partial}{\partial y}\left(\dfrac{\partial z}{\partial x}\right)\right] =$

$= \dfrac{\partial}{\partial y}\left[\dfrac{\partial}{\partial y}\left(\cos(xy) \cdot y\right)\right] =$

$$= \frac{\partial}{\partial y}\left[-\sin(xy)\cdot xy + \cos(xy)\right] =$$

$$= -\cos(xy)\cdot x \cdot xy - \sin(xy)\,x - \sin(xy)\cdot x$$

$$= -x^2 y \cos(xy) - 2x \sin(xy).$$

4.4 — Exercícios para resolver

1) *Calcule as derivadas parciais de 1.ª ordem das funções*

a) $f(x,y) = \dfrac{y}{x}$

b) $f(x,y) = e^x \log y$

c) $f(x,y) = \log\left[\text{tg}\,\dfrac{x}{y}\right]$

d) $f(x,y) = (x^2 + y^2 + 1)^{1/2}$

e) $f(x,y) = x \cos y$

f) $f(x,y) = xy\, e^{\sin \pi xy}$

R.:

a) $\dfrac{\partial f}{\partial x} = -\dfrac{y}{x^2}$; $\dfrac{\partial f}{\partial y} = \dfrac{1}{x}$

b) $\dfrac{\partial f}{\partial x} = e^x \log y$; $\dfrac{\partial f}{\partial y} = e^x \dfrac{1}{y}$

c) $\dfrac{\partial f}{\partial x} = \dfrac{2}{y} \operatorname{cosec} \dfrac{2x}{y}$; $\dfrac{\partial f}{\partial y} = -\dfrac{2x}{y^2} \operatorname{cosec} \dfrac{2x}{y}$

d) $\dfrac{\partial f}{\partial x} = \dfrac{x}{\sqrt{x^2 + y^2 + 1}}$; $\dfrac{\partial f}{\partial y} = \dfrac{y}{\sqrt{x^2 + y^2 + 1}}$

e) $\dfrac{\partial f}{\partial x} = \cos y$; $\dfrac{\partial f}{\partial y} = - x \sin y$

f) $\dfrac{\partial f}{\partial x} = y e^{\sin \pi xy} \left[1 + \pi xy \cos (\pi xy) \right]$

$\dfrac{\partial f}{\partial y} = x e^{\sin \pi xy} \left[1 + \pi xy \cos \pi xy \right]$

2 — *Sendo* $z = f\left(\dfrac{x-y}{y}\right)$ *verifique que* $x\dfrac{\partial z}{\partial x} + y\dfrac{\partial z}{\partial y} = 0$

3 — *Sendo* $z = \log \operatorname{tg} \dfrac{x}{2} + \varphi(y - \log \sin x)$ *mostrar que* $\sin x \dfrac{\partial z}{\partial x} +$

$+ \cos x \dfrac{\partial z}{\partial y} = 1.$

4 — *Calcule* $\dfrac{\partial f}{\partial x}$ *e* $\dfrac{\partial f}{\partial y}$ *sendo*

a) $f(x,y) = \displaystyle\int_{x}^{y} \log |\sin t|\, dt$

b) $f(x,y) = \displaystyle\int_{x}^{y} e^{\cos t}\, dt$

R.:

a) $\dfrac{\partial f}{\partial x} = - \log |\sin x|$; $\dfrac{\partial f}{\partial y} = \log |\sin y|$

b) $\dfrac{\partial f}{\partial x} = - e^{\cos x}$; $\dfrac{\partial f}{\partial y} = e^{\cos y}$

5 — *Calcular o ângulo que a tangente à curva*

$$\begin{cases} z = \sqrt{1 + x^2 + y^2} \\ x = 1 \end{cases}$$

no ponto $P(1,1,\sqrt{3})$, *forma com a parte positiva do eixo dos* YY.

R.: $\alpha = \dfrac{\pi}{6}$

6 — *Calcular o ângulo que a tangente à curva*

$$\begin{cases} z = \dfrac{x^2 + y^2}{4} \\ y = 4 \end{cases}$$

no ponto P(2,4,5), *forma com a parte positiva do eixo dos* XX.

R.: $\alpha = \dfrac{\pi}{4}$

7 — *Determinar as derivadas parciais de 2.ª ordem das seguintes funções*

a) $z = \log(x + \sqrt{x^2 + y^2})$

b) $z = \sin^2(ax + by)$

c) $z = e^x \cdot e^y$

d) $z = \log(e^x + e^y)$.

R.:

a) $\dfrac{\partial^2 z}{\partial x^2} = -\dfrac{x}{\sqrt{(x^2 + y^2)^3}}$;

$\dfrac{\partial^2 z}{\partial y^2} = \dfrac{x^3 + \sqrt{x^2 + y^2}\,(x^2 - y^2)}{\sqrt{x^2 + y^2}\,(x\sqrt{x^2 + y^2} + x^2 + y^2)^2}$

$\dfrac{\partial^2 z}{\partial x \partial y} = \dfrac{\partial^2 z}{\partial x \partial y} = -\dfrac{y}{\sqrt{(x^2 + y^2)^3}}$

b) $\dfrac{\partial^2 z}{\partial x^2} = 2a^2 \cos 2(ax + by)$; $\dfrac{\partial^2 z}{\partial y^2} = 2b^2 \cos 2(ax + by)$

$\dfrac{\partial^2 z}{\partial x \partial y} = 2ab \cos 2(ax + by)$

c) $\dfrac{\partial^2 z}{\partial x^2} = e^{xe^y + 2y}$; $\dfrac{\partial^2 z}{\partial y^2} = xe^{y + xe^y}(1 + xe^y)$

$\dfrac{\partial^2 z}{\partial x \partial y} = e^{y + xe^y}(1 + xe^y)$

d) $\dfrac{\partial^2 z}{\partial x^2} = \dfrac{e^{x+y}}{(e^x + e^y)^2}$; $\dfrac{\partial^2 z}{\partial y^2} = \dfrac{e^{x+y}}{(e^x + e^y)^2}$

$$\dfrac{\partial^2 z}{\partial x \partial y} = -\dfrac{e^{x+y}}{(e^x + e^y)^2}$$

8 — *Seja* k *uma constante positiva*, $g(x,t) = \tfrac{1}{2} x \sqrt{kt}$ e

$$f(x,t) = \int_0^{g(x,t)} e^{-u^2} du$$

a) *Mostre que* $\dfrac{\partial f}{\partial x} = e^{-g^2} \dfrac{\partial g}{\partial x}$ e $\dfrac{\partial f}{\partial t} = e^{-g^2} \dfrac{\partial g}{\partial t}$

b) *Mostre que* f *satisfaz a equação*

$$-\dfrac{k}{t^2} \cdot \dfrac{\partial^2 f}{\partial x^2} = \dfrac{\partial f}{\partial t}$$

9 — *Mostrar que* $f(y,z) = y^\alpha g\left(\dfrac{z}{y}\right)$ *com* α *constante, verifica as duas relações seguintes*

$$y \dfrac{\partial f}{\partial y} + z \dfrac{\partial f}{\partial z} = \alpha f$$

$$y^2 \dfrac{\partial^2 f}{\partial y^2} + 2yz \dfrac{\partial^2 f}{\partial y \partial z} + z^2 \dfrac{\partial^2 f}{\partial z^2} = \alpha(\alpha - 1) f$$

10 — *Para que valores da constante* a *a função* $v = x^3 + axy^2$ *verifica a igualdade*

$$\dfrac{\partial^2 v}{\partial x^2} + \dfrac{\partial^2 v}{\partial y^2} = 0$$

R.: $a = -3$.

11 — *Sendo* $u = \log\left(\dfrac{x^2 - y^2}{xy}\right)$, *mostrar que*

$$\frac{\partial^3 u}{\partial x^3} + \frac{\partial^3 u}{\partial x^2 \partial y} - \frac{\partial^3 u}{\partial x \partial y^2} = \frac{\partial^3 u}{\partial y^3} = 2\left(\frac{1}{y^3} - \frac{1}{x^3}\right)$$

12 — *Seja*

$$f(x,y) = \begin{cases} \dfrac{2xy}{x^2 + y^2} & para \ (x,y) \neq (0,0) \\ 0 & para \ (x,y) = (0,0) \end{cases}$$

Calcule $\dfrac{\partial^2 f}{\partial x \partial y}(0,0)$ *e* $\dfrac{\partial^2 f}{\partial y \partial x}(0,0)$ *caso existam.*

R.: Não existe nenhuma.

13 — *Seja*

$$f(x,y) = \begin{cases} x^2 \operatorname{arctg} \dfrac{y}{x} - y^2 \operatorname{arctg} \dfrac{x}{y} & se \ x \neq 0 \ e \ y \neq 0 \\ 0 & se \ x = 0 \ ou \ y = 0 \end{cases}$$

Calcule $\dfrac{\partial^2 f}{\partial x \partial y}(0,0)$ *e* $\dfrac{\partial^2 f}{\partial y \partial x}$ *caso existam.*

R.:

$$\frac{\partial^2 f}{\partial x \partial y}(0,0) = -1 \ ; \ \frac{\partial^2 f}{\partial y \partial x}(0,0) = 1$$

14 — *Prove que* $f(x,y) = \log(x^2 + y^2) + \operatorname{arc tg} \dfrac{y}{x}$ *verifica*

$$\frac{\partial^2 f}{\partial x^2} + \frac{\partial^2 f}{\partial y^2} = 0$$

15 — *Considere as funções seguintes*

a) $f(x,y) = \cos xy^2$

b) $f(x,y) = e^{\frac{y}{x}}$

Verifique que $\dfrac{\partial^2 f}{\partial x \partial y} = \dfrac{\partial^2 f}{\partial y \partial x}$. *Justifique*

16 — *Verifique que a função* $z = xf(x+y) + yf(x+y)$ *satisfaz a equação*

$$\frac{\partial^2 z}{\partial x^2} - 2\frac{\partial^2 z}{\partial x \partial y} + \frac{\partial^2 z}{\partial y^2} = 0$$

(*F.C.T.U.C.* — *exame* 1964).

17 — *Seja* $z = u(x,y) e^{ax+by}$ *e* $\dfrac{\partial^2 u}{\partial x \partial y} = 0$. *Calcule os valores das constantes* a *e* b *de modo que*

$$\frac{\partial^2 z}{\partial x \partial y} - \frac{\partial z}{\partial x} - \frac{\partial z}{\partial y} + z = 0$$

R.: $a = b = 1$.

18 — *Sendo* f *uma função de* x *que satisfaz a equação* $\dfrac{d^2 f}{dx^2} + \lambda^2 f(x) = 0$ *e* g *uma função de* t *que verifica a equação* $\dfrac{dg}{dt} + k^2 \lambda^2 g(t) = 0$, *então* $u = f(x)g(t)$ *verifica a equação*

$$\frac{\partial u}{\partial t} = k^2 \frac{\partial^2 u}{\partial x^2}$$

Justifique.

19 — *Seja*

$$\begin{cases} f(x,y) = xy^2 \sin \dfrac{1}{y} & se\ y \neq 0 \\ f(x,0) = 0. \end{cases}$$

Mostre que $f_{xy}(0,0) = f_{yx}(0,0)$ *e no entanto* $f_{xy}(x,y)$ *não é contínua em* $(0,0)$

V
FUNÇÕES DIFERENCIÁVEIS E DIFERENCIAL DE UMA FUNÇÃO

5.1 — Definições. Notas. Teoremas mais importantes

DEFINIÇÃO 1

Seja $P(a_1, a_2, \ldots, a_n)$ um ponto interior do domínio C de $f(x_1, x_2, \ldots, x_n)$. Diz-se que a função é diferenciável em P, quando existem constantes A_1, $A_2, \ldots A_n$ independentes dos acréscimos $h_1, h_2, \ldots, h_n$ tais que

$$f(a_1 + h_1, a_2 + h_2, \ldots, a_n + h_n) - f(a_1, a_2, \ldots, a_n) =$$

$$= \sum_{k=1}^{n} (A_k + \alpha_k) h_k$$

com $\lim_{h_k \to 0} \alpha_k = 0 \quad (k = 1, 2, \ldots, n)$.

DEFINIÇÃO 2

Por simplicidade de escrita consideremos uma função de duas variáveis $f(x,y)$ de domínio $C \subseteq R^2$. Então pela definição anterior, $f(x,y)$ é diferenciável em $P(a_1, a_2) \in i(C)$ se existirem constantes A e B independentes de h e k tais que

$$f(a_1 + h, a_2 + k) - f(a_1, a_2) = Ah + Bk + \alpha_1 h + \alpha_2 k$$

em que α_1 e α_2 tendem para zero com h e k.

Há autores que preferem escrever

$$f(a_1 + h, a_2 + k) - f(a_1, a_2) = Ah + Bk + \varepsilon\rho \text{ com}$$

$$\rho = \sqrt{h^2 + k^2} \quad \text{e} \quad \lim_{\rho \to 0} \varepsilon = 0$$

Teorema 1

Se $f(x,y)$ é diferenciável em $P(a_1, a_2)$ então:

a) $f(x,y)$ é contínua em P.

b) $f(x,y)$ admite derivadas parciais de 1.ª ordem em P e tem-se:

$$\frac{\partial f}{\partial x}(P) = A \; ; \; \frac{\partial f}{\partial y}(P) = B$$

Nota 1

Se alguma das conclusões do teorema 1 não for verificada, a função $f(x,y)$ não é diferenciável em P, pois o teorema é uma condição necessária de diferenciabilidade de $f(x,y)$ em P.

Teorema 2

Seja $f: C \subseteq \mathbb{R}^2 \to \mathbb{R}$ e $P(a_1, a_2) \in i(C)$.

Se $f(x,y)$ admite derivadas parciais de 1.ª ordem contínuas em P, então é diferenciável nesse ponto.

Nota 2

O teorema 2 é uma condição suficiente de diferenciabilidade, mas não necessária, isto é, a função $f(x,y)$ pode ser diferenciável no ponto $P(a_1, a_2)$ e, no entanto, as suas derivadas parciais de 1.ª ordem não serem contínuas nesse ponto.

DEFINIÇÃO 3

Supondo que $f(x,y)$ é diferenciável num ponto $P(a_1,a_2)$ podemos traduzir este facto escrevendo:

$$\Delta f(P) = f(a_1 + h, a_2 + k) - f(a_1,a_2) = hf_x(a_1,a_2) + kf_y(a_1,a_2) + \alpha_1 h + \alpha_2 k$$

A $hf_x(P) + kf_y(P)$ chama-se *parte principal* do acréscimo Δf e a $\alpha_1 h + \alpha_2 k$ chama-se *parte complementar* de Δf.

A parte principal do acréscimo da função em P é chamada *primeira diferencial* da função em P e escreve-se

$$df(P) = hf_x(P) + kf_y(P) .$$

Considerando o caso particular da função $f(x,y) = x$ teremos

$$df = dx = 1 \cdot h .$$

Do mesmo modo considerando $f(x,y) = y$ teremos

$$df = dy = 1 \cdot k$$

Então, identificando h com dx e k com dy vem:

$$df(P) = f_x(P)dx + f_y(P)dy .$$

Podemos escrever então:

$$\Delta f(P) = f(a_1 + h, a_2 + k) - f(a_1,a_2) = df(P) + \alpha_1 h + \alpha_2 k$$

NOTA 3

Para valores de h e k suficientemente pequenos podemos escrever

$$df = \Delta f$$

em geral, sem erro sensível.

DEFINIÇÃO 4

Consideremos a função $f(x,y)$ e suponhamos que ela admite derivadas parciais contínuas até uma determinada ordem $n > 1$.

Como já vimos, a 1.ª diferencial da função é dada por

$$df = f_x dx + f_y dy$$

e é uma função das variáveis x e y e dos parâmetros dx e dy independentes entre si e das variáveis x e y.

Fixados dx e dy, a diferencial passa a ser uma função de x e y. À diferencial desta função chama-se diferencial de 2.ª ordem de $f(x,y)$ e representa-se por d^2f. Ter-se-á então,

$$d^2f = d(df) = \frac{\partial^2 f}{\partial x^2} dx^2 + 2 \frac{\partial^2 f}{\partial x \partial y} dxdy + \frac{\partial^2 f}{\partial y^2} dy^2.$$

Do mesmo modo se definiria a diferencial de 3.ª ordem obtendo-se

$$d^3f = \frac{\partial^3 f}{\partial x^3} dx^3 + 3 \frac{\partial^3 f}{\partial x^2 \partial y} dx^2 dy + 3 \frac{\partial^3 f}{\partial x \partial y^2} dxdy^2 + \frac{\partial^3 f}{\partial x^3} dx^3$$

E de um modo geral

$$d^n f = \frac{\partial^n f}{\partial x^n} dx^n + \binom{n}{1} \frac{\partial^n f}{\partial x^{n-1} \partial y} dx^{n-1}dy + \ldots +$$

$$+ \binom{n}{k} \frac{\partial^n f}{\partial x^{n-k} \partial y^k} dx^{n-k}dy^k + \ldots + \frac{\partial^n f}{\partial y^n} dy^n$$

NOTA 4

A vantagem prática de termos a diferencial $df = hf_x + kf_y$ como aproximação conveniente do acréscimo da função $f(x,y)$, quando se passa de (x,y) par $(x+h, y+k)$ é enorme. Vejamos o seguinte exemplo:

Suponhamos que desejamos calcular o erro cometido na determinação da densidade de um corpo sólido pelo método de imersão. Se m for o peso do corpo no ar e $\overline{m}$ o seu peso na água, a perda de peso $(m - \overline{m})$, segundo o princípio de Arquimedes, será igual ao peso da água deslocada. Se empregarmos o sistema de unidades CGS, o peso da água deslocada é numericamente igual ao volume e portanto ao volume do sólido. A densidade s é, pois, dada em função das variáveis independentes m e $\overline{m}$ pela fórmula $s = \dfrac{m}{m - \overline{m}}$. O erro na medida da densidade s, causado pelos erros dm cometido na medida de m, e $d\overline{m}$ na de $\overline{m}$, é dado, aproximadamente, pela diferencial total

$$ds = \frac{\partial s}{\partial m} dm + \frac{\partial s}{\partial \overline{m}} d\overline{m} = \frac{-\overline{m}dm + md\overline{m}}{(m - \overline{m})^2}$$

Assim, o erro cometido na avaliação de s será maior se, digamos, dm for negativo e $d\overline{m}$ positivo, isto é se tivermos medido m com um acréscimo bastante pequeno $m + dm$ e $\overline{m}$ com um acréscimo bastante grande $\overline{m} + d\overline{m}$.

Se um pedaço de latão pesa, aproximadamente 100 gr no ar, com um erro possível de 5 mg, pesando na água 88 g, com o erro provável de 8 mg, a sua densidade será dada pela fórmula que estabelecemos, com o erro provável de

$$\frac{88 \times 5 \times 10^{-3} + 100 \times 8 \times 10^{-3}}{12^2} \simeq 9 \times 10^{-3}$$

ou, aproximadamente 1 %.

5.2 — **Exemplos**

1 — *Prove, através de definição, que* f(x,y) = x^2y *é diferenciável no ponto* P(1,2).

RESOLUÇÃO

$$\Delta f = f(1 + h, 2 + k) - f(1,2) = (1 + h)^2(2 + k) - 2$$

$$= (1 + 2h + h^2)(2 + k) - 2 = 4h + k + 2h^2 + 2hk + h^2k$$

$$= 4h + k + \frac{2h^2 + 2hk + h^2k}{\sqrt{h^2 + k^2}} \cdot \sqrt{h^2 + k^2}$$

$$= Ah + Bk + \varepsilon\rho \ .$$

Existem as constantes $A = 4$ e $B = 1$ independentes de h e k e

$$\varepsilon = \frac{2h^2 + 2hk + h^2k}{\sqrt{h^2 + k^2}} \quad \text{é tal}$$

que $\lim\limits_{\rho \to 0} \varepsilon = 0$ sendo $\rho = \sqrt{h^2 + k^2}$

Na verdade

$$\lim_{\rho \to 0} \varepsilon = \lim_{\rho \to 0} \frac{2h^2 + 2hk + h^2k}{\sqrt{h^2 + k^2}} = 0$$

2 — *Prove que as funções seguintes são diferenciáveis em todos os pontos do seu domínio*

a) $f(x,y) = 2x^2 + 3y^2$

b) $f(x,y) = xy - xz + z^2$.

RESOLUÇÃO

a) $\Delta f = f(x + h, y + k) - f(x,y)$

$= 2(x + h)^2 + 3(y + k)^2 \quad (2x^2 + 3y^2)$

$= 4xh + 6yk + 2h^2 + 3k^2$

$= Ah + Bk + \alpha_1 h + \alpha_2 k$.

Existem $A = 4x = f_x$ e $B = 6y = f_y$ independentes de h e k e $\alpha_1 = 2h$, $\alpha_2 = 3k$ com α_1 e α_2 a tenderem para zero sempre que h e k tendem para zero.

b) $\Delta f = f(x + h, y + k, z + l) - f(x,y,z)$

$= (x + h)(y + k) - (x + h)(z + l) + (z + l)^2 - xy + zx - z^2 =$

$= h(y - z) + kx + l(-x + 2z) + hk - hl + l^2$

$= Ah + Bk + Cl + hk - hl + l^2$

$= Ah + Bk + Cl + \dfrac{hk - hl + l^2}{\sqrt{h^2 + k^2 + l^2}} \cdot \sqrt{h^2 + k^2 + l^2}$

Existem $A = f_x$, $B = f_y$ e $C = f_z$ independentes de h, k e l e
$\varepsilon = \dfrac{hk - hl + l^2}{\sqrt{h^2 + k^2 + l^2}}$ que tende para zero com $\rho = \sqrt{h^2 + k^2 + l^2}$.

3 — *Dada a função* $f: \mathbb{R}^2 \to \mathbb{R}$ *definida por*

$$f(x,y) = \begin{cases} x + y & \text{se } xy = 0 \\ 1 & \text{se } xy \neq 0 \end{cases}$$

Verifique que existem e são finitas as derivadas $\dfrac{\partial f}{\partial x}(0,0)$ *e* $\dfrac{\partial f}{\partial y}(0,0)$, *mas que a função não é contínua na origem. Será diferenciável nesse ponto? Justifique.*

RESOLUÇÃO

$$\frac{\partial f}{\partial x}(0,0) = \lim_{h \to 0} \frac{f(0+h, 0) - f(0,0)}{h} = \lim_{h \to 0} \frac{h}{h} = 1$$

e

$$\frac{\partial f}{\partial y}(0,0) = \lim_{k \to 0} \frac{f(0, 0+k) - f(0,0)}{k} = \lim_{k \to 0} \frac{k}{k} = 1.$$

As derivadas parciais existem e são finitas na origem.

$$\lim_{\substack{x \to 0 \\ y \to 0}} f(x,y) \text{ será igual a } f(0,0)?$$

Vamos supor que as variáveis tendem para zero por valores distintos de zero, por exemplo, tendem para zero ao longo das rectas $y = mx$ com $m \neq 0$.

Então

$$\lim_{x \to 0} f(x, mx) = \lim_{x \to 0} 1 = 1.$$

Se fizermos tender as variáveis para zero ao longo do eixo dos XX:

$$\lim_{x \to 0} f(x, 0) = \lim_{x \to 0} x = 0.$$

67

Podemos pois concluir que a função não tem limite quando $(x,y) \to (0,0)$, logo não será contínua nesse ponto. Não sendo contínua ua origem não é aí diferenciável.

4 — *Seja a função*

$$f(x,y) = \begin{cases} (x^2 + y^2) \sin \dfrac{1}{\sqrt{x^2 + y^2}} & se \quad (x,y) \neq (0,0) \\ 0 & se \quad (x,y) = (0,0) \end{cases}$$

a) *Calcule* $f_x(x,y)$ e $f_y(x,y)$.

b) *Prove que f é diferenciável em* $(0,0)$.

c) *Prove que* $f_x(x,y)$ *e* $f_y(x,y)$ *não são contínuas na origem*.

RESOLUÇÃO

a) Para $(x,y) \neq (0,0)$

$$\frac{\partial f}{\partial x} = 2x \sin \frac{1}{\sqrt{x^2+y^2}} - (x^2+y^2) \cdot \cos \frac{1}{\sqrt{x^2+y^2}} \cdot x \cdot (x^2+y^2)^{\frac{-3}{2}}$$

$$= 2x \sin \frac{1}{\sqrt{x^2+y^2}} - x(x^2+y^2)^{-\frac{1}{2}} \cos \frac{1}{\sqrt{x^2+y^2}}$$

$$\frac{\partial f}{\partial y} = 2y \sin \frac{1}{\sqrt{x^2+y^2}} - y(x^2+y^2)^{-\frac{1}{2}} \cos \frac{1}{\sqrt{x^2+y^2}}$$

Para $(x,y) = (0,0)$

$$\frac{\partial f}{\partial x} = \lim_{h \to 0} \frac{f(h,0) - f(0,0)}{h}$$

$$= \lim_{h \to 0} \frac{h^2 \sin \dfrac{1}{\sqrt{h^2}}}{h} = \lim_{h \to 0} h \cdot \sin \frac{1}{\sqrt{h^2}} = 0$$

$$\frac{\partial f}{\partial y} = \lim_{k \to 0} \frac{f(0,k) - f(0,0)}{k} = \lim_{h \to 0} \frac{k^2 \sin \frac{1}{\sqrt{k^2}}}{k} = 0$$

b) $\quad f(h,k) - f(0,0) = (h^2 + k^2) \sin \frac{1}{\sqrt{h^2 + k^2}} \qquad (1)$

Mas se f é diferenciável em (0,0) então,

$$f(h,k) - f(0,0) = f_x(0,0)h + f_y(0,0)k + \varepsilon\rho$$

com $\rho = \sqrt{h^2 + k^2}$ e $\lim_{\rho \to 0} \varepsilon = 0$.

De (1) virá,

$$\varepsilon\rho = (h^2 + k^2) \sin \frac{1}{\sqrt{h^2 + k^2}}$$

$$\varepsilon = \sqrt{h^2 + k^2} \sin \frac{1}{\sqrt{h^2 + k^2}}$$

Mas

$$\lim_{\rho \to 0} \varepsilon = \lim_{\substack{h \to 0 \\ k \to 0}} \sqrt{h^2 + k^2} \cdot \sin \frac{1}{\sqrt{h^2 + k^2}} = 0 .$$

Então $f(x,y)$ é diferenciável em (0,0).

c) $\lim_{\substack{x \to 0 \\ y \to 0}} f_x(x,y)$ será igual a $f_x(0,0)$?

$$\lim_{\substack{x \to 0 \\ y \to 0}} \left[2x \cdot \sin \frac{1}{\sqrt{x^2 + y^2}} - \frac{x}{\sqrt{x^2 + y^2}} \cos \frac{1}{\sqrt{x^2 + y^2}} \right] = ?$$

Como

$$\lim_{\substack{x \to 0 \\ y \to 0}} \cos \frac{1}{\sqrt{x^2 + y^2}} \quad \text{não existe e}$$

$\lim\limits_{\substack{x \to 0 \\ y \to 0}} \dfrac{x}{\sqrt{x^2 + y^2}}$ também não existe, poderemos concluir que $\lim\limits_{\substack{x \to 0 \\ y \to 0}} f_x(x,y)$ não existe. Logo a derivada parcial em ordem a x da função $f(x,y)$ não é contínua.

Do mesmo modo se demonstrava para $f_y(x,y)$.

5 — *Mostre que*

$$f(x,y) = \begin{cases} \dfrac{x^2 y^2}{x^2 + y^2} & se \ (x,y) \neq (0,0) \\ 0 & se \ (x,y) = (0,0) \end{cases}$$

é diferenciável em (0,0).

Resolução

Basta provar que existem as derivadas parciais de 1.ª ordem, que são finitas e que alguma delas é contínua

$$\frac{\partial f}{\partial x}(0,0) = \lim_{h \to 0} \frac{f(0+h,0) - f(0,0)}{h} = \lim_{h \to 0} \frac{0}{h} = 0$$

$$\frac{\partial f}{\partial y}(0,0) = \lim_{h \to 0} \frac{f(0,0+k) - f(0,0)}{k} = \lim_{h \to 0} \frac{0}{k} = 0 \ .$$

Vejamos a continuidade de $f_x(x,y)$ na origem

$$f_x(x,y) = \frac{2xy^2(x^2+y^2) - 2x^2 y^2 x}{(x^2+y^2)^2} = \frac{2xy^4}{(x^2+y^2)^2}$$

para pontos $(x\,y) \neq (0,0)$.

Provemos que $\lim\limits_{\substack{x \to 0 \\ y \to 0}} f_x(x,y) = f_x(0,0) = 0$.

Teremos que provar que

$$\forall \delta > 0 \quad \exists \varepsilon > 0 : x^2 + y^2 < \varepsilon^2 \Rightarrow \left| \frac{2xy^4}{(x^2+y^2)^2} \right| < \delta$$

Mas

$$|y|^4 = (\sqrt{y^2})^4 \leqslant (\sqrt{x^2+y^2})^4 = (x^2+y^2)^2$$

$$|x| \leqslant \sqrt{x^2+y^2}$$

logo

$$\left| \frac{2xy^4}{(x^2+y^2)^2} \right| \leqslant 2|x| \frac{|y|^4}{(x^2+y^2)^2} \leqslant 2|x| \leqslant 2\sqrt{x^2+y^2} < 2\varepsilon.$$

Então podemos concluir que

$$\forall \delta > 0 \quad \exists \varepsilon = \frac{\delta}{2} : x^2+y^2 < \varepsilon^2 \Rightarrow \left| \frac{2xy^4}{(x^2+y^2)^2} \right| < \delta$$

ou seja

$$\lim_{\substack{x \to 0 \\ y \to 0}} \frac{2xy^4}{(x^2+y^2)^2} = \lim_{\substack{x \to 0 \\ y \to 0}} f_x(x,y) = 0 = f(0,0)$$

A derivada em ordem a x é contínua na origem. A função $f(x,y)$ é pois diferenciável na origem.

6 — *Calcule a 1.ª diferencial de*

a) $f(x,y) = \arcsin \dfrac{x}{y}$

b) $f(x,y,z) = xyz - x^y$

c) $f(x,y,z,t) = 3x - 2y^2 - z^3 + t$ no ponto $A(1,2,3,4)$.

Resolução

a) $df = \dfrac{\partial f}{\partial x} dx + \dfrac{\partial f}{\partial y} dy$.

$$\frac{\partial f}{\partial x} = \frac{\frac{1}{y}}{\sqrt{1-\left(\frac{x}{y}\right)^2}} \;;\; \frac{\partial f}{\partial y} = \frac{-\frac{x}{y^2}}{\sqrt{1-\left(\frac{x}{y}\right)^2}}$$

$$df = \frac{1}{\sqrt{1-\left(\frac{x}{y}\right)^2}} \left(\frac{1}{y} dx - \frac{x}{y^2} dy\right)$$

b) $df = \dfrac{\partial f}{\partial x} dx + \dfrac{\partial f}{\partial y} dy + \dfrac{\partial f}{\partial z} dz$

$$\frac{\partial f}{\partial x} = yz - yx^{y-1}$$

$$\frac{\partial f}{\partial y} = xz - x^y \log x$$

$$\frac{\partial f}{\partial z} = xy$$

$$df = (yz - yx^{y-1})dx + (xz - x^y \log x)dy + xydz$$

c) $df = \dfrac{\partial f}{\partial x} dx + \dfrac{\partial f}{\partial y} dy + \dfrac{\partial f}{\partial z} dz + \dfrac{\partial f}{\partial t} dt$

$$\frac{\partial f}{\partial x} = 3 \;;\; \frac{\partial f}{\partial y} = -4y \;;\; \frac{\partial f}{\partial z} = -3z^2 \;;\; \frac{\partial f}{\partial t} = 1$$

$$\frac{\partial f}{\partial x}(A) = 3 \;;\; \frac{\partial f}{\partial y}(A) = -8 \;;\; \frac{\partial f}{\partial z}(A) = -27 \;;\; \frac{\partial f}{\partial t}(A) = 1$$

$$df(A) = 3dx - 8dy - 27dz + dt$$

7 — a) *Calcular as diferenciais de*

$$z = 3x^2 + xy - 2y^3 \quad e \quad u = 2x_1 + 5x_1x_2 + x_2^2$$

b) *Calcular* dz *quando* x *muda de 2 para 2.01 e* y *de 4 para 4.02. Calcular* du *quando* x_1 *mude de 3 para 3.001 e* x_2 *de 5 para 5.003*.

Resolução

a) $dz = (6x + y)dx + (x - 6y^2)dy$

$du = (2 + 5x_2)dx_1 + (5x_1 + 2x_2)dx_2$

b) $x = 2 \qquad y = 4$

$dx = 0.01 \qquad dy = 0.02$

$dz = (6 \times 2 + 4) \times 0.01 + (2 - 6 \times 16) \times (0.02)$

$\quad = 16 \times 0.01 + (-94) \times 0.02$

$\quad = 0.16 - 1.88$

$\quad = -1.72$

$x_1 = 3 \qquad x_2 = 5$

$dx_1 = 0.001 \qquad dx_2 = 0.003$

$du = (2 + 5 \times 5) \times 0.001 + (5 \times 3 + 2 \times 5) \times 0.003$

$\quad = 27 \times 0.001 + 25 \times 0.003$

$\quad = 0.027 + 0.075$

$\quad = 0.102$

8 — *Calcular o valor aproximado de* $(1.04)^{2.02}$

Resolução

$f(x,y) = x^y$

$x = 1 \qquad \Delta x = 0.04 \qquad P(1,2)$

$y = 2 \qquad \Delta y = 0.02$

$\Delta f(P) = f(1 + \Delta x, 2 + \Delta y) - f(1,2) =$

$\quad = f(1.04 \,,\, 2.02) - f(1,2)$

$$f(1.04, 2.02) = \Delta f + f(1,2)$$

Mas $\Delta f \simeq df$ e $f(1,2) = 1$

$$df = yx^{y-1}dx + x^y \log x \, dy$$

$$df(P) = 0.08$$

logo

$$f(1.04, 2.02) = (1.04)^{2.02} = 0.08 + 1 = 1.08$$

9 — *Considere um cilindro de altura* h $= 30$ cm *e raio de base* r $= 10$ cm. *Estude a variação aproximada do volume do cilindro se aumentarmos a atlura de 0.3 cm e diminuirmos o raio de 0.1 cm.*

(*F.E.U.C.* — *exame* 1978).

RESOLUÇÃO

$$v = \pi r^2 h \qquad h = 30 \qquad dh = 0.3$$
$$r = 10 \qquad dr = -0.1$$

$$dv = \frac{\partial v}{\partial r} dr + \frac{\partial v}{\partial h} dh = 2\pi r h dr + \pi r^2 dh$$

$$dv(30,10) = 2\pi \times 10 \times 30 \times (-0.1) + \pi \times 100 \times 0.3$$
$$= -60\pi + 30\pi$$
$$= -30\pi$$

O volume diminui de 30π.

10 — *Um dos lados de um rectângulo é* a $= 10$ cm *e o outro é* b $= 24$ cm. *Como variará a diagonal* l *deste rectângulo se o lado* a *aumentar* 4 mm *e o lado* b *diminuir* 1 mm. *Calcular a grandeza aproximada da variação e compará-la com a grandeza exacta.*

RESOLUÇÃO

$$a = 10 \qquad \Delta a = 0.4 \qquad l = \sqrt{a^2 + b^2}$$
$$b = 24 \qquad \Delta b = -0.1$$

$$dl = \frac{\partial l}{\partial a} da + \frac{\partial l}{\partial b} db = \frac{a}{\sqrt{a^2 + b^2}} da + \frac{b}{\sqrt{a^2 + b^2}} db$$

$$dl(10,24) = \frac{10}{\sqrt{10^2 + 24^2}} \times 0.4 + \frac{24}{\sqrt{10^2 + 24^2}} \times (-0.1)$$

$$= \frac{1}{\sqrt{100 + 576}} (4 - 2.4) = \frac{1.6}{\sqrt{676}} = 0.062$$

$$\Delta l = l(a + \Delta a, b + \Delta b) - l(a,b) = \sqrt{(10.4)^2 + (23.9)^2} -$$

$$- \sqrt{10^2 + 24^2} = 0.065$$

$$\Delta l - dl = 0.003$$

11 — *Sendo* $f(x,y) = (50 - x^2 - y^2)^{\frac{1}{2}}$, *calcule um valor aproximado da diferença* $f(3,4) - f(2.9, 4.1)$.

(*F.E.U.C.* — *Exame* 1978).

RESOLUÇÃO

$$f(3,4) - f(2.9, 4.1) = \Delta f(3,4) \simeq df(3,4)$$

$x = 3 \qquad \Delta x = -0.1$

$y = 4 \qquad \Delta y = 0.1$

$$df = \frac{-x}{\sqrt{50 - x^2 - y^2}} dx + \frac{-y}{\sqrt{50 - x^2 - y^2}} dy$$

$$df(3,4) = \frac{-3}{\sqrt{50 - 9 - 16}} \times (-0.1) - \frac{4}{\sqrt{50 - 9 - 16}} \times 0.1$$

$$= \frac{0.3}{\sqrt{25}} - \frac{0.4}{\sqrt{25}} = -0.02$$

logo

$$f(3,4) - f(2.9, 4.1) \simeq 0.02$$

12 — *a)* Sejam a, b, c os lados de um triângulo e seja θ o ângulo oposto ao lado c. Considerando c como uma função de a, b e θ, calcule a diferencial dc.

b) Use o resultado anterior para calcular aproximadamente c quando a = 6.20, b = 5,90 e θ = 58º.

Resolução

a) Utilizando o conhecido teorema dos cossenos (Carnot): «Num triângulo, o quadrado dum lado é igual à soma dos quadrados dos outros dois, diminuída do dobro do produto desses lados pelo cosseno do ângulo por eles formado». tem-se:

$$c^2 = a^2 + b^2 - 2ab \cos \theta .$$

Diferenciando esta equação temos:

$$2c\,dc = (2a - 2b \cos \theta)da + (2b - 2a \cos \theta)db + 2ab \sin \theta\, d\theta$$

$$dc = \frac{(a - b \cos \theta)\, da + (b - a \cos \theta)\, db + ab \sin \theta\, d\theta}{c}$$

b) Consideremos $a = 6$, $b = 6$, $\theta = \dfrac{\pi}{3} = 60º$. Então $\cos \theta = \tfrac{1}{2}$ donde $c = 6$. Também $\Delta a = 0.20$, $\Delta b = -0.10$ e $\Delta \theta = -\dfrac{\pi}{90}$ radianos (equivalente a $-2º$).

Usando dc como uma aproximação de Δc e substituindo na fórmula calculada na alínea anterior virá:

$$dc = \frac{(6 - 6 \times 0.5) \times 0.20 + (6 - 6 \times 0.5) \times (-0.10) + 36 \times \dfrac{\sqrt{3}}{2} \times \left(\dfrac{-\pi}{90}\right)}{6}$$

$$= \frac{-0.79}{6} = -0.13.$$

Então o valor de c é aproximadamente:

$$6 - 0.13 = 5.87$$

13 — *Uma indústria vai produzir 10 000 caixas fechadas de papelão, com dimensões 3 cm, 4 cm e 5 cm. O custo do papelão a ser usado é de 5 centavos por cm². Se as máquinas usadas para cortar os pedaços de papelão têm um possível erro de 0.05 cm em cada dimensão, encontrar aproximadamente, usando diferenciais, o máximo erro possível na estimativa do custo do papelão.*

Resolução

A superfície de cada caixa é dada por:

$$S = 2xy + 2xz + 2yz \ .$$

O custo de cada caixa é

$$c = 5 \times (2xy + 2xz + 2yz)$$

$$dc = \frac{\partial c}{\partial x} dx + \frac{\partial c}{\partial y} dy + \frac{\partial c}{\partial z} dz$$

$$= (10y + 10z)dx + (10x + 10z)dy + (10x + 10y)dz$$

considerando $x = 3$, $y = 4$ e $z = 5$ e $dx = dy = dz = 0.05$ tem-se:

$$dc = 90 \times 0.05 + 80 \times 0.05 + 70 \times 0.05 = 12$$

Na totalidade o erro máximo será:

$$10\ 000 \times 12 = 120\ 000 \text{ centavos}$$

$$= 1\ 200 \text{ escudos}$$

14 — *Calcule a 2.ª diferencial de*

    a) $f(x,y) = 3x^6 y^2$

    b) $f(x,y) = x \cdot \sin^2 y$

    c) $f(x,y) = e^{xy}$.

RESOLUÇÃO

a) $\quad d^2f = \dfrac{\partial^2 f}{\partial x^2} dx^2 + 2 \dfrac{\partial^2 f}{\partial x \partial y} dx\, dy + \dfrac{\partial^2 f}{\partial y^2} dy^2$

$\dfrac{\partial^2 f}{\partial x^2} = \dfrac{\partial}{\partial x}\left(\dfrac{\partial f}{\partial x}\right) = \dfrac{\partial}{\partial x}(18x^5 y^2) = 90x^4 y^2$

$\dfrac{\partial^2 f}{\partial x\, \partial y} = \dfrac{\partial}{\partial y}\left(\dfrac{\partial f}{\partial x}\right) = 36x^5 y$

$\dfrac{\partial^2 f}{\partial y^2} = \dfrac{\partial}{\partial y}\left(\dfrac{\partial f}{\partial y}\right) = \dfrac{\partial}{\partial y}(6x^6 y) = 6x^6$

logo

$$d^2f = 90x^4 y^2 dx^2 + 72x^5\, y\, dx\, dy + 6x^6\, dy^2$$

b) $\dfrac{\partial^2 f}{\partial x^2} = \dfrac{\partial}{\partial x}\left(\dfrac{\partial f}{\partial x}\right) = \dfrac{\partial}{\partial x}(\sin^2 y) = 0$

$\dfrac{\partial^2 f}{\partial x\, \partial y} = \dfrac{\partial}{\partial y}\left(\dfrac{\partial f}{\partial x}\right) = 2\sin y \cos y = \sin 2y$

$\dfrac{\partial^2 f}{\partial y^2} = \dfrac{\partial}{\partial y}\left(\dfrac{\partial f}{\partial y}\right) = \dfrac{\partial}{\partial y}(2x \sin y \cos y) =$

$= 2x \cos^2 y - 2x \sin^2 y = 2x(\cos^2 y - \sin^2 y)$

$= 2x \cos 2y$

$d^2f = 2 \sin 2y\, dx\, dy + 2x \cos 2y\, dy^2$

c) $\dfrac{\partial^2 f}{\partial x^2} = \dfrac{\partial}{\partial x}(e^{xy} \cdot y) = e^{xy} y^2$

$\dfrac{\partial^2 f}{\partial x\, \partial y} = \dfrac{\partial}{\partial y}(e^{xy} \cdot y) = e^{xy} + xy e^{xy}$

$\dfrac{\partial^2 f}{\partial y^2} = \dfrac{\partial}{\partial y}(e^{xy} \cdot x) = e^{xy} \cdot x^2$

$$d^2f = e^{xy}y^2dx^2 + 2(e^{xy} + xye^{xy})dx\,dy + e^{xy} \cdot x^2dy^2$$

$$= e^{xy}[y^2dx^2 + 2(1 + xy)dxdy + x^2dy^2]$$

15 — *Calcule a diferencial de 3.ª ordem da função*

$$z = x^4y^3$$

RESOLUÇÃO

$$d^3z = \left(\frac{\partial z}{\partial x}dx + \frac{\partial z}{\partial y}dy\right)^{(3)} =$$

$$= \frac{\partial^3 z}{\partial x^3}dx^3 + 3\frac{\partial^3 z}{\partial x^2 \partial y}dx^2dy + 3\frac{\partial^3 z}{\partial x \partial y^2}dxdy^2 + \frac{\partial^3 z}{\partial y^3}dy^3$$

$$\frac{\partial z}{\partial x} = 4x^3y^3 \;;\; \frac{\partial^2 z}{\partial x^2} = 12x^2y^3 \;;\; \frac{\partial^3 z}{\partial x^3} = 24xy^3$$

$$\frac{\partial z}{\partial y} = 3x^4y^2 \;;\; \frac{\partial^2 z}{\partial y^2} = 6x^4y \;;\; \frac{\partial^3 z}{\partial y^3} = 6x^4$$

$$\frac{\partial^3 z}{\partial x^2 \partial y} = \frac{\partial}{\partial y}\left(\frac{\partial^2 z}{\partial x^2}\right) = \frac{\partial}{\partial y}(12x^2y^3) = 36x^2y^2$$

$$\frac{\partial^3 z}{\partial x \partial y^2} = \frac{\partial}{\partial y}\left(\frac{\partial^2 z}{\partial x \partial y}\right) = \frac{\partial}{\partial y}\left[\frac{\partial}{\partial y}\left(\frac{\partial z}{\partial x}\right)\right] =$$

$$= \frac{\partial}{\partial y}\left[\frac{\partial}{\partial y}(4x^3y^3)\right] = \frac{\partial}{\partial y}(12x^3y^2) = 24x^3y$$

Então

$$d^3z = 24xy^3dx^3 + 108x^2y^2dx^2dy + 72x^3ydxdy^2 + 6x^4dy^3$$

16 — *a) Mostre que*

$$x\,d\left(\frac{x}{\sqrt{x^2+y^2}}\right) + y\,d\left(\frac{y}{\sqrt{x^2+y^2}}\right) = 0$$

para todos os valores de x *e* y *tais que* $x^2 + y^2 > 0$ *e para todos os valores de* dx *e* dy.

b) Generalizar a) provando que $\sum_{k=1}^{n} x_k d\left(\dfrac{x_k}{R}\right) = 0$ *se* $R = (x_1^2 + x_2^2 + \ldots + x_n^2)^{\frac{1}{2}}$ *e* $x_1, x_2, \ldots, x_n$ *variáveis independentes.*

RESOLUÇÃO

a) $d\left(\dfrac{x}{\sqrt{x^2+y^2}}\right) = \dfrac{y^2}{(x^2+y^2)^{3/2}}\, dx + \dfrac{-yx}{(x^2+y^2)^{3/2}}\, dy$

$d\left(\dfrac{y}{\sqrt{x^2+y^2}}\right) = \dfrac{-xy}{(x^2+y^2)^{3/2}}\, dx + \dfrac{x^2}{(x^3+y^2)^{3/2}}\, dy$

Então

$xd\left(\dfrac{x}{\sqrt{x^2+y^2}}\right) + yd\left(\dfrac{y}{\sqrt{x^2+y^2}}\right) = \dfrac{xy^2}{(x^2+y^2)^{3/2}}\, dx -$

$-\dfrac{yx^2}{(x^2+y^2)^{3/2}}\, dy - \dfrac{xy^2}{(x^2+y^2)^{3/2}}\, dx + \dfrac{yx^2}{(x^2+y^2)^{3/2}}\, dy = 0$

b) $x_1 d\left(\dfrac{x_1}{R}\right) = x_1\left[\dfrac{1}{R}\, dx_1 - \dfrac{x_1}{R^2}\, dR\right]$

$x_2 d\left(\dfrac{x_2}{R}\right) = x_2\left[\dfrac{1}{R}\, dx_2 - \dfrac{x_2}{R^2}\, dR\right]$

. .

. .

. .

$x_n d\left(\dfrac{x_n}{R}\right) = x_n\left[\dfrac{1}{R}\, dx_n - \dfrac{x_n}{R^2}\, dR\right]$

Somando as igualdades vem:

$$(1) \sum_{k=1}^{n} x_k \left(\frac{dx_k}{R}\right) = \frac{1}{R}\left[x_1 dx_1 + x_2 dx_2 + \ldots + x_n dx_n\right] -$$

$$- \frac{dR}{R^2}\left[x_1^2 + x_2^2 + \ldots + x^2{}_n\right]$$

$$= \frac{1}{R}\left[x_1 dx_1 + x_2 dx_2 + \ldots + x_n dx_n\right] - dR$$

com $R^2 = x_1^2 + x_2^2 + \ldots + x^2{}_n$

Mas

$$2RdR = 2x_1 dx_1 + 2x_2 dx_1 + \ldots + 2x_n dx_n$$

$$dR = \frac{1}{R}\left[x_1 dx_1 + x_2 dx_2 + \ldots + x_n dx_n\right]$$

Logo, substituindo em (1)

$$\sum_{k=1}^{n} x_k \left(\frac{dx_k}{R}\right) = dR - dR = 0$$

5.3 — Exercícios para resolver

1) *Considere a função*

$$f(x,y) = \begin{cases} \dfrac{3x^2 y^2}{x^4 + y^4} & para \quad (x,y) \neq (0,0) \\ 0 & para \quad (x,y) = (0,0) \end{cases}$$

Mostre que $\dfrac{\partial f}{\partial x}(0,0)$ *e* $\dfrac{\partial f}{\partial y}(0,0)$ *existem e são finitas mas que* f(x,y) *não é diferenciável na origem.*

81

R.: $\dfrac{\partial f}{\partial x}(0,0)=0$; $\dfrac{\partial f}{\partial y}(0,0)=0$. Não tem limite na origem.

2) *Calcule as diferenciais de 1.ª ordem das seguintes funções*:

   a) $f(x,y) = \log(x^2 + y^2)$

   b) $f(x,y,z) = e^x y + x \sin z$.

R.:

a) $df = \dfrac{2}{x^2 + y^2}(xdx + ydy)$

b) $df = (e^x y + \sin z)dx + e^x dy + x \cos z\, dz$

3 — *Calcular* du *sendo*

a) $u = x^{yz}$

b) $u = y^{\log x}$

c) $u = \operatorname{arc\,tg} \dfrac{x+y}{1-xy}$

R :

a) $du = z(yx^{yz-1}dx + x^{yz}\log x\, dy) + yx^{yz}\log x\, dz$

b) $du = \dfrac{\log y}{x} y^{\log x} dx + \log x\, y^{\log x - 1} dy$

c) $du = \dfrac{1}{1+x^2} dx + \dfrac{1}{1+y^2} dy$

4 — *Determine a diferencial da função* $f(x,y) = (x^2 + y^2)^{\frac{3}{2}}$ *no ponto* $(1,0)$.

R.: $df(1,0) = 3dx$.

5 — *Considere um triângulo rectângulo cujos catetos têm por medida 6 cm e 8 cm com um possível erro de 0,1 cm para cada medida. Calcule o erro máximo no cálculo do comprimento de hipotenusa do triângulo. Encontre aproximadamente a percentagem do erro.*

R.: Erro máximo 0,14 cm; erro relativo 1,4%.

6 — *Calcule aproximadamente o volume do material necessário para construir um reservatório cilíndrico aberto com as seguintes dimensões:*

R — *raio interior do cilindro.*

H — *altura interior do cilindro*

k — *espessura do cilindro.*

(*F.E.U.C.* — *exame* 1979).

R.: $\pi R k(2H + R)$.

7 — *Calcular através da diferencial o valor aproximado de*

$$(1.02)^3 \times (0.97)^2.$$

R.: 1.00

VI
DERIVADAS E DIFERENCIAIS DE FUNÇÕES COMPOSTAS

6.1 — Derivadas de funções compostas

TEOREMA 1

Seja $u:t \to z$ que resulta de compor $z = f(x,y)$ com $x = \varphi(t)$ e $y = \psi(t)$. Suponhamos φ e ψ diferenciáveis num ponto t_0 e f diferenciável no ponto correspondente $(a,b) = [\varphi(t_0), \psi(t_0)]$.

Então $u(t) = f[\varphi(t), \psi(t)]$ e

$$\left(\frac{du}{dt}\right)_{t_0} = \left(\frac{\partial f}{\partial x}\right)_{(a,b)} \times \left(\frac{d\varphi}{dt}\right)_{t_0} + \left(\frac{\partial f}{\partial y}\right)_{(a,b)} \times \left(\frac{d\psi}{dt}\right)_{t_0}$$

ou, como é mais vulgar escrever:

$$\left(\frac{dz}{dt}\right)_{t_0} = \left(\frac{\partial z}{\partial x}\right)_{(a,b)} \times \left(\frac{dx}{dt}\right)_{t_0} + \left(\frac{\partial z}{\partial y}\right)_{(a,b)} \times \left(\frac{dy}{dt}\right)_{t_0}$$

ou ainda,

$$\frac{dz}{dt} = \frac{\partial z}{\partial x} \frac{dx}{dt} + \frac{\partial z}{\partial y} \frac{dy}{dt}$$

Nota 1

Supondo que existem as derivadas de ordem superior à primeira, teremos

$$\frac{d^2z}{dt^2} = \frac{d}{dt}\left(\frac{dz}{dt}\right) = \frac{d}{dt}\left[\frac{\partial z}{\partial x}\frac{dx}{dt} + \frac{\partial z}{\partial y}\frac{dy}{dt}\right] =$$

$$= \frac{d}{dt}\left(\frac{\partial z}{\partial x}\right)\frac{dx}{dt} + \frac{\partial z}{\partial x}\frac{d^2x}{dt^2} + \frac{d}{dt}\left(\frac{\partial z}{\partial y}\right)\frac{dy}{dt} + \frac{\partial z}{\partial y}\frac{d^2y}{dt^2}$$

Mas

$$\frac{d}{dt}\left(\frac{\partial z}{\partial x}\right) = \frac{\partial}{\partial x}\left(\frac{\partial z}{\partial x}\right)\cdot\frac{dx}{dt} + \frac{\partial}{\partial y}\left(\frac{\partial z}{\partial x}\right)\frac{dy}{dt} =$$

$$= \frac{\partial^2 z}{\partial x^2}\frac{dx}{dt} + \frac{\partial^2 z}{\partial x\,\partial y}\frac{dy}{dt}$$

Do mesmo modo

$$\frac{d}{dt}\left(\frac{\partial z}{\partial y}\right) = \frac{\partial^2 z}{\partial y\,\partial x}\frac{dx}{dt} + \frac{\partial^2 z}{\partial y^2}\frac{dy}{dt}$$

Substituindo vem

$$\frac{d^2z}{dt^2} = \left(\frac{\partial^2 z}{\partial x^2}\frac{dx}{dt} + \frac{\partial^2 z}{\partial x\,\partial y}\frac{dy}{dt}\right)\frac{dx}{dt} + \frac{\partial z}{\partial x}\frac{d^2x}{dt^2} +$$

$$+ \left(\frac{\partial^2 z}{\partial x\,\partial y}\frac{dx}{dt} + \frac{\partial^2 z}{\partial y^2}\frac{dy}{dt}\right)\frac{dy}{dt} + \frac{\partial z}{\partial y}\frac{d^2y}{dt^2}$$

Se a função satisfaz as condições do teorema de Schwarz vem

$$\frac{d^2z}{dt^2} = \frac{\partial^2 z}{\partial x^2}\left(\frac{dx}{dt}\right)^2 + 2\frac{\partial^2 z}{\partial x\,\partial y}\frac{dx}{dt}\frac{dy}{dt} + \frac{\partial^2 z}{\partial y^2}\left(\frac{dy}{dt}\right)^2$$

$$+ \frac{\partial z}{\partial x}\frac{d^2x}{dt^2} + \frac{\partial z}{\partial y}\frac{d^2y}{dt^2}$$

Do mesmo modo se calcula

$$\frac{d^3z}{dt^3} = \frac{d}{dt}\left(\frac{d^2z}{dt^2}\right)$$

etc.

Observação 1

Se as funções φ e ψ são lineares em t, isto é, se

$$x = a_1 t + b_1 \quad \text{e} \quad y = a_2 t + b_2$$

então

$$\frac{dx}{dt} = a_1, \; \frac{d^2x}{dt^2} = 0, \; \frac{d^3x}{dt^3} = 0, \; \dots$$

$$\frac{dy}{dt} = a_2, \; \frac{d^2y}{dt^2} = 0, \; \frac{d^3y}{dt^3} = 0, \; \dots$$

o que simplifica muito as derivadas anteriores.

Teorema 2

Seja $u : (s,t) \to z$ que resulta de compor $z = f(x,y)$ com $x = \varphi(s,t)$ e $y = \psi(s,t)$. Suponhamos φ e ψ diferenciáveis num ponto (s_0, t_0) e f diferenciável no ponto correspondente $(a,b) = [\varphi(s_0,t_0), \psi(s_0,t_0)]$. Então

$$u(s,t) = f[\varphi(s,t), \psi(s,t)] \quad \text{e}$$

$$\left(\frac{\partial u}{\partial s}\right)_{(s_0,t_0)} = \left(\frac{\partial f}{\partial x}\right)_{[\varphi(s_0,t_0),\psi(s_0,t_0)]} \cdot \left(\frac{\partial \varphi}{\partial s}\right)_{(s_0,t_0)} +$$

$$+ \left(\frac{\partial f}{\partial y}\right)_{[\varphi(s_0,t_0),\psi(s_0,t_0)]} \cdot \left(\frac{\partial \psi}{\partial s}\right)_{(s_0,t_0)}$$

$$\left(\frac{\partial u}{dt}\right)_{(s_0,t_0)} = \left(\frac{\partial f}{\partial x}\right)_{[\varphi(s_0,t_0),\psi(s_0,t_0)]} \cdot \left(\frac{\partial \varphi}{\partial t}\right)_{(s_0,t_0)} +$$

$$+ \left(\frac{\partial f}{\partial y}\right)_{[\varphi(s_0,t_0),\psi(s_0,t_0)]} \cdot \left(\frac{\partial \psi}{\partial t}\right)_{(s_0,t_0)}$$

ou, como é mais vulgar escrever

$$\frac{\partial z}{\partial s} = \frac{\partial z}{\partial x}\frac{\partial x}{\partial s} + \frac{\partial z}{\partial y}\frac{\partial y}{\partial s}$$

$$\frac{\partial z}{\partial t} = \frac{\partial z}{\partial x}\frac{\partial x}{\partial t} + \frac{\partial z}{\partial y}\frac{\partial y}{\partial t}$$

NOTA 2

Supondo que existem as derivadas de ordem superior à primeira, teremos

$$\frac{\partial^2 z}{\partial s^2} = \frac{\partial}{\partial s}\left(\frac{\partial z}{\partial s}\right) = \frac{\partial}{\partial x}\left(\frac{\partial z}{\partial x}\right) \cdot \frac{\partial x}{\partial s} + \frac{\partial z}{\partial x}\frac{\partial^2 x}{\partial s^2} +$$

$$+ \frac{\partial}{\partial y}\left(\frac{\partial z}{\partial y}\right)\frac{\partial y}{\partial s} + \frac{\partial z}{\partial y}\frac{\partial^2 y}{\partial s^2}$$

$$= \left[\frac{\partial^2 z}{\partial x^2}\left(\frac{\partial x}{\partial s}\right)^2 + 2\frac{\partial^2 z}{\partial x \partial y}\frac{\partial x}{\partial s}\frac{\partial y}{\partial s} + \frac{\partial^2 z}{\partial y^2}\left(\frac{\partial y}{\partial s}\right)^2\right] +$$

$$+ \frac{\partial z}{\partial x}\frac{\partial^2 x}{\partial s^2} + \frac{\partial z}{\partial y}\frac{\partial^2 y}{\partial s^2}$$

Do mesmo modo se calculariam as outras derivadas.

OBSERVAÇÃO 2

Se $\varphi(s,t)$ e $\psi(s,t)$ são lineares em s e t, isto é,

$$x = a_1 s + b_1 t + c_1$$

$$y = a_2 s + b_2 t + c_2$$

Então

$$\frac{\partial x}{\partial s} = a_1 , \frac{\partial^2 x}{\partial s^2} = 0 , \frac{\partial^3 x}{\partial s^3} = 0 , \ldots$$

$$\frac{\partial x}{\partial t} = b_1 , \frac{\partial^2 x}{\partial t^2} = 0 , \frac{\partial^3 x}{\partial t^3} = 0 , \ldots$$

$$\frac{\partial y}{\partial s} = c_2 , \frac{\partial^2 y}{\partial s^2} = 0 , \frac{\partial^3 y}{\partial s^3} = 0 , \ldots$$

$$\frac{\partial y}{\partial t} = b_2 , \frac{\partial^2 y}{\partial t^2} = 0 , \frac{\partial^3 y}{\partial t^3} = 0 , \ldots$$

o que, como é evidente, simplifica muito os cálculos das derivadas de ordem superior à primeira.

6.2 — Diferenciais de funções compostas

Considerando a função $u = f(x_1, x_2, \ldots, x_n)$ definida num certo conjunto $C \subseteq R^n$ e continuamente derivável nesse conjunto e

$$\begin{cases} x_1 = \varphi_1(v_1, v_2, \ldots, v_m) \\ x_2 = \varphi_2(v_1, v_2, \ldots, v_m) \\ \ldots \\ x_n = \varphi_n(v_1, v_2, \ldots, v_m) \end{cases}$$

n funções de m variáveis independentes $v_1, v_2, \ldots, v_m$, funções essas definidas por sua vez num certo conjunto $D \subseteq R^m$ continuamente deriváveis nesse conjunto e tais que façam corresponder a cada ponto de D, um ponto de C, isto é,

$$u = f[\varphi_1, \varphi_2, \ldots, \varphi_n] = F(v_1, v_2, \ldots, v_m)$$

Nestas condições podemos escrever

$$\frac{\partial u}{\partial v_1} = \frac{\partial u}{\partial x_1} \frac{\partial x_1}{\partial v_1} + \frac{\partial u}{\partial x_2} \frac{\partial x_2}{\partial v_1} + \ldots + \frac{\partial u}{\partial x_n} \frac{\partial x_n}{\partial v_1}$$

$$\frac{\partial u}{\partial v_2} = \frac{\partial u}{\partial x_1}\frac{\partial x_1}{\partial v_2} + \frac{\partial u}{\partial x_2}\frac{\partial x_2}{\partial v_2} + \ldots + \frac{\partial u}{\partial x_n}\frac{\partial x_n}{\partial v_2}$$

$$\frac{\partial u}{\partial v_m} = \frac{\partial u}{\partial x_1}\frac{\partial x_1}{\partial v_m} + \frac{\partial u}{\partial x_2}\frac{\partial x_2}{\partial v_m} + \ldots + \frac{\partial u}{\partial x_n}\frac{\partial x_n}{\partial v_m}$$

Multiplicando a primeira igualdade por dv_1, a segunda igualdade por $dv_2,\ldots$, a última igualdade por dv_m e somando vem,

$$\sum_{k=1}^{m} \frac{\partial u}{\partial v_k} dv_k = \sum_{i=1}^{n} \frac{\partial u}{\partial x_i} dx_i .$$

Obtém-se, portanto, a diferencial de u quer em função das diferenciais dos v quer em função das diferenciais dos x. A expressão anterior traduz o chamado *princípio da invariância da diferencial* que se pode enunciar do modo seguinte: a diferencial de u em ordem às variáveis $v_1, v_2, \ldots, v_m$, pode obter-se formando em primeiro lugar a diferencial de u em ordem às variáveis $x_1, x_2, \ldots, x_n$, e exprimindo em seguida $dx_1, dx_2, \ldots, dx_n$ como diferenciais de $x_1, x_2, \ldots, x_n$ em ordem a $v_1, v_2, \ldots, v_m$.

Nota 1

O princípio da invariância já não é válido para o caso das diferenciais de ordem superior à primeira.

6.3 — **Exemplos**

1 — *Sendo* $z = \text{arc tg } \dfrac{y}{x}$ *e* $y = x^2$, *calcular* $\dfrac{\partial z}{\partial x}$ *e* $\dfrac{dz}{dx}$

Resolução

$$\frac{\partial z}{\partial x} = \frac{-\dfrac{y}{x^2}}{1 + \dfrac{y^2}{x^2}} = -\frac{y}{x^2 + y^2}$$

$$\frac{dz}{dx} = \frac{\partial z}{\partial x} + \frac{\partial z}{\partial y}\frac{dy}{dx} = \frac{-y}{x^2+y^2} + \frac{\frac{1}{x}}{\frac{x^2+y^2}{x^2}} \cdot 2x$$

$$= \frac{-y}{x^2+y^2} + \frac{2x^2}{x^2+y^2} = \frac{2x^2-y}{x^2+y^2}$$

Nota

Não podemos perder de vista que embora no resultado exista a variável y, esta é uma função de x pelo enunciado do problema. Podemos pois apresentar o resultado da seguinte maneira,

$$\frac{dz}{dx} = \frac{2x^2-x^2}{x^2+x^4} = \frac{x^2}{x^2+x^4}$$

2 — Sendo $z = \operatorname{tg}(3t + 2x^2 - y)$ *com* $x = \dfrac{1}{t}$ *e* $y = \sqrt{t}$ *calcular* $\dfrac{dz}{dt}$

Resolução

$$\frac{dz}{dt} = \frac{\partial z}{\partial t} + \frac{\partial z}{\partial x}\frac{dx}{dt} + \frac{\partial z}{\partial y}\frac{dy}{dt}$$

$$= \sec^2(3t+2x^2-y) \times 3 + \sec^2(3t+2x^2-y) \times \left(\frac{1}{t^2}\right) \times 4x +$$

$$+ \sec^2(3t+2x^2-y) \times (-1) \times \frac{1}{2\sqrt{t}}$$

$$= \sec^2(3t+2x^2-y)\left(3 - \frac{4x}{t^2} - \frac{1}{2\sqrt{t}}\right)$$

3 — Sendo $u = e^{x-2y}$ *com* $x = \sin t$ *e* $y = t^3$, *calcular* $\dfrac{d^2u}{dt^2}$

Resolução

$$\frac{du}{dt} = \frac{\partial u}{\partial x}\frac{dx}{dt} + \frac{\partial u}{\partial y}\frac{dy}{dt} = e^{x-2y}\cos t + e^{x-2y}(-2)\cdot 3t^2 =$$

$$= e^{x-2y}(\cos t - 6t^2)$$

$$\frac{d^2u}{dt^2} = \frac{d}{dt}\left(\frac{du}{dt}\right) = \frac{\partial}{\partial t}\left(\frac{du}{dt}\right) + \frac{\partial}{\partial x}\left(\frac{du}{dt}\right)\frac{dx}{dt} + \frac{\partial}{\partial y}\left(\frac{du}{dt}\right)\frac{dy}{dt}$$

$$= e^{x-2y}(-\sin t - 12t) + e^{x-2y}(\cos t - 6t^2)\cos t +$$

$$+ e^{x-2y}(\cos t - 6t^2) \cdot (-2) \cdot 3t^2 =$$

$$= e^{x-2y}(-\sin t - 12t + \cos^2 t - 6t^2 \cos t - 6t^2 \cos t + 36\, t^4)$$

4 — *Use a lei do gáz ideal (PV = kT) com k = 10 para encontrar a razão da variação da temperatura no instante em que o volume do gás é 120 cm³ e o gaz está sob uma pressão de 8 din/cm², se o volume cresce à razão de 2 cm³/seg e a pressão decresce à razão de 0.1 din/cm² por segundo.*

Resolução

$t =$ tempo em segundos, a partir do momento em que o volume do gaz começou a crescer.

$T =$ temperatura em graus, em t segundos.

$P =$ pressão em dines por cm², em t segundos.

$V =$ volume do gás em cm³, em t segundos.

$PV = 10\, T \; ; \; T = \dfrac{PV}{10}$

Num dado instante $P = 8$, $V = 120$, $\dfrac{dP}{dt} = -0.1$ e $\dfrac{dV}{dt} = 2$.

Mas

$$\frac{dT}{dt} = \frac{\partial T}{\partial P} \cdot \frac{dP}{dt} + \frac{\partial T}{\partial V} \cdot \frac{dV}{dt} = \frac{V}{10}\frac{dP}{dt} + \frac{P}{10}\frac{dV}{dt} =$$

$$= \frac{120}{10}(-0.1) + \frac{8}{10}(2) = 0.4$$

logo, a temperatura cresce à razão de 0.4 graus por segundo no instante dado.

5 — *Sendo* $z = f(x,y)$ *com* $y = \theta(x,u)$ *calcular as derivadas de 1.ª ordem de z relativamente a* x *e a* u.

RESOLUÇÃO

$$\frac{\partial z}{\partial u} = \frac{\partial z}{\partial y}\frac{\partial y}{\partial u} = \frac{\partial f}{\partial y} \cdot \frac{\partial \theta}{\partial u}$$

$$\frac{\partial z}{\partial x} = \frac{\partial z}{\partial x} + \frac{\partial z}{\partial y}\frac{\partial y}{\partial x} = \frac{\partial f}{\partial x} + \frac{\partial f}{\partial y} \cdot \frac{\partial \theta}{\partial x}$$

6 — *Verifique que a função* $z = \text{arc tg}\,\dfrac{x}{y}$ *em que* $x = u+v$ *e* $y = u-v$ *verifica a relação.*

$$\frac{\partial z}{\partial u} + \frac{\partial z}{\partial v} = \frac{u-v}{u^2+v^2}$$

RESOLUÇÃO

$$\frac{\partial z}{\partial u} = \frac{\partial z}{\partial x}\cdot\frac{\partial x}{\partial u} + \frac{\partial z}{\partial y}\frac{\partial y}{\partial u} = \frac{\frac{1}{y}}{1+\frac{x^2}{y^2}} + \frac{\frac{-x}{y^2}}{1+\frac{x^2}{y^2}}$$

$$= \frac{y}{x^2+y^2} - \frac{x}{x^2+y^2} = \frac{y-x}{x^2+y^2}$$

$$\frac{\partial z}{\partial v} = \frac{\partial z}{\partial x}\frac{\partial x}{\partial v} + \frac{\partial z}{\partial y}\frac{\partial y}{\partial v} = \frac{\frac{1}{y}}{1+\frac{x^2}{y^2}} - \frac{\frac{-x}{y^2}}{1+\frac{x^2}{y^2}}$$

$$= \frac{y}{x^2+y^2} + \frac{x}{x^2+y^2} = \frac{y+x}{x^2+y^2}$$

logo

$$\frac{\partial z}{\partial u} + \frac{\partial z}{\partial v} = \frac{2y}{x^2+y^2} = \frac{2(u-v)}{(u+v)^2+(u-v)^2} = \frac{u-v}{u^2+v^2}$$

7. — *Sabendo que* u = (x log y)^k *com* k > 0 *e* x = R cos θ, y = R sin θ, *determine o menor valor de* k *tal que* $\dfrac{\partial u}{\partial R}$ *verifica a equação seguinte*

$$\frac{\partial u}{\partial R} - (x \log y)^{k-1} \left(\frac{x}{y} \sin \theta + \log y \cos \theta \right) k \sin k = 0.$$

(*F.E.U.C.* — *exame* 1978).

RESOLUÇÃO

$$\frac{\partial u}{\partial R} = \frac{\partial u}{\partial x} \cdot \frac{\partial x}{\partial R} + \frac{\partial u}{\partial y} \cdot \frac{\partial y}{\partial R}$$

$$= k(x \log y)^{k-1} \log y \cos \theta + k(x \log y)^{k-1} \frac{x}{y} \sin \theta$$

$$= k(x \log y)^{k-1} \left[\log y \cos \theta + \frac{x}{y} \sin \theta \right]$$

$$\frac{\partial u}{\partial R} - (x \log y)^{k-1} \left(\frac{x}{y} \sin \theta + \log y \cos \theta \right) k \sin k =$$

$$= k (x \log y)^{k-1} (\log y \cos \theta + \frac{x}{y} \sin \theta)(1 - \sin k) = 0$$

Então para $k > 0$ terá de ser $\sin k - 1 = 0$. O menor valor de k pedido é $k = \pi/2$.

8 — *Demonstre que sendo* u = Φ (x² + y² + z²) *onde* x = R cos φ cos ψ, y = R cos φ sin ψ *e* z = R sin φ *se tem* $\dfrac{\partial u}{\partial \varphi} = 0$ *e* $\dfrac{\partial u}{\partial \psi} = 0$

(*F.E.U.C.* — *exame* 1979).

RESOLUÇÃO

$$\frac{\partial u}{\partial \varphi} = \frac{\partial u}{\partial x} \frac{\partial x}{\partial \varphi} + \frac{\partial u}{\partial y} \frac{\partial y}{\partial \varphi} + \frac{\partial u}{\partial z} \frac{\partial z}{\partial \varphi}$$

$$= \Phi'(x^2 + y^2 + z^2) \cdot 2x \cdot (- R \sin \varphi \cos \psi) +$$

$$+ \Phi'(x^2 + y^2 + z^2) \cdot 2y(- R \sin \varphi \sin \psi) +$$

$$+ \Phi'(x^2 + y^2 + z^2) \cdot 2z\, R \cos \varphi$$

$$= \Phi'(x^2 + y^2 + z^2) \cdot [- 2x\, R \sin \varphi \cos \psi - 2y\, R \sin \varphi \sin \psi + 2z\, R \cos \varphi]$$

$$= - 2\Phi'(x^2 + y^2 + z^2)[R^2 \cos \varphi \sin \varphi (\cos^2 \psi + \sin^2 \psi - 1)]$$

$$= 0$$

$$\frac{\partial u}{\partial \psi} = \frac{\partial u}{\partial x}\frac{\partial x}{\partial \psi} + \frac{\partial u}{\partial y}\frac{\partial y}{\partial \psi} + \frac{\partial u}{\partial z}\frac{\partial z}{\partial \psi} =$$

$$= \Phi'(x^2 + y^2 + z^2)[2x(- R \cos \varphi \sin \psi)] + \Phi'(x^2 + y^2 + z^2)[2y R \cos \varphi \cos \psi]$$

$$= - 2x\Phi' R \cos \varphi \sin \psi + 2\Phi' y R \cos \varphi \cos \psi$$

$$= - 2\Phi' R^2 \cos^2 \varphi \sin \psi \cos \psi + 2\Phi' R^2 \cos^2 \varphi \cos \psi \sin \psi$$

$$= 0$$

9 — *Seja* k *um número real não nulo e* f(u,v) = g(x,y) *quando* u = x + ky *e* v = x − ky. *Supondo que* $\frac{\partial^2 f}{\partial u\, \partial v} = \frac{\partial^2 f}{\partial v\, \partial u}$ *mostre que* $\frac{\partial^2 f}{\partial u\, \partial v} = 0$ *quando*

$$\frac{\partial^2 g}{\partial x^2} = \frac{1}{k^2} \frac{\partial^2 g}{\partial y^2}$$

RESOLUÇÃO

$$\frac{\partial g}{\partial x} = \frac{\partial f}{\partial u}\frac{\partial u}{\partial x} + \frac{\partial f}{\partial v}\frac{\partial v}{\partial x} = \frac{\partial f}{\partial u} + \frac{\partial f}{\partial v}$$

$$\frac{\partial^2 g}{\partial^2 x} = \frac{\partial}{\partial x}\left(\frac{\partial g}{\partial x}\right) = \frac{\partial}{\partial x}\left[\frac{\partial f}{\partial u} + \frac{\partial f}{\partial v}\right] = \frac{\partial}{\partial u}\left(\frac{\partial f}{\partial u}\right) \cdot \frac{\partial u}{\partial x} +$$

$$+ \frac{\partial}{\partial v}\left(\frac{\partial f}{\partial u}\right)\frac{\partial v}{\partial x} + \frac{\partial}{\partial u}\left(\frac{\partial f}{\partial v}\right)\frac{\partial v}{\partial x} + \frac{\partial}{\partial v}\left(\frac{\partial f}{\partial v}\right)\frac{\partial v}{\partial x}$$

$$= \frac{\partial^2 f}{\partial u^2}\frac{\partial u}{\partial x} + 2\frac{\partial^2 f}{\partial u\,\partial v}\frac{\partial u}{\partial x}\frac{\partial v}{\partial x} + \frac{\partial^2 f}{\partial v^2}\frac{\partial v}{\partial x}$$

$$= \frac{\partial^2 f}{\partial u^2} + 2\frac{\partial^2 f}{\partial u\,\partial v} + \frac{\partial^2 f}{\partial v^2}$$

$$\frac{\partial g}{\partial y} = \frac{\partial f}{\partial u}\frac{\partial u}{\partial y} + \frac{\partial f}{\partial v}\frac{\partial v}{\partial y} = \frac{\partial f}{\partial u}k - \frac{\partial f}{\partial v}k$$

$$\frac{\partial g}{\partial y} = k\left(\frac{\partial f}{\partial u} - \frac{\partial f}{\partial v}\right)$$

$$\frac{\partial^2 g}{\partial y^2} = \frac{\partial}{\partial y}\left[k\left(\frac{\partial f}{\partial u} - \frac{\partial f}{\partial v}\right)\right] =$$

$$= k\left[\frac{\partial^2 f}{\partial u^2}\frac{\partial u}{\partial y} + \frac{\partial^2 f}{\partial u\,\partial v}\frac{\partial v}{\partial y} - \frac{\partial^2 f}{\partial v\,\partial u}\frac{\partial u}{\partial y} - \frac{\partial^2 f}{\partial v^2}\frac{\partial v}{\partial y}\right]$$

$$= k^2\left[\frac{\partial^2 f}{\partial u^2} - 2\frac{\partial^2 f}{\partial u\,\partial v} + \frac{\partial^2 f}{\partial v^2}\right]$$

$$\frac{1}{k^2}\frac{\partial^2 g}{\partial y^2} = \frac{\partial^2 f}{\partial u^2} - 2\frac{\partial^2 f}{\partial u\,\partial v} + \frac{\partial^2 f}{\partial v^2} \quad (1)$$

Mas

$$\frac{\partial^2 g}{\partial x^2} = \frac{\partial^2 f}{\partial u^2} + 2\frac{\partial^2 f}{\partial u\,\partial v} + \frac{\partial^2 f}{\partial v^2} \quad (2)$$

Como por hipótese os primeiros membros das igualdades (1) e (2) são iguais então

$$\frac{\partial^2 f}{\partial u^2} - 2\frac{\partial^2 f}{\partial u\,\partial v} + \frac{\partial^2 f}{\partial v^2} = \frac{\partial^2 f}{\partial u^2} + 2\frac{\partial^2 f}{\partial u\,\partial v} + \frac{\partial^2 f}{\partial v^2}$$

ou seja

$$4\frac{\partial^2 f}{\partial u \partial v} = 0$$

logo

$$\frac{\partial^2 f}{\partial u \partial v} = 0$$

10 — *Sendo* f *e* g *funções diferenciáveis de* x *e* y *e* u = f(x,y) *e* v = g(x,y) *tal que* $\frac{\partial u}{\partial x} = \frac{\partial v}{\partial y}$, $\frac{\partial u}{\partial y} = -\frac{\partial v}{\partial x}$ *e* x = R cos θ, y = R sin θ, *mostre que*

$$\begin{cases} \dfrac{\partial u}{\partial R} = \dfrac{1}{R}\dfrac{\partial v}{\partial \theta} \\[2mm] \dfrac{\partial v}{\partial R} = -\dfrac{1}{R}\dfrac{\partial u}{\partial \theta} \end{cases}$$

RESOLUÇÃO

$$\frac{\partial u}{\partial R} = \frac{\partial u}{\partial x}\frac{\partial x}{\partial R} + \frac{\partial u}{\partial y}\frac{\partial y}{\partial R} = \frac{\partial u}{\partial x}\cos\theta + \frac{\partial u}{\partial y}\sin\theta$$

$$\frac{\partial v}{\partial \theta} = \frac{\partial v}{\partial x}\frac{\partial x}{\partial \theta} + \frac{\partial v}{\partial y}\frac{\partial y}{\partial \theta} = -\frac{\partial v}{\partial x}R\sin\theta + \frac{\partial v}{\partial y}R\cos\theta$$

Mas

$$\frac{\partial u}{\partial y} = -\frac{\partial v}{\partial x} \text{ e } \frac{\partial u}{\partial x} = \frac{\partial v}{\partial y}, \text{ logo}$$

$$\frac{\partial v}{\partial \theta} = R\left(\frac{\partial u}{\partial y}\sin\theta + \frac{\partial u}{\partial x}\cos\theta\right) = R\frac{\partial u}{\partial R}$$

Então

$$\frac{\partial u}{\partial R} = \frac{1}{R}\frac{\partial v}{\partial \theta}$$

$$\frac{\partial v}{\partial R} = \frac{\partial v}{\partial x}\frac{\partial x}{\partial R} + \frac{\partial v}{\partial y}\frac{\partial y}{\partial R} = \frac{\partial v}{\partial x} \cdot \cos\theta + \frac{\partial v}{\partial y}\sin\theta$$

$$\frac{\partial u}{\partial \theta} = \frac{\partial u}{\partial x}\frac{\partial x}{\partial \theta} + \frac{\partial u}{\partial y}\frac{\partial y}{\partial \theta} = -\frac{\partial u}{\partial x} R \sin\theta + \frac{\partial u}{\partial y} \cdot R\cos\theta$$

$$= -R\left(\frac{\partial u}{\partial x}\sin\theta - \frac{\partial u}{\partial y}\cos\theta\right)$$

Mas

$$\frac{\partial u}{\partial x} = \frac{\partial v}{\partial y} \quad \text{e} \quad \frac{\partial u}{\partial y} = -\frac{\partial v}{\partial x}, \text{ então}$$

$$\frac{\partial u}{\partial \theta} = -R\left(\frac{\partial v}{\partial y}\sin\theta + \frac{\partial v}{\partial x}\cos\theta\right) = -R\frac{\partial v}{\partial R}$$

logo

$$\frac{\partial v}{\partial R} = -\frac{1}{R}\frac{\partial u}{\partial \theta}$$

11 — *Sendo* $z = f(x,y,u)$ *com* $y = g(u)$ *e* $u = h(x)$, *calcular as duas primeiras derivadas de z em ordem a* x.

(F.C.T.U.C. — *Exame* 1964).

RESOLUÇÃO

$$\frac{dz}{dx} = \frac{\partial z}{\partial x} + \frac{\partial z}{\partial y}\frac{dy}{du} \cdot \frac{du}{dx} + \frac{\partial z}{\partial u} \cdot \frac{du}{dx}$$

$$= \frac{\partial f}{\partial x} + \frac{\partial f}{\partial y} g'(u) \cdot h'(x) + \frac{\partial f}{\partial u} \cdot h'(x)$$

$$\frac{d^2z}{dx^2} = \frac{d}{dx}\left(\frac{dz}{dx}\right) = \frac{d}{dx}\left(\frac{\partial f}{\partial x}\right) + \frac{d}{dx}\left(\frac{\partial f}{\partial y}\right) \cdot g'(u) \cdot h'(x) +$$

$$+ \frac{\partial f}{\partial y} \frac{d}{dx}[g'(u)]h'(x) + \frac{\partial f}{\partial y} g'(u) \frac{d}{dx}[(h'(x)] +$$

$$+ \frac{d}{dx}\left(\frac{\partial f}{\partial u}\right) h'(x) + \frac{\partial f}{\partial u} \frac{d}{dx}[h'(x)]$$

$$= \left[\frac{\partial^2 f}{\partial x^2} + \frac{\partial^2 f}{\partial x \partial y} g'(u)h'(x) + \frac{\partial^2 f}{\partial x \partial u} h'(x)\right] +$$

$$+ \left[\frac{\partial^2 f}{\partial y \partial x} + \frac{\partial^2 f}{\partial y^2} \cdot g'(u) \cdot h'(x) + \frac{\partial^2 f}{\partial y \partial u} \cdot h'(x)\right] g'(u)h'(x) +$$

$$+ \frac{\partial f}{\partial y} g''(u) \cdot h'(x) \cdot h'(x) + \frac{\partial f}{\partial y} g'(u)h''(x) +$$

$$+ \left[\frac{\partial^2 f}{\partial u \partial x} + \frac{\partial^2 f}{\partial u \partial y} g'(u)h'(x) + \frac{\partial^2 f}{\partial u^2} h'(x)\right] h'(x) + \frac{\partial f}{\partial u} h''(x)$$

12 — *Dada a função* w = F(u) *com* u = f(x)g(y)h(z) *mostre que*

$$\frac{\partial^2 w}{\partial x \partial y} = \frac{\partial^2 w}{\partial y \partial x}$$

(*F.C.T.U.C. — Exame* 1972).

RESOLUÇÃO

$$\frac{\partial w}{\partial x} = \frac{dw}{du} \cdot \frac{\partial u}{\partial x} = F'(u) \cdot f'(x)g(y)h(z)$$

$$\frac{\partial^2 w}{\partial x \partial y} = \frac{\partial}{\partial y}\left(\frac{\partial w}{\partial x}\right) = \frac{\partial}{\partial u}\left(\frac{\partial w}{\partial x}\right) \cdot \frac{\partial u}{\partial y} + \frac{\partial}{\partial y}\left(\frac{\partial w}{\partial x}\right)$$

$$= F''(u)f(x)g'(y)h(z) \cdot f'(x)g(y)h(z) +$$

$$+ F'(u)f'(x)g'(y)h(z) \quad (1)$$

$$\frac{\partial w}{\partial y} = \frac{dw}{du} \cdot \frac{\partial u}{\partial y} = F'(u)f(x)g'(y)h(z)$$

$$\frac{\partial^2 w}{\partial y \partial x} = \frac{\partial}{\partial x}\left(\frac{\partial w}{\partial y}\right) = \frac{d}{du}\left(\frac{\partial w}{\partial y}\right)\frac{\partial u}{\partial x} + \frac{\partial}{\partial x}\left(\frac{\partial w}{\partial y}\right)$$

$$= F''(u)f(x)g'(y)h(z) \cdot f'(x)g(y)h(z) +$$

$$+ F'(u)f'(x)g'(y)h(z) \quad (2)$$

logo (1) = (2).

13 — *Seja* $u = f(x-y, y-x)$. *Prove que* $\dfrac{\partial u}{\partial x} + \dfrac{\partial u}{\partial y} = 0$.

RESOLUÇÃO

Seja $v = x - y$; $s = y - x$. Então $u = f(v,s)$

$$\frac{\partial u}{\partial x} = \frac{\partial u}{\partial v} \cdot \frac{\partial v}{\partial x} + \frac{\partial u}{\partial s} \cdot \frac{\partial s}{\partial x} = \frac{\partial f}{\partial v} - \frac{\partial f}{\partial s}$$

$$\frac{\partial u}{\partial y} = \frac{\partial u}{\partial v} \cdot \frac{\partial v}{\partial y} + \frac{\partial v}{\partial s}\frac{\partial s}{\partial y} = -\frac{\partial f}{\partial v} + \frac{\partial f}{\partial s}$$

Então

$$\frac{\partial u}{\partial x} + \frac{\partial u}{\partial y} = \frac{\partial f}{\partial v} - \frac{\partial f}{\partial s} - \frac{\partial f}{\partial v} + \frac{\partial f}{\partial s} = 0 \ .$$

14 — *Sendo* $z = f(\sqrt{x^2 + y^2}, x + y)$ *com* $x = \varphi(y)$, *calcular* $\dfrac{dz}{dy}$

RESOLUÇÃO

$z = f(u,v)$ com $u = \sqrt{x^2 + y^2}$ e $v = x + y$

$$\frac{dz}{dy} = \frac{\partial z}{\partial u} \cdot \frac{du}{dy} + \frac{\partial z}{\partial v} \cdot \frac{dv}{dy}$$

$$\frac{dz}{dy} = \frac{\partial z}{\partial u}\left[\frac{\partial u}{\partial x}\cdot\frac{dx}{dy} + \frac{\partial u}{\partial y}\right] + \frac{\partial z}{\partial v}\left[\frac{\partial v}{\partial x}\frac{dx}{dy} + \frac{\partial v}{\partial y}\right]$$

$$= \frac{\partial f}{\partial u}\left[\frac{x}{\sqrt{x^2+y^2}}\cdot\varphi'(y) + \frac{y}{\sqrt{x^2+y^2}}\right] + \frac{\partial f}{\partial v}\left[\varphi'(y) + 1\right]$$

15 — *Sendo* $z = f(u^2 + v^2, uv)$ *com* $u = \varphi(x+y)$ *e* $v = \psi(x-y)$, *calcular*

$$\frac{\partial z}{\partial x} \quad e \quad \frac{\partial z}{\partial y}$$

RESOLUÇÃO

$$z = f(t,s) \quad \text{com} \quad t = u^2 + v^2 \quad e \quad s = uv$$

$$\frac{\partial z}{\partial x} = \frac{\partial z}{\partial t}\cdot\frac{\partial t}{\partial x} + \frac{\partial z}{\partial s}\cdot\frac{\partial s}{\partial x}$$

Mas

$$\frac{\partial t}{\partial x} = \frac{\partial t}{\partial u}\cdot\frac{\partial u}{\partial x} + \frac{\partial t}{\partial v}\frac{\partial v}{\partial x} = 2u\varphi'(x+y) + 2v\psi'(x-y)$$

$$\frac{\partial s}{\partial x} = \frac{\partial s}{\partial u}\frac{\partial u}{\partial x} + \frac{\partial s}{\partial v}\frac{\partial v}{\partial x} = v\cdot\varphi'(x+y) + u\psi'(x-y)$$

logo

$$\frac{\partial z}{\partial x} = \frac{\partial f}{\partial t}\left[2u\varphi'(x+y) + 2v\psi'(x-y)\right] + \frac{\partial f}{\partial s}\left[v\varphi'(x+y) + u\psi'(x-y)\right]$$

Seguindo o mesmo método teríamos

$$\frac{\partial z}{\partial y} = \frac{\partial f}{\partial t}\left[2u\varphi'(x+y) - 2v\psi'(x-y)\right] + \frac{\partial f}{\partial s}\left[v\varphi'(x+y) - u\psi'(x-y)\right]$$

16 — *Dada a função* $u = f\left(xy, \dfrac{x^2}{z}\right) + xy$ *onde* f *é uma função derivável em ordem aos seus argumentos, determine* $\dfrac{\partial u}{\partial x}$ *e* $\dfrac{\partial^2 u}{\partial x \partial z}$

Resolução

$$u = f(s,t) + s \quad \text{com} \quad s = xy \quad \text{e} \quad t = \frac{x^2}{z}$$

$$\frac{\partial u}{\partial x} = \frac{\partial u}{\partial s}\frac{\partial s}{\partial x} + \frac{\partial u}{\partial t}\frac{\partial t}{\partial x} = \left(\frac{\partial f}{\partial s} + 1\right) \cdot y + \frac{\partial f}{\partial t} \cdot \frac{2x}{z}$$

$$= \frac{\partial f}{\partial s} y + \frac{\partial f}{\partial t} \frac{2x}{z} + y$$

$$\frac{\partial^2 u}{\partial x \partial z} = \frac{\partial}{\partial z}\left(\frac{\partial u}{\partial x}\right) = \frac{\partial}{\partial z}\left(\frac{\partial f}{\partial s}\right) y + \frac{\partial}{\partial z}\left(\frac{\partial f}{\partial t}\right)\frac{2x}{z} + \frac{\partial f}{\partial t}\frac{\partial}{\partial z}\left(\frac{2x}{z}\right) =$$

$$= \frac{\partial^2 f}{\partial s \partial t} \cdot \left(-\frac{x^2}{z^2}\right) \cdot y + \frac{\partial^2 f}{\partial t^2} \cdot \left(-\frac{x^2}{z^2}\right)\frac{2x}{z} + \frac{\partial f}{\partial t} \cdot \left(-\frac{2x}{z^2}\right)$$

$$= -\frac{x}{z^2}\left[xy\frac{\partial^2 f}{\partial s \partial t} + \frac{2x^2}{z}\frac{\partial^2 f}{\partial t^2} + 2\frac{\partial f}{\partial t}\right]$$

17 — *Seja* $w = uv$, $u^2 + v + x = 0$ *e* $v^2 - u - y = 0$.

$$\text{Calcule} \quad \frac{\partial w}{\partial x} \quad \text{e} \quad \frac{\partial w}{\partial y}$$

Resolução

$w = uv$

$x = -u^2 - v$

$y = v^2 - u$.

$$\begin{cases} \dfrac{\partial w}{\partial u} = \dfrac{\partial w}{\partial x}\dfrac{\partial x}{\partial u} + \dfrac{\partial w}{\partial y}\dfrac{\partial y}{\partial u} \\[2ex] \dfrac{\partial w}{\partial v} = \dfrac{\partial w}{\partial x}\dfrac{\partial x}{\partial v} + \dfrac{\partial w}{\partial y}\dfrac{\partial y}{\partial v} \end{cases}$$

$$\begin{cases} v = \dfrac{\partial w}{\partial x} \cdot (-2u) + \dfrac{\partial w}{\partial y}(-1) \\ u = \dfrac{\partial w}{\partial x}(-1) + \dfrac{\partial w}{\partial y}(2v) \end{cases}$$

$$\frac{\partial w}{\partial x} = \frac{\begin{vmatrix} v & -1 \\ u & 2v \end{vmatrix}}{\begin{vmatrix} -2u & -1 \\ -1 & 2v \end{vmatrix}} = \frac{2v^2 + u}{-4uv - 1}$$

$$\frac{\partial w}{\partial y} = \frac{\begin{vmatrix} -2u & v \\ -1 & u \end{vmatrix}}{-4uv - 1} = \frac{2u^2 - v}{4uv + 1}$$

18 — *Para* $w = \dfrac{u}{v}$, $x = u + v$ *e* $y = 3u + v$, *determine* $\dfrac{\partial w}{\partial x}$.

RESOLUÇÃO

$$\begin{cases} \dfrac{\partial w}{\partial u} = \dfrac{\partial w}{\partial x}\dfrac{\partial x}{\partial u} + \dfrac{\partial w}{\partial y}\dfrac{\partial y}{\partial u} \\ \dfrac{\partial w}{\partial v} = \dfrac{\partial w}{\partial x}\dfrac{\partial x}{\partial v} + \dfrac{\partial w}{\partial y}\dfrac{\partial y}{\partial v} \end{cases}$$

$$\begin{cases} \dfrac{1}{v} = \dfrac{\partial w}{\partial x} + \dfrac{\partial w}{\partial y} 3 \\ -\dfrac{u}{v^2} = \dfrac{\partial w}{\partial x} + \dfrac{\partial w}{\partial y} \end{cases}$$

Então

$$\frac{\partial w}{\partial x} = \frac{\begin{vmatrix} \dfrac{1}{v} & 3 \\ -\dfrac{u}{v^2} & 1 \end{vmatrix}}{\begin{vmatrix} 1 & 3 \\ 1 & 1 \end{vmatrix}} = \frac{\dfrac{1}{v} + \dfrac{3u}{v^2}}{1 - 3} = -\frac{v + 3u}{2v^2}$$

19 — *Sendo* $u = x^2 + e^{x+y}$ *com* $x = t^2$ *e* $y = e^t$, *calcule*

a) $\dfrac{du}{dt}$

b) du.

(F.E.U.C. — *Exame* 1977).

RESOLUÇÃO

a) $\dfrac{du}{dt} = \dfrac{\partial u}{\partial x}\dfrac{dx}{dt} + \dfrac{\partial u}{\partial y}\dfrac{dy}{dt} = (2x + e^{x+y})2t + (e^{x+y}e^t)$

$= 4t^3 + 2te^{t^2 + e^t} + e^{e^t + t^2 + t}$

b) $du = \dfrac{du}{dt} \cdot dt =$

$= (4t^3 + 2t\, e^{t^2 + e^t} + e^{t^2 + t + e^t})\, dt$

20 — *Calcule a diferencial de* $w = w(u,v)$ *que resulta de compor* $f(x,y) = x^2 + \varphi(x^2 + y^2)$ *com* $x = e^{u+v}$ *e* $y = uv$.

RESOLUÇÃO

$dw = \dfrac{\partial w}{\partial u}\, du + \dfrac{\partial w}{\partial v}\, dv$

$\dfrac{\partial w}{\partial u} = \dfrac{\partial f}{\partial x} \cdot \dfrac{\partial x}{\partial u} + \dfrac{\partial f}{\partial y}\dfrac{\partial y}{\partial u}$

$= [2x + \varphi'(x^2 + y^2) \cdot 2x]e^{u+v} + \varphi'(x^2 + y^2) \cdot 2y \cdot v$

$\dfrac{\partial w}{\partial v} = \dfrac{\partial f}{\partial x}\dfrac{\partial x}{\partial v} + \dfrac{\partial f}{\partial y}\dfrac{\partial y}{\partial v}$

$= [2x + \varphi'(x^2 + y^2) \cdot 2x] \cdot e^{u+v} + \varphi'(x^2 + y^2) \cdot 2y \cdot u$

Logo

$$dw = e^{u+v}\,(2x + \varphi'(x^2+y^2)\cdot 2x)(du+dv) + 2y\varphi'(x^2+y^2)(v\,du + u\,dv)$$

21 — *Calcule o valor da diferencial* dw *no ponto* $\left(1, \dfrac{\pi}{2}\right)$ *sendo* w = x² + + y² + z² *e* x = R cos θ, y = R sin θ, z = R.

Resolução

$$dw = \frac{\partial w}{\partial R}\,dR + \frac{\partial w}{\partial \theta}\,d\theta$$

$$\frac{\partial w}{\partial R} = \frac{\partial w}{\partial x}\frac{\partial x}{\partial R} + \frac{\partial w}{\partial y}\frac{\partial y}{\partial R} + \frac{\partial w}{\partial z}\frac{dz}{dR}$$

$$= 2x\cdot\cos\theta + 2y\sin\theta + 2z$$

$$= 2R\cos^2\theta + 2R\sin^2\theta + 2R = 4R$$

$$\frac{\partial w}{\partial \theta} = \frac{\partial w}{\partial x}\frac{\partial x}{\partial \theta} + \frac{\partial w}{\partial y}\frac{\partial y}{\partial \theta}$$

$$= -2x\,R\sin\theta + 2yR\cos\theta$$

$$= -2R^2\sin\theta\cos\theta + 2R^2\sin\theta\cos\theta = 0$$

Logo

$$dw = 4R\,dR$$

$$dw\left(1, \frac{\pi}{2}\right) = 4\,dR.$$

22 — *Seja* u = φ(x,z) *e* z = $\dfrac{y}{f(x^2-y^2)}$ *com* f *e* φ *diferenciáveis*

a) *Mostre que* $\dfrac{1}{x}\dfrac{\partial z}{\partial x} + \dfrac{1}{y}\dfrac{\partial z}{\partial y} = \dfrac{z}{y^2}$

b) *Calcule* du *no ponto* (x,y).

(F.C.T.U.C. — *Exame* 1976).

RESOLUÇÃO

a) $\quad \dfrac{\partial z}{\partial x} = \dfrac{-yf'(x^2-y^2) \cdot 2x}{[f(x^2-y^2)]^2}$

$\dfrac{\partial z}{\partial y} = \dfrac{f(x^2-y^2) - yf'(x^2-y^2) \cdot (-2y)}{[f(x^2-y^2)]^2}$

$\dfrac{1}{x}\dfrac{\partial z}{\partial x} + \dfrac{1}{y}\dfrac{\partial z}{\partial y} = -2y\dfrac{f'}{f^2} + \dfrac{1}{y}\left[\dfrac{f+2y^2f'}{f^2}\right]$

$\qquad = -2y\dfrac{f'}{f^2} + \dfrac{1}{y}\dfrac{1}{f} + 2y\dfrac{f'}{f^2} = \dfrac{1}{y}\dfrac{1}{f} = \dfrac{z}{y^2}$

pois $z = \dfrac{y}{f}$

b) $\quad du = \dfrac{\partial u}{\partial x}dx + \dfrac{\partial u}{\partial y}dy$

$\dfrac{\partial u}{\partial x} = \dfrac{\partial u}{\partial x} + \dfrac{\partial u}{\partial z}\dfrac{\partial z}{\partial x} = \dfrac{\partial \varphi}{\partial x} + \dfrac{\partial \varphi}{\partial z} \cdot \dfrac{-2xyf'(x^2-y^2)}{[f(x^2-y^2)]^2}$

$\dfrac{\partial u}{\partial y} = \dfrac{\partial u}{\partial z}\dfrac{\partial z}{\partial y} = \dfrac{\partial \psi}{\partial z}\dfrac{f(x^2-y^2)+2y^2f'(x^2-y^2)}{[f(x^2-y^2)]^2}$

Logo

$du = \left[\dfrac{\partial \varphi}{\partial x} + \dfrac{\partial \varphi}{\partial z}2xy\dfrac{f'}{f}\right]dx + \left[\dfrac{\partial \varphi}{\partial z} \cdot \dfrac{f+2y^2f'}{f^2}\right]dy$

23 — *Determine* $dF(P)$ *sendo* $P(0,0)$ *e* $F = u\varphi(u^2, v^2+w)$ *onde* $u = \sin(x+y)$, $w = y$ *e* $v = \cos(x+y)$.

RESOLUÇÃO

$F = u\varphi(a,b) \quad \text{com} \quad a = u^2 \quad \text{e} \quad b = v^2 + w$

$dF = \dfrac{\partial F}{\partial x}dx + \dfrac{\partial F}{\partial y}dy$

$$\frac{\partial F}{\partial x} = \frac{\partial F}{\partial u}\frac{\partial u}{\partial x} + \frac{\partial F}{\partial a}\frac{da}{du}\frac{\partial u}{\partial x} + \frac{\partial F}{\partial b}\frac{\partial b}{\partial v}\cdot\frac{\partial v}{\partial x}$$

$$= \varphi(a,b)\cdot\cos(x+y) + \frac{\partial\varphi}{\partial a}\cdot 2u^2\cdot\cos(x+y) - \frac{\partial\varphi}{\partial b}2uv\sin(x+y)$$

$$\frac{\partial F}{\partial y} = \frac{\partial F}{\partial u}\frac{\partial u}{\partial y} + \frac{\partial F}{\partial a}\frac{da}{du}\frac{\partial u}{\partial y} + \frac{\partial F}{\partial b}\left[\frac{\partial b}{\partial v}\frac{\partial v}{\partial y} + \frac{\partial b}{\partial w}\frac{dw}{dy}\right]$$

$$= \varphi(a,b)\cos(x+y) + \frac{\partial\varphi}{\partial a}\cdot 2u^2\cos(x+y) +$$

$$+ u\frac{\partial\varphi}{\partial b}\left[-2v\cdot\sin(x+y) + 1\right]$$

Para

$$\begin{cases} x=0 \\ y=0 \end{cases} \quad \text{então} \quad \begin{cases} u=0 \\ v=1 \\ w=0 \end{cases} \quad \begin{cases} a=0 \\ b=1 \end{cases}$$

$$dF(P) = \frac{\partial F}{\partial x}(P)dx + \frac{\partial F}{\partial y}(P)dy$$

$$\frac{\partial F}{\partial x}(P) = \varphi(0,1)$$

$$\frac{\partial F}{\partial y}(P) = \varphi(0,1)$$

Logo

$$dF(P) = \varphi(0,1)dx + \varphi(0,1)dy = \varphi(0,1)[dx+dy]$$

24 — *Considere a função* $f(x,y,z) = xy + \varphi(x^2+y^2-z, xz)$ *onde* φ *designa uma função derivável em ordem aos seus argumentos e determine* $\frac{\partial f}{\partial x}$, $\frac{\partial f}{\partial y}$ *e* $\frac{\partial f}{\partial z}$ *em função de* x, y, z *e* φ *e suas derivadas. Determine* $df(P)$, *sendo* $P(0,0,0)$.

RESOLUÇÃO

$$f(x,y,s,t) = xy + \varphi(s,t) \quad \text{com} \quad s = x^2 + y^2 - z \quad \text{e} \quad t = xz$$

$$\frac{\partial f}{\partial x} = \frac{\partial f}{\partial x} + \frac{\partial f}{\partial s} \cdot \frac{\partial s}{\partial x} + \frac{\partial f}{\partial t} \cdot \frac{\partial t}{\partial x}$$

$$= y + \frac{\partial \varphi}{\partial s} \cdot 2x + \frac{\partial \varphi}{\partial t} \cdot z$$

$$\frac{\partial f}{\partial x}(0,0,0) = 0$$

$$\frac{\partial f}{\partial y} = \frac{\partial f}{\partial y} + \frac{\partial f}{\partial s}\frac{\partial s}{\partial y} = x + \frac{\partial \varphi}{\partial s} \cdot 2y$$

$$\frac{\partial f}{\partial y}(0,0,0) = 0$$

$$\frac{\partial f}{\partial z} = \frac{\partial f}{\partial s}\frac{\partial s}{\partial z} + \frac{\partial f}{\partial t}\frac{\partial t}{\partial z}$$

$$= \frac{\partial \varphi}{\partial s} \cdot (-1) + \frac{\partial \varphi}{\partial t} \cdot x$$

$$\frac{\partial f}{\partial z}(0,0,0) = -\frac{\partial \varphi}{\partial s}$$

$$df(P) = \frac{\partial f}{\partial x}(P)dx + \frac{\partial f}{\partial y}(P)dy + \frac{\partial f}{\partial z}(P) \cdot dz$$

$$= -\frac{\partial \varphi}{\partial s} dz \ .$$

25 — *Seja* F = x sin y *e* x = t², y = 3t². *Verifique o princípio da invariância da 1.ª diferencial.*

RESOLUÇÃO

A função F sendo uma função da variável t terá como 1.ª diferencial.

$$dF = \frac{dF}{dt} dt$$

Mas

$$\frac{dF}{dt} = \frac{\partial F}{\partial x}\frac{dx}{dt} + \frac{\partial F}{\partial y}\cdot\frac{dy}{dt}$$

$$= \sin y \cdot 2t + x \cos y \cdot 6t$$

$$= 2t \sin y + 6xt \cos y$$

$$= 2t \sin 3t^2 + 6t^3 \cos 3t^2$$

Logo

$$dF = [2t \sin 3t^2 + 6t^3 \cos 3t^2]dt \quad (1)$$

Calculando dF através das variáveis x e y:

$$dF = \frac{\partial F}{\partial x}dx + \frac{\partial F}{\partial y}dy = \sin y\, dx + x \cos y\, dy$$

Mas $dx = 2t\, dt$, $dy = 6t\, dt$, logo

$$dF = \sin y \cdot 2t\, dt + x \cos y \cdot 6t\, dt =$$

$$= \sin 3t^2 \cdot 2t\, dt + 6t^3 \cos 3t^2\, dt$$

$$= [2t \sin 3t^2 + 6t^3 \cos 3t^2]dt$$

Logo

$$dF = [2t \sin 3t^2 + 6t^3 \cos 3t^2]dt \quad (2)$$

E, como queríamos provar $(1) = (2)$.

26 — *Calcule a diferencial de 2.ª ordem da função* $u = x^3 e^y$ *sendo* $x = \sin t$ *e* $y = \text{tg } t$.

RESOLUÇÃO

$$d^2 u = \frac{d^2 u}{dt^2}\, dt^2$$

$$\frac{du}{dt} = \frac{\partial u}{\partial x}\frac{dx}{dt} + \frac{\partial u}{\partial y}\frac{dy}{dt} = 3x^2 e^y \cos t + x^3 e^y \sec^2 t$$

$$\frac{d^2u}{dt^2} = \frac{d}{dt}\left(\frac{du}{dt}\right) = \frac{\partial}{\partial x}\left(\frac{du}{dt}\right) \cdot \frac{dx}{dt} + \frac{\partial}{\partial y}\left(\frac{du}{dt}\right) \cdot \frac{dy}{dt} + \frac{\partial}{\partial t}\left(\frac{du}{dt}\right)$$

$$= (6xe^y \cos t + 3x^2 e^y \sec^2 t) \cdot \cos t +$$

$$+ (3x^2 e^y \cos t + x^3 e^y \sec^2 t) \cdot \sec^2 t +$$

$$+ 3x^2 e^y(-\sin t) + x^3 e^y 2 \sec^2 t \cdot \operatorname{tg} t$$

$$= xe^y[6 \cos^2 t + 3x \sec t + 3x \sec t + x^2 \sec^4 t -$$

$$- 3x \sin t + 2x^2 \sec^2 t \operatorname{tg} t]$$

Logo

$$d^2u = xe^y[6 \cos^2 t + 6x \sec t + x^2 \sec^4 t - 3x \sin t + 2x^2 \sec^2 t \operatorname{tg} t]dt^2$$

27 — *Calcular* d^2z *sendo* $z = f(u,v)$ *com* $u = xe^y$ *e* $v = ye^x$.

RESOLUÇÃO

$$d^2z = \frac{\partial^2 z}{\partial x^2} dx^2 + 2 \frac{\partial^2 z}{\partial x \partial y} dx\, dy + \frac{\partial^2 z}{\partial y^2} dy^2 \quad (1)$$

$$\frac{\partial z}{\partial x} = \frac{\partial z}{\partial u} \frac{\partial u}{\partial x} + \frac{\partial z}{\partial v} \frac{\partial v}{\partial x} = \frac{\partial f}{\partial u} \cdot e^y + \frac{\partial f}{\partial v} \cdot ye^x$$

(2) $\quad \dfrac{\partial^2 z}{\partial x^2} = \dfrac{\partial}{\partial x}\left(\dfrac{\partial z}{\partial x}\right) = \dfrac{\partial}{\partial x}\left(\dfrac{\partial f}{\partial u}\right) e^y + \dfrac{\partial}{\partial x}\left(\dfrac{\partial f}{\partial v}\right) \cdot ye^x +$

$$+ \frac{\partial f}{\partial v} \frac{\partial}{\partial x}(ye^x)$$

$$= \left[\frac{\partial^2 f}{\partial u^2} \cdot e^y + \frac{\partial^2 f}{\partial u \partial v} \cdot ye^x\right] e^y + \left[\frac{\partial^2 f}{\partial v \partial u} \cdot e^y + \frac{\partial^2 f}{\partial v^2} ye^x\right] ye^x$$

$$+ \frac{\partial f}{\partial v} \cdot ye^x$$

$$= \frac{\partial^2 f}{\partial u^2} e^{2y} + 2 \frac{\partial^2 f}{\partial u \partial v} ye^{x+y} + \frac{\partial^2 f}{\partial v^2} y^2 e^{2x} + \frac{\partial f}{\partial v} ye^x$$

$$\frac{\partial z}{\partial y} = \frac{\partial z}{\partial u} \frac{\partial u}{\partial y} + \frac{\partial z}{\partial v} \frac{\partial v}{\partial y} = \frac{\partial f}{\partial u} \cdot xe^y + \frac{\partial f}{\partial v} \cdot e^x$$

(3) $\quad \dfrac{\partial^2 z}{\partial y^2} = \dfrac{\partial}{\partial y}\left(\dfrac{\partial z}{\partial y}\right) = \dfrac{\partial}{\partial y}\left(\dfrac{\partial f}{\partial u}\right)\cdot xe^y + \dfrac{\partial f}{\partial u}\dfrac{\partial}{\partial y}(xe^y) +$

$\qquad + \dfrac{\partial}{\partial y}\left(\dfrac{\partial f}{\partial v}\right)\cdot e^x$

$\quad = \left[\dfrac{\partial^2 f}{\partial u^2} x e^y + \dfrac{\partial^2 f}{\partial u \partial v}\cdot e^x\right] xe^y + \dfrac{\partial f}{\partial u}\cdot xe^y +$

$\qquad + \left[\dfrac{\partial^2 f}{\partial v \partial u}\cdot xe^y + \dfrac{\partial^2 f}{\partial v^2}\cdot e^x\right] e^x$

$\quad = \dfrac{\partial^2 f}{\partial u^2}\cdot x^2 e^{2y} + 2xe^{x+y}\dfrac{\partial^2 f}{\partial u \partial v} + \dfrac{\partial^2 f}{\partial v^2} e^{2x} + \dfrac{\partial f}{\partial u}\cdot xe^y$

(4) $\quad \dfrac{\partial^2 z}{\partial x \partial y} = \dfrac{\partial}{\partial y}\left(\dfrac{\partial z}{\partial x}\right) = \dfrac{\partial}{\partial y}\left(\dfrac{\partial f}{\partial u}\right)\cdot e^y + \dfrac{\partial f}{\partial u}\dfrac{\partial}{\partial y}(e^y) +$

$\qquad + \dfrac{\partial}{\partial y}\left(\dfrac{\partial f}{\partial v}\right) ye^x + \dfrac{\partial f}{\partial v}\dfrac{\partial}{\partial y}(ye^x) =$

$\quad = \left[\dfrac{\partial^2 f}{\partial u^2}\cdot xe^y + \dfrac{\partial^2 f}{\partial u \partial v} e^x\right] e^y + \dfrac{\partial f}{\partial u} e^y +$

$\qquad + \left[\dfrac{\partial^2 f}{\partial v \partial u}\cdot xe^y + \dfrac{\partial^2 f}{\partial v^2} e^x\right] ye^x + \dfrac{\partial f}{\partial v}\cdot e^x$

$\quad = \dfrac{\partial^2 f}{\partial u^2} xe^{2y} + \left(e^{x+y} + xye^{x+y}\right)\dfrac{\partial^2 f}{\partial u \partial v} +$

$\qquad + \dfrac{\partial^2 f}{\partial v^2} ye^{2x} + \dfrac{\partial f}{\partial u} e^y + \dfrac{\partial f}{\partial v} e^x$

Substituindo em (1) os valores (2), (3) e (4) obtemos d^2z.

28 — *Considere* $u = f(x,y)$, $x = \varphi(t)$ *e* $y = \psi(t)$. *Prove que não é válido o princípio da invariância para a diferencial de 2.ª ordem.*

RESOLUÇÃO

$$d^2 u = \dfrac{d^2 u}{dt^2} dt^2$$

$$\dfrac{du}{dt} = \dfrac{\partial u}{\partial x}\dfrac{dx}{dt} + \dfrac{\partial u}{\partial y}\dfrac{dy}{dt} = \dfrac{\partial f}{\partial x}\cdot \varphi'(t) + \dfrac{\partial f}{\partial y}\cdot \psi'(t)$$

$$\frac{d^2u}{dt^2} = \frac{d}{dt}\left(\frac{du}{dt}\right) = \frac{d}{dt}\left(\frac{\partial f}{\partial x}\right) \cdot \varphi'(t) + \frac{\partial f}{\partial x} \frac{d}{dt}(\varphi'(t)) +$$

$$+ \frac{d}{dt}\left(\frac{\partial f}{\partial y}\right) \cdot \psi'(t) + \frac{\partial f}{\partial y} \frac{d}{dt}(\psi'(t)) =$$

$$= \left[\frac{\partial^2 f}{\partial x^2} \cdot \varphi'(t) + \frac{\partial^2 f}{\partial x \partial y} \psi'(t)\right] \varphi'(t) + \frac{\partial f}{\partial x} \cdot \varphi''(t) +$$

$$+ \left[\frac{\partial^2 f}{\partial x \partial y} \varphi'(t) + \frac{\partial^2 f}{\partial y^2} \psi'(t)\right] \psi'(t) + \frac{\partial f}{\partial y} \psi''(t) =$$

$$= \left[\frac{\partial^2 f}{\partial x^2} \varphi'^2(t) + 2 \frac{\partial^2 f}{\partial x \partial y} \varphi'(t)\psi'(t) + \frac{\partial^2 f}{\partial y^2} \psi'^2(t)\right] +$$

$$+ \frac{\partial f}{\partial x} \varphi''(t) + \frac{\partial f}{\partial y} \psi''(t)$$

Logo

$$d^2u = \left\{\left[\frac{\partial^2 f}{\partial x^2} \varphi'^2(t) + 2 \frac{\partial^2 f}{\partial x \partial y} \varphi'(t)\psi'(t) + \frac{\partial^2 f}{\partial y^2} \psi'^2(t)\right] + \right.$$

$$\left. + \frac{\partial f}{\partial x} \varphi''(t) + \frac{\partial f}{\partial y} \psi''(t)\right\} dt^2 \quad (1)$$

Considerando d^2u calculada através das variáveis intermédias x e y viria

$$d^2u = \frac{\partial^2 f}{\partial x^2} dx^2 + 2 \frac{\partial^2 f}{\partial x \partial y} dx\, dy + \frac{\partial^2 f}{\partial y^2} dy^2$$

Mas

$$dx = \varphi'(t)dt \qquad dy = \psi'(t)dt$$

$$dx^2 = \varphi'^2(t)dt^2 \qquad dy^2 = \psi'^2(t)dt^2$$

logo

$$(2) \quad d^2u = \left[\frac{\partial^2 f}{\partial x^2} \varphi'^2(t) + 2 \frac{\partial^2 f}{\partial x \partial y} \varphi'(t)\psi'(t) + \frac{\partial^2 f}{\partial y^2} \psi'^2\right] dt^2$$

As expressões (1) e (2) diferem do termo $\frac{\partial f}{\partial x} \varphi''(t) + \frac{\partial f}{\partial y} \psi''(t)$, que só é nulo, no caso particular de $\varphi(t)$ e $\psi(t)$ serem funções lineares em t.

6.4 — Exercícios para resolver

1 — *Sendo* $z = \arcsin(x - y)$ *com* $x = 3t$ *e* $y = 4t^3$, *calcule* $\dfrac{dz}{dt}$

R.: $\dfrac{dz}{dt} = \dfrac{3 - 12t^2}{\sqrt{1 - (3t - 4t^3)^2}}$

2 — *Sendo* $u = \arcsin\dfrac{x}{z}$ *com* $z = \sqrt{x^2 + 1}$, *calcular* $\dfrac{du}{dx}$

R.: $\dfrac{du}{dx} = \dfrac{1}{x^2 + 1}$

3 — *Sendo* $z = x^2 \log y$ *com* $x = \dfrac{u}{v}$ *e* $y = 3u - 2v$, *calcular* $\dfrac{\partial z}{\partial u}$ *e* $\dfrac{\partial z}{\partial v}$

R.: $\dfrac{\partial z}{\partial u} = 2\dfrac{x}{v}\log y + \dfrac{3x^2}{y}$; $\dfrac{\partial z}{\partial v} = -\dfrac{2xu}{v^2}\log y - \dfrac{2x^2}{y}$

4 — *Sendo* $z = x^y$ *com* $y = \varphi(x)$ *calcule* $\dfrac{\partial z}{\partial x}$ *e* $\dfrac{dz}{dx}$

R.: $\dfrac{\partial z}{\partial x} = yx^{y-1}$; $\dfrac{dz}{dx} = yx^{y-1} + x^y \log x \, \varphi'(x)$.

5 — *Sendo* $z = f(x + y^2, 5^{x+y})$ *calcule* $\dfrac{\partial^2 z}{\partial x^2}$

(F.C.T.U.C — *Exame* 1970)

R.: $\dfrac{\partial^2 z}{\partial x^2} = 5^{x+y} \log 5 \left(\dfrac{\partial f}{\partial v} \log 5 + 2 \dfrac{\partial^2 f}{\partial u \, \partial v} + 5^{x+y} \log 5 \dfrac{\partial^2 f}{\partial v^2} \right) + \dfrac{\partial^2 f}{\partial u^2}$

com $u = x + y^2$ e $v = 5^{x+y}$.

6 — *Sendo* $z = \log(x + y)$ *com* $x = 2u - v$ *e* $y = 2y - u$, *calcule*

$\dfrac{\partial^2 z}{\partial u^2}$ *e* $\dfrac{\partial^2 z}{\partial v^2}$

R.: $\dfrac{\partial^2 z}{\partial u^2} = \dfrac{\partial^2 z}{\partial v^2} = -\dfrac{1}{(x+y)^2}$

7 — *Sendo* $u = x^3 F\left(\dfrac{y}{x}, \dfrac{z}{x}\right)$, *mostre que* $x^2 \dfrac{\partial^2 u}{\partial x^2} - y^2 \dfrac{\partial^2 u}{\partial y^2} - z^2 \dfrac{\partial^2 u}{\partial z^2} -$

$$- 2yz \frac{\partial^2 u}{\partial y \partial z} + 4y \frac{\partial u}{\partial y} + 4z \frac{\partial u}{\partial z} = 6u$$

8 — *Seja* $G(u,v)$ *a função que resulta de compor* $F(x,y)$ *com* $x = f(u,v)$ *e* $y = g(u,v)$. *Admitindo que* $\dfrac{\partial f}{\partial u} = \dfrac{\partial g}{\partial v}$ *e* $\dfrac{\partial f}{\partial v} = -\dfrac{\partial g}{\partial u}$, *prove que*

$$\frac{\partial^2 G}{\partial u^2} + \frac{\partial^2 G}{\partial v^2} = \left(\frac{\partial F^2}{\partial x^2} + \frac{\partial F^2}{\partial y^2}\right)\left[\left(\frac{\partial f}{\partial u}\right)^2 + \left(\frac{\partial f}{\partial v}\right)^2\right]$$

9 — *Seja* $u = \psi(R,\theta)$ *uma função que resulta de compor* $\varphi(x,y)$ *com* $x = R\cos\theta$ *e* $y = R\sin\theta$. *Verifique que*

$$\frac{\partial^2 \psi}{\partial R^2} + \frac{1}{R}\frac{\partial \psi}{\partial R} + \frac{1}{R^2}\frac{\partial^2 \psi}{\partial \theta^2} = \frac{\partial^2 \varphi}{\partial x^2} + \frac{\partial^2 \varphi}{\partial y^2}$$

10 — *Seja* $z = x^2 y + e^x \sin y$.

a) *Calcule* dz *no ponto* $x = 1$ *e* $y = \dfrac{\pi}{2}$. *Qual o valor aproximado do acréscimo da função se x e y aumentarem as quantidades* $dx = \pi - e$ *e* $dy = e^2$?

b) *Sendo* $x = \log t$ *e* $y = \operatorname{arc\,sin} t$ *calcule* dz *e verifique o princípio da invariância da diferencial.*

(F.E.U.C. — *Exame* 1978).

R.: a) $dz = (\pi + e)dx + dy$; $\Delta z \simeq \pi^2$.

11 — *Considere a função* $f(x,y) = \varphi(x, y, x^2 + y^2)$ *onde* φ *designa uma função com as primeiras derivadas parciais contínuas. Calcule a diferencial* du *no ponto* $P\left(1, \dfrac{\pi}{2}\right)$ *da função* $u = u(r,\theta)$ *que resulta de compor* $f(x,y)$ *com* $x = r\cos\theta$ *e* $y = r\sin\theta$.

(F.C.T.U.C. — *Exame* 1972).

R.: $du = -\dfrac{\partial \varphi}{\partial x} d\theta + \left(2\dfrac{\partial \varphi}{\partial v} + \dfrac{\partial \varphi}{\partial y}\right) dr$ com $v = x^2 + y^2$

12 — *Sendo* $z = u^v$; $u = \dfrac{x}{y}$; $v = xy$, *verifique o princípio da invariância da 1.ª diferencial.*

13 — *Considere a função* $u = f(x_1, x_2)$ *que resulta de compor* $g(y_1, y_2)$ *com* $y_1 = a_{11}x_1 + a_{12}x_2$ *e* $y_2 = a_{21}x_1 + a_{22}x_2$ *sendo* $a_{ij}(i,j = 1,2)$ *constantes.*

a) *Prove que*

$$\left(\frac{\partial u}{\partial x_1} + \frac{\partial u}{\partial x_2}\right)^{(2)} = \left[(a_{11} + a_{12})\frac{\partial u}{\partial y_1} + (a_{21} + a_{22})\frac{\partial u}{\partial y_2}\right]^{(2)}$$

com (2) o quadrado simbólico.

b) *Generalize este resultado para obter*

$\left(\dfrac{\partial u}{\partial x_1} + \dfrac{\partial u}{\partial x_2}\right)^{(n)}$ *em função dos coeficientes* a_{ij} *e das derivadas de* u *em ordem a* y_1 *e* y_2.

14 — *Se* $u = F(R)$ *e* $R = \sqrt{x^2 + y^2 + z^2}$, *prove que*

$$\frac{\partial^2 u}{\partial x^2} + \frac{\partial^2 u}{\partial y^2} + \frac{\partial^2 u}{\partial z^2} = \frac{\partial^2 u}{\partial R^2} + \frac{2}{R}\frac{\partial u}{\partial R}$$

b) *Generalize o resultado da alínea anterior para* $u = F(R)$ *e*

$$R = \left[\sum_{i=1}^{n} x_i^2\right]^{\frac{1}{2}}$$

VII
FUNÇÕES HOMOGÉNEAS

7.1 — Definição. Teorema de Euler

DEFINIÇÃO 1

Diz-se que $f(x,y)$ é uma *função homogénea de grau* α se

$$f(tx,ty) = t^\alpha f(x,y)$$

para todos os valores de x, y e t tais que (x,y) e (tx,ty) pertençam ao domínio da função, e com α constante (independente de (x,y) e t).

A função diz-se *positivamente homogénea* de grau α se se verificar a mesma igualdade com a restrição $t > 0$.

NOTA 1

Se $f(x,y)$ é homogénea de grau α então

$$\text{Se } x \neq 0, f(x,y) = x^\alpha \, \varphi\left(\frac{y}{x}\right); f(x,y) = y^\alpha \, \psi\left(\frac{x}{y}\right) \text{ se } y \neq 0; f(0,0) = 0$$

TEOREMA 1 (DE EULER)

Se $f(x,y)$ é homogénea ou positivamente homogénea de grau α, então

$$x\,\frac{\partial f}{\partial x} + y\,\frac{\partial f}{\partial y} = \alpha f(x,y) \quad (1)$$

em todo o ponto em que f seja diferenciável. Reciprocamente, se uma função diferenciável verifica a identidade (1) (de Euler), ela é positivamente homogénea ou homogénea.

Nota 2

Se $f(x,y)$ é uma função homogénea de grau α, as derivadas parciais de ordem k, desde que existam, são funções homogéneas de grau $\alpha - k$.

7.2 — Exemplos

I — Considere as seguintes funções

a) $f(x,y) = \sqrt{y^2 - x^2} \text{ arc.sin } \dfrac{x}{y}$

b) $f(x,y) = \dfrac{x+y}{\sqrt{x^3+y^3}}$

c) $f(x,y) = \sqrt[3]{x^2 y}$.

Verifique que são homogéneas e calcule o grau de homogeneidade.
Mostre que verificam o teorema de Euler.
Expresse as funções na forma $x^\alpha \varphi\left(\dfrac{y}{x}\right)$ onde α é o grau de homogeneidade.

Resolução

a) $f(tx,ty) = \sqrt{t^2 y^2 - t^2 x^2} \text{ arc sin } \dfrac{tx}{ty}$

$= t\sqrt{y^2 - x^2} \text{ arc sin } \dfrac{x}{y}, \ t > 0$

$= t \cdot f(x,y) = t^1 f(x,y)$.

A função é positivamente homogénea de grau $\alpha = 1$ (linear).

$$\dfrac{\partial f}{\partial x} = \dfrac{-x}{\sqrt{y^2 - x^2}} \text{ arc sin } \dfrac{x}{y} + 1.$$

$$\frac{\partial f}{\partial y} = \frac{y}{\sqrt{y^2-x^2}} \text{ arc sin } \frac{x}{y} - \frac{x}{y}$$

Então

$$x \cdot \frac{\partial f}{\partial x} + y \frac{\partial f}{\partial y} = -\frac{x^2}{\sqrt{y^2-x^2}} \text{ arc sin } \frac{x}{y} + x + \frac{y^2}{\sqrt{y^2-x^2}} \text{ arc sin } \frac{x}{y} - x$$

$$= \frac{y^2-x^2}{\sqrt{y^2-x^2}} \text{ arc sin } \frac{x}{y} = \sqrt{y^2-x^2} \text{ arc sin } \frac{x}{y} =$$

$$= f(x,y) = 1 \cdot f(x,y)$$

Logo verifica a identidade de Euler.

$$f(x,y) = \sqrt{y^2-x^2} \text{ arc sin } \frac{x}{y} = \sqrt{x^2\left(\frac{y^2}{x^2}-1\right)} \text{ arc sin } \frac{x}{y} =$$

$$= x\sqrt{\left(\frac{y}{x}\right)^2 - 1} \cdot \text{ arc sin } \frac{1}{\left(\frac{y}{x}\right)} \quad x > 0$$

$$= x \, \varphi\left(\frac{y}{x}\right)$$

$$\text{com } \alpha = 1 \text{ e } \varphi\left(\frac{y}{x}\right) = \sqrt{\left(\frac{y}{x}\right)^2 - 1} \text{ arc sin } \frac{1}{\left(\frac{y}{x}\right)}$$

b) $\quad f(tx,ty) = \dfrac{tx+ty}{\sqrt{t^3x^3+t^3y^3}} = t^{-\frac{1}{2}} \dfrac{x+y}{\sqrt{x^3+y^3}} = t^{-\frac{1}{2}} f(x,y)$

A função é positivamente homogénea de grau $\alpha = -\dfrac{1}{2}$

$$\frac{\partial f}{\partial x} = \frac{-x^3 + 2y^3 - 3x^2y}{2(x^3+y^3)^{3/2}}$$

$$\frac{\partial f}{\partial y} = \frac{2x^3 - y^3 - 3y^2x}{2(x^3+y^3)^{3/2}}$$

Então

$$x\frac{\partial f}{\partial x} + y\frac{\partial f}{\partial y} = -\frac{x^4 + y^3x + x^3y + y^4}{2(x^3+y^3)^{3/2}} = \frac{x+y}{2\sqrt{x^3+y^3}} = -\frac{1}{2}f(x,y)$$

A função verifica pois a identidade de Euler.

$$f(x,y) = \frac{x+y}{\sqrt{x^3+y^3}} = \frac{x\left(1+\frac{y}{x}\right)}{x^{\frac{3}{2}}\sqrt{1+\left(\frac{y}{x}\right)^3}} = x^{-\frac{1}{2}}\frac{1+\frac{y}{x}}{\sqrt{1+\left(\frac{y}{x}\right)^3}} = x^\alpha \varphi\left(\frac{y}{x}\right)$$

$$\text{com } \alpha = -\frac{1}{2} \text{ e } \varphi\left(\frac{y}{x}\right) = \frac{1+\frac{y}{x}}{\sqrt{1+\left(\frac{y}{x}\right)^3}}$$

c) $f(tx,ty) = \sqrt[3]{t^2x^2 ty} = t^3\sqrt{x^2y} = t \cdot f(x,y)$

A função é homogénea de grau $\alpha = 1$

$$\frac{\partial f}{\partial x} = \frac{2xy}{3\sqrt[3]{(x^2y)^2}} \; ; \; \frac{\partial f}{\partial y} = \frac{x^2}{3\sqrt[3]{(x^2y)^2}}$$

Então

$$x\frac{\partial f}{\partial x} + y\frac{\partial f}{\partial y} = \frac{2x^2y + x^2y}{3\sqrt[3]{(x^2y)^2}} = \sqrt[3]{x^2y} = f(x,y)$$

A função verifica a identidade de Euler.

$$f(x,y) = \sqrt[3]{x^2y} = \sqrt[3]{x^3\left(\frac{y}{x}\right)} = x\sqrt[3]{\frac{y}{x}} = x^\alpha \varphi\left(\frac{y}{x}\right)$$

$$\text{com } \alpha = 1 \quad \text{e} \quad \varphi\left(\frac{y}{x}\right) = \sqrt[3]{\frac{y}{x}}$$

2 — *Considere as seguintes funções*

a) $f(x,y,z) = x^3\varphi\left(\frac{y}{x}, \frac{z}{x}\right)$

b) $f(x,y,z) = x^2 + yz$

c) $f(x,y,z) = \dfrac{xyz}{x^4 + y^4 + z^4}$

Verifique que são homogéneas e determine o seu grau de homogeneidade.

Expresse-as na forma $x^\alpha \varphi\left(\dfrac{y}{x}, \dfrac{z}{x}\right)$ *onde* α *é o grau de homogeneidade.*

Resolução

a) $f(tx, ty, tz) = t^3 x^3 \varphi\left(\dfrac{ty}{tx}, \dfrac{tz}{tx}\right) = t^3 \cdot x^3 \varphi\left(\dfrac{y}{x}, \dfrac{z}{x}\right) = t^3 \cdot f(x,y,z)$

A função é homogénea de grau $\alpha = 3$

$f(x,y,z) = x^3 \varphi\left(\dfrac{y}{x}, \dfrac{z}{x}\right)$, isto é, a função já se apresenta na expressão pedida.

b) $f(tx, ty, tz) = t^2 x^2 + ty tz = t^2(x^2 + yz) = t^2 f(x,y,z)$.

A função é homogénea de grau $\alpha = 2$.

$$f(x,y,z) = x^2 + yz = x^2\left(1 + \dfrac{yz}{x^2}\right) = x^2\left(1 + \dfrac{y}{x}\dfrac{z}{x}\right) = x^\alpha \varphi\left(\dfrac{y}{x}, \dfrac{z}{x}\right)$$

$$\text{com } \alpha = 2 \text{ e } \varphi\left(\dfrac{y}{x}, \dfrac{z}{x}\right) = 1 + \dfrac{y}{x}\dfrac{z}{x}$$

c) $f(tx, ty, tz) = \dfrac{t^3 xyz}{t^4(x^4 + y^4 + z^4)} = t^{-1} f(x,y,z)$

A função é homogénea de grau $\alpha = -1$

$$f(x,y,z) = \dfrac{xyz}{x^4 + y^4 + z^4} = \dfrac{x^3\left(\dfrac{yz}{x^2}\right)}{x^4\left(1 + \dfrac{y^4}{x^4} + \dfrac{z^4}{x^4}\right)} =$$

121

$$= x^{-1} \frac{\dfrac{y}{x} \dfrac{z}{x}}{1 + \left(\dfrac{y}{x}\right)^4 + \left(\dfrac{z}{x}\right)^4} = x^\alpha \varphi\left(\frac{y}{x}, \frac{z}{x}\right)$$

$$\text{com } \alpha = -1 \quad \text{e} \quad \varphi\left(\frac{y}{x}, \frac{z}{x}\right) = \frac{\dfrac{y}{x} \dfrac{z}{x}}{1 + \left(\dfrac{y}{x}\right)^4 + \left(\dfrac{z}{x}\right)^4}$$

3 — *Sem utilizar a definição justifique que a função* $f: R^2 - \{0,0\} \to R$ *tal que* $(x,y) \to \dfrac{x^4}{x^2 + y^2}$ *é homogénea indicando o grau de homogeneidade.*

(F.C.T.U.C. — *Exame* 1967).

RESOLUÇÃO

Vamos provar que $f(x,y)$ verifica o teorema de Euler isto é,

$$x \frac{\partial f}{\partial x} + y \frac{\partial f}{\partial y} = \alpha\, f(x,y) \text{ sendo } \alpha \text{ o seu grau de homogeneidade}$$

$$\frac{\partial f}{\partial x} = \frac{2x^5 + 4x^3 y^2}{(x^2 + y^2)^2}$$

$$\frac{\partial f}{\partial y} = -\frac{2x^4 y}{(x^2 + y^2)^2}$$

$$x \frac{\partial f}{\partial y} + y \frac{\partial f}{\partial y} = \frac{2x^6 + 4x^4 y^2}{(x^2 + y^2)^2} + \frac{-2x^4 y^2}{(x^2 + y^2)^2} =$$

$$= \frac{2x^6 + 2x^4 y^2}{(x^2 + y^2)^2} = 2 x^4 \frac{x^2 + y^2}{(x^2 + y^2)^2} =$$

$$= 2 \frac{x^4}{x^2 + y^2} = 2 f(x,y)$$

A função é pois homogénea de grau $\alpha = 2$.

4 — *Sendo* f(x,y) *uma função homogénea de grau de homogeneidade* n *verifique que é válida a igualdade*

$$\left[x \frac{\partial f}{\partial x} + y \frac{\partial f}{\partial y} \right]^{(2)} = n(n-1)f(x,y)$$

sendo (2) o quadrado simbólico.

(*F.C.T.U.C.* — *Exame* 1964).

RESOLUÇÃO

Se $f(x,y)$ é homogénea de grau n então $\dfrac{\partial f}{\partial x}$ é homogénea de grau $n-1$ e verifica a identidade de Euler,

$$x \frac{\partial}{\partial x}\left(\frac{\partial f}{\partial x}\right) + y \frac{\partial}{\partial y}\left(\frac{\partial f}{\partial x}\right) = (n-1)\frac{\partial f}{\partial x}$$

Do mesmo modo para a derivada $\dfrac{\partial f}{\partial y}$

$$x \frac{\partial}{\partial x}\left(\frac{\partial f}{\partial y}\right) + y \frac{\partial}{\partial y}\left(\frac{\partial f}{\partial y}\right) = (n-1)\frac{\partial f}{\partial y}$$

ou seja

$$x \frac{\partial^2 f}{\partial x^2} + y \frac{\partial^2 f}{\partial x \partial y} = (n-1)\frac{\partial f}{\partial x}$$

$$x \frac{\partial^2 f}{\partial y \partial x} + x \frac{\partial^2 f}{\partial y^2} = (n-1)\frac{\partial f}{\partial y}$$

multiplicando a primeira equação por x e a segunda por y vem:

$$x^2 \frac{\partial^2 f}{\partial x^2} + xy \frac{\partial^2 f}{\partial x \partial y} = x(n-1)\frac{\partial f}{\partial x}$$

$$xy \frac{\partial^2 f}{\partial y \partial x} + y^2 \frac{\partial^2 f}{\partial y^2} = y(n-1)\frac{\partial f}{\partial y}$$

Somando membro a membro:

$$x^2 \frac{\partial^2 f}{\partial x^2} + 2xy \frac{\partial^2 f}{\partial x \partial y} + y^2 \frac{\partial^2 f}{\partial y^2} = (n-1)\left[x \frac{\partial f}{\partial x} + y \frac{\partial f}{\partial y}\right]$$

como f é uma função homogénea de grau n

$$x \frac{\partial f}{\partial x} + y \frac{\partial f}{\partial y} = nf(x,y) \ .$$

Então

$$\left[x \frac{\partial f}{\partial x} + y \frac{\partial f}{\partial y}\right]^{(2)} = n(n-1) f(x,y)$$

5 — *Mostrar que sendo* f(x,y) *e* g(x,y) *duas funções homogéneas do mesmo grau de homogeneidade* α *e se* xf + yg $\neq 0$ *então*

$$\frac{\partial}{\partial y}\left(\frac{f}{xf+yg}\right) = \frac{\partial}{\partial x}\left(\frac{g}{xf+yg}\right) \quad (1)$$

(F.C.T.U.C. — Exame 1972).

RESOLUÇÃO

Provar a igualdade (1) é equivalente a provar que

$$\frac{\partial}{\partial y}\left(\frac{f}{xf+yg}\right) - \frac{\partial}{\partial x}\left(\frac{g}{xf+yg}\right) = 0$$

$$\frac{\partial}{\partial y}\left(\frac{f}{xf+yg}\right) = \frac{\frac{\partial f}{\partial y}(xf+yg) - \left(x\frac{\partial f}{\partial y} + g + y\frac{\partial g}{\partial y}\right)f}{(xf+yg)^2}$$

$$\frac{\partial}{\partial x}\left(\frac{g}{xf+yg}\right) = \frac{\frac{\partial g}{\partial x}(xf+yg) - \left(f + x\frac{\partial f}{\partial x} + y\frac{\partial g}{\partial x}\right)g}{(xf+yg)^2}$$

Então

$$\frac{\partial}{\partial y}\left(\frac{f}{xf+yg}\right) - \frac{f}{\partial x}\left(\frac{g}{xf+yg}\right) =$$

$$= \frac{g\left(y\frac{\partial f}{\partial y} + x\frac{\partial f}{\partial x}\right) - f\left(y\frac{\partial g}{\partial y} + x\frac{\partial g}{\partial x}\right)}{(xf+yg)^2}$$

como f e g são funções homogéneas de grau α virá

$$= \frac{g \cdot \alpha f - f \alpha g}{(xf+yg)^2} = 0$$

6 — *Se z é uma função de x e y homogénea de grau zero, mostrar que z pode ser escrito como uma função apenas de $\frac{y}{x}$ e que $\frac{\partial z}{\partial y} = -\frac{x}{y}\frac{\partial z}{\partial x}$*

RESOLUÇÃO

Como foi dito na introdução, se $z(x,y)$ é uma função homogénea de grau α então $z(x,y) = x^\alpha \varphi\left(\frac{y}{x}\right)$. Como neste caso $\alpha = 0$ teremos

$$z(x,y) = \varphi\left(\frac{y}{x}\right)$$

Por outro lado se derivarmos esta igualdade respectivamente em ordem a x e a y vem:

$$\frac{\partial z}{\partial x} = \varphi'\left(\frac{y}{x}\right) \cdot \left(-\frac{y}{x^2}\right)$$

$$\frac{\partial z}{\partial y} = \varphi'\left(\frac{y}{x}\right) \cdot \frac{1}{x}$$

logo $\dfrac{\partial z}{\partial y} = \dfrac{1}{x}\varphi'\left(\dfrac{y}{x}\right) = -\dfrac{x}{y}\left(-\dfrac{y}{x^2}\right)\varphi'\left(\dfrac{y}{x}\right) = -\dfrac{x}{y}\dfrac{\partial z}{\partial x}$

7 — *Considere a função* $z = e^{\frac{x^2}{y}} + f(x+y, x-y)$

a) *Determine a expressão de* $x \dfrac{\partial z}{\partial x} + y \dfrac{\partial z}{\partial y}$ *em função de x e y e das derivadas de f em ordem aos seus argumentos.*

b) *Se f fosse uma função homogénea de grau 1 das variáveis x e y a que seria igual aquela expressão?*

(F.E.U.C. — *Exame* 1979).

RESOLUÇÃO

a) $z = e^{\frac{x^2}{y}} + f(u,v)$ com $u = x + y$ e $v = x - y$

$$\frac{\partial z}{\partial x} = \frac{2x}{y} e^{\frac{x^2}{y}} + \frac{\partial f}{\partial u} + \frac{\partial f}{\partial v}$$

$$\frac{\partial z}{\partial y} = -\frac{x^2}{y^2} e^{\frac{x^2}{y}} + \frac{\partial f}{\partial u} - \frac{\partial f}{\partial v}$$

Então

$$x \frac{\partial z}{\partial x} + y \frac{\partial z}{\partial y} = \frac{2x^2}{y} e^{\frac{x^2}{y}} + x \frac{\partial f}{\partial u} + x \frac{\partial f}{\partial v} - \frac{x^2}{y} e^{\frac{x^2}{y}} +$$

$$+ y \frac{\partial f}{\partial u} - y \frac{\partial f}{\partial v}$$

$$= \frac{x^2}{y} e^{\frac{x^2}{y}} + x \left(\frac{\partial f}{\partial u} + \frac{\partial f}{\partial v} \right) + y \left(\frac{\partial f}{\partial u} - \frac{\partial f}{\partial v} \right)$$

b) Se f é homogénea de grau 1 então

$$x \frac{\partial f}{\partial x} + y \frac{\partial f}{\partial y} = f(x+y, x-y) \ .$$

Mas

$$\frac{\partial f}{\partial x} = \frac{\partial f}{\partial u} + \frac{\partial f}{\partial v}$$

$$\frac{\partial f}{\partial y} = \frac{\partial f}{\partial u} - \frac{\partial f}{\partial v}$$

Então

$$x\left(\frac{\partial f}{\partial u}+\frac{\partial f}{\partial v}\right)+y\left(\frac{\partial f}{\partial u}-\frac{\partial f}{\partial v}\right)=x\frac{\partial f}{\partial x}+y\frac{\partial f}{\partial y}=f$$

logo

$$x\frac{\partial z}{\partial x}+y\frac{\partial z}{\partial y}=\frac{x^2}{y}e^{\frac{x^2}{y}}+x\left(\frac{\partial f}{\partial u}+\frac{\partial f}{\partial v}\right)+y\left(\frac{\partial f}{\partial u}-\frac{\partial f}{\partial v}\right)$$

$$=\frac{x^2}{y}e^{\frac{x^2}{y}}+x\frac{\partial f}{\partial x}+y\frac{\partial f}{\partial y}=\frac{x^2}{y}e^{\frac{x^2}{y}}+f$$

Então

$$x\frac{\partial z}{\partial x}+y\frac{\partial z}{\partial y}=\frac{x^2}{y}e^{\frac{x^2}{y}}+f$$

8 — *Demonstre a nota 2 para* $\dfrac{\partial^2 f}{\partial x^2}$

RESOLUÇÃO

Se $f(x,y)$ é homogénea de grau α então

$$f(x,y)=x^\alpha\varphi\left(\frac{y}{x}\right)$$

$$\frac{\partial f}{\partial x}=\alpha x^{\alpha-1}\varphi\left(\frac{y}{x}\right)+x^\alpha\varphi'\left(\frac{y}{x}\right)\cdot\left(-\frac{y}{x^2}\right)$$

$$=x^{\alpha-1}\left[\alpha\varphi\left(\frac{y}{x}\right)-\frac{y}{x}\varphi'\left(\frac{y}{x}\right)\right]$$

$$=x^{\alpha-1}\psi\left(\frac{y}{x}\right)$$

$$\frac{\partial^2 f}{\partial x^2}=(\alpha-1)x^{\alpha-2}\psi\left(\frac{y}{x}\right)+x^{\alpha-1}\psi'\left(\frac{y}{x}\right)\cdot\left(-\frac{y}{x^2}\right)$$

$$= x^{\alpha-2}\left[(\alpha-1)\psi\left(\frac{y}{x}\right) - \frac{y}{x}\psi'\left(\frac{y}{x}\right)\right]$$

$$= x^{\alpha-2}\,\theta\left(\frac{y}{x}\right)$$

como $\frac{\partial^2 f}{\partial x^2} = x^\beta \theta\left(\frac{y}{x}\right)$, podemos concluir que ela é de grau $\beta = \alpha - 2$ como queríamos provar.

7.3 — Exercícios para resolver

1 — *Considere as seguintes funções*

a) $f(x,y) = x^4 + 2xy^3 - 5y^4$

b) $f(x,y) = x^2\, a^{\frac{y}{x}}$

c) $f(x,y) = x^2 y^2 \arcsin \frac{y}{x}$

d) $f(x,y) = \dfrac{1}{(x+y)^2}$

Prove que são homogéneas e calcule os respectivos graus de homogeneidade. Verifique o teorema de Euler.

R.:

a) homogénea de grau 4.

b) homogénea de grau 2

c) homogénea de grau 4

d) homogénea de grau -2.

2 — *a) Mostre que a função* $u(x,y,z) = x^5 \sin \dfrac{z^2 + y^2}{x^2}$ *é homogénea e determine o seu grau de homogeneidade.*

b) Mostre que verifica a igualdade de Euler

c) *Expresse-a na forma* $x^\alpha \varphi\left(\dfrac{y}{x}, \dfrac{z}{x}\right)$ *onde* α *é o grau de homogeneidade da função.*

(F.E.U.C. — Exame 1978).

R.: Homogénea de grau 5.

3 — *Seja* $u = y^3 \psi\left(\dfrac{x}{y}, \dfrac{z}{y}\right)$

a) *Verifique que*

$$x \frac{\partial u}{\partial x} + y \frac{\partial u}{\partial y} + z \frac{\partial u}{\partial z} = 3u$$

b) *sem utilizar a definição poderá afirmar que a função* u *é homogénea e dizer qual o seu grau de homogeneidade?*

(F.E.U.C. — Exame 1979).

R.: $\alpha = 3$.

4 — *Seja a função*

$$u(x,y,z) = \frac{x}{\sqrt{y^2 + z^2}} + \varphi\left(\frac{y}{x}, \frac{xy}{z^2}\right)$$

a) *Verifique que é positivamente homogénea e determine o seu grau de homogeneidade.*

R.: $\alpha = 0$.

5 — *Seja* H(x,y) *uma função homogénea de grau* p *e seja* $u = r^m H(x,y)$ *com* $r^2 = x^2 + y^2$. *Mostre que*

$$\Delta u = r^m \Delta H + m(2p)r^{m-2} \cdot H$$

$\left(\text{Para a função } f(x,y), \; \Delta f = \dfrac{\partial^2 f}{\partial x^2} + \dfrac{\partial^2 f}{\partial y^2}\right).$

VIII

DERIVADAS DIRECCIONAIS E GRADIENTE

8.1. — Definições. Notas. Teoremas

DEFINIÇÃO 1

Seja $f: C \subseteq \mathbb{R}^2 \to \mathbb{R}$, $P(a_1,a_2) \in i(C)$ e $\vec{u}$ o vector unitário $\xi_1\vec{e_1} + \xi_2\vec{e_2}$. Chama-se primeira derivada direccional de $f(x,y)$ no ponto $P(a_1,a_2)$ na direcção de $\vec{u}$ e representa-se por $f_1(P,\vec{u})$ a

$$\lim_{h \to 0} \frac{f(a_1 + h\xi_1, a_2 + h\xi_2) - f(a_1,a_2)}{h}$$

se este limite existir.

NOTA 1

A derivada direccional dá a razão de variação do valor da função $f(x,y)$ em relação à distância no plano X0Y, medida na direcção do vector $\vec{u}$.

NOTA 2

Se $\vec{u} = \vec{e_1}$ então $\xi_1 = 1$ e $\xi_2 = 0$ e da definição 1 vem

$$f_1(P,\vec{e_1}) = \lim_{h \to 0} \frac{f(a_1 + h, a_2) - f(a_1,a_2)}{h} = \frac{\partial f}{\partial x}(P)$$

131

Se $\vec{u} = \vec{e_2}$ então $\xi_1 = 0$ e $\xi_2 = 1$ e

$$f_1(P,\vec{e_2}) = \lim_{k \to 0} \frac{f(a_1,a_2+k) - f(a_1,a_2)}{k} = \frac{\partial f}{\partial y}(P)$$

Assim, as derivadas parciais $\dfrac{\partial f}{\partial x}$ e $\dfrac{\partial f}{\partial y}$ são casos particulares da derivada direccional.

Teorema 1

Se $f(x,y)$ é continuamente derivável (diferenciável) no interior de C, então em cada ponto $P \in i(C)$ admite derivadas segundo qualquer vector.

A derivada no ponto P segundo o vector unitário $\vec{u} = \xi_1 \vec{e_1} + \xi_2 \vec{e_2}$ é dada por

$$f_1(P,\vec{u}) = f_x(P)\xi_1 + f_y(P)\xi_2$$

Nota 3

O teorema 1 é uma condição suficiente mas não necessária. Há funções que admitem derivada segundo qualquer vector, mas não são diferenciáveis.

Nota 4

Sendo $\vec{u}$ um vector unitário, como é sabido, $\xi_1^2 + \xi_2^2 = 1$ sendo ξ_1 e ξ_2 chamados cossenos directores da direcção.

Nota 5

Tudo o que foi dito para uma função de duas variáveis, pode-se generalizar para uma função de n variáveis.

Definição 2

Sendo $f(x,y)$ uma função que satisfaz às condições do teorema 1, chama-se **gradiente** de $f(x,y)$ no ponto $P(a_1,a_2) \in i(C)$ ao vector

$$(\text{grad } f)(P) = f_x(P)\vec{e_1} + f_y(P)\vec{e_2}$$

NOTA 6

A derivada direccional pode ser escrita como o produto escalar de dois vectores:

$$(\xi_1 \vec{e_1} + \xi_2 \vec{e_2}) \cdot (f_x \vec{e_1} + f_y \vec{e_2}) =$$

$$= f_x \xi_1 + f_y \xi_2 = f_1(P, \vec{u})$$

com $P = P(x,y)$

ou seja,

$$f_1(P, \vec{u}) = \vec{u} \cdot (\operatorname{grad} f)(P) .$$

TEOREMA 2

Sendo $f(x,y)$ n vezes diferenciável no interior de C, então cada ponto $P(a_1, a_2) \in i(C)$ admite derivada direccional de ordem n segundo qualquer vector e

$$f_n(P, \vec{u}) = [f_x(P)\xi_1 + f_y(P)\xi_2]^{(n)}$$

$$= \sum_{k=0}^{(n)} \binom{n}{k} \frac{\partial^n f}{\partial x^{n-k} \partial y^k} \xi_1^{n-k} \xi_2^{k}$$

8.2 — **Exemplos**

1 — *Calcule a primeira derivada direccional de* $f(x,y) = x^2 - 4y$ *no ponto* $P(-2,2)$ *na direcção do vector unitário* $\vec{u} = \cos \frac{\pi}{3} \vec{e_1} + \sin \frac{\pi}{3} \vec{e_2}$.

RESOLUÇÃO

$$\frac{\partial f}{\partial x} = 2x \; ; \; \frac{\partial f}{\partial x}(P) = -4$$

$$\frac{\partial f}{\partial y} = -4 \; ; \; \frac{\partial f}{\partial y}(P) = -4$$

$$\xi_1 = \frac{1}{2} = \cos\frac{\pi}{3}$$

$$\xi_2 = \frac{\sqrt{3}}{2} = \sin\frac{\pi}{3}$$

Então

$$f_1(P,\vec{u}) = -4 \cdot \frac{1}{2} - 4 \cdot \frac{\sqrt{3}}{2} = -2 - 2\sqrt{3} = -2(1+\sqrt{3})$$

2 — *Em que pontos da parábola* y = x² *se anula a derivada da função* f(x,y) = x² — y² *segundo a tangente?*

Resolução

A equação da tangente à curva $y = f(x)$ no ponto $P(x,y)$ é dada por

$$Y - y = f'(P)(X - x) \ .$$

No caso apresentado

$$Y - y = 2x(X - x)$$

ou seja

$$\frac{X-x}{1} = \frac{Y-y}{2x}$$

o que dá para cossenos directores da direcção da tangente

$$\xi_1 = \frac{1}{\pm\sqrt{1+4x^2}} \ ; \ \xi_2 = \frac{2x}{\pm\sqrt{1+4x^2}}$$

Como $f_x(P) = 2x$ e $f_y(P) = -2y$ vem para valor da 1.ª derivada direccional na direcção pedida

$$f_1(P,d) = 2x\frac{1}{\pm\sqrt{1+4x^2}} - \frac{4xy}{\pm\sqrt{1+4x^2}} = \frac{2x-4xy}{\pm\sqrt{1+4x^2}}$$

Mas, sendo P(x,y) um ponto da parábola é $y = x^2$, então,

$$f_1(P,d) = 2 \frac{x - 2x^3}{\pm \sqrt{1 + 4x^3}}$$

valor que será nulo quando $x - 2x^3 = 0$ ou seja $x = 0$ ou $x = \pm \frac{\sqrt{2}}{2}$

Os pontos pedidos são pois

$$A(0,0) \ ; \ B\left(\frac{\sqrt{2}}{2}, \frac{1}{2}\right) ; C\left(-\frac{\sqrt{2}}{2}, \frac{1}{2}\right)$$

3 — *Calcular a derivada da função* $f(x,y) = x^2 + y^2$ *na direcção do raio e da tangente num ponto de circunferência* $x^2 + y^2 = \lambda^2$.

RESOLUÇÃO

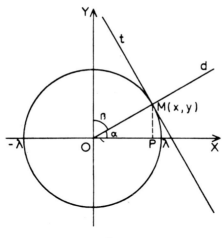

Fig. 6

Como do triângulo rectângulo OMP se tem $x = \lambda \cos \alpha$ e $y = \lambda \cos \beta$, vem

$$\xi = \cos \alpha = \frac{x}{\lambda} \ ; \ \eta = \cos \beta = \frac{y}{\lambda}$$

Mas

$$f_x(x,y) = 2x \ ; \ f_y(x,y) = 2y \ .$$

Então

$$f_1(M,d) = f_x(M)\xi + f_y(M)\eta = 2x\frac{x}{\lambda} + 2y\frac{y}{\lambda} =$$

$$= \frac{2}{\lambda}(x^2+y^2) = \frac{2\lambda^2}{\lambda} = 2\lambda$$

que é o valor da derivada direccional segundo o raio.

Sendo ξ' e η' os cossenos directores da tangente, e como esta é perpendicular ao raio, vem

$$\xi \cdot \xi' + \eta\eta' = 0$$

como também $\xi'^2 + \eta'^2 = 1$, resolvendo as duas equações obtém-se

$$\xi' = \pm\frac{y}{\lambda} \; ; \; \eta' = \mp\frac{x}{\lambda}$$

Então a 1.ª derivada direccional da função f segundo a direcção da tangente é

$$f_1(M,t) = f_x(M)\xi' + f_y(M)\eta' = \pm\frac{2xy}{\lambda} \mp \frac{2xy}{\lambda} = 0$$

4 — *Calcular a derivada direccional da função* $f(x,y) = x^2 - 3xy$ *ao longo da parábola* $y = x^2 - x + 2$ *no ponto* $P(1,2)$.

RESOLUÇÃO

$$\frac{\partial f}{\partial x} = 2x - 3y \; ; \; \frac{\partial f}{\partial x}(P) = -4$$

$$\frac{\partial f}{\partial y} = -3x \; ; \; \frac{\partial f}{\partial y}(P) = -3$$

$$\frac{dy}{dx} = 2x - 1 \; ; \; \frac{dy}{dx}(P) = 1$$

A equação da tangente à parábola em P é

$$\frac{y-2}{1} = \frac{x-1}{1}$$

Então $\xi = \eta = \pm \frac{\sqrt{2}}{2}$

logo

$$f_1(P,d) = f_x(P)\xi + f_y(P)\eta = -4\left(\pm \frac{\sqrt{2}}{2}\right) - 3\left(\pm \frac{\sqrt{2}}{2}\right) = \mp \frac{7}{\sqrt{2}}$$

5 — *Determine a derivada direccional da função* $u = x^2y - y^2z - xyz$ *no ponto* $(1,-1,0)$ *na direcção do vector* $\hat{i} - \hat{j} + 2\hat{k}$.

RESOLUÇÃO

$$\frac{\partial u}{\partial x} = 2xy - yz \; ; \; \frac{\partial u}{\partial x}(1,-1,0) = -2$$

$$\frac{\partial u}{\partial y} = x^2 - 2yz - xz \; ; \; \frac{\partial u}{\partial y}(1,-1,0) = 1$$

$$\frac{\partial u}{\partial z} = -y^2 - xy \; ; \; \frac{\partial u}{\partial z}(1,-1,0) = 0$$

Os cossenos directores da direcção são

$$\xi_1 = \frac{1}{\sqrt{1+1+4}} = \frac{1}{\sqrt{6}} = \frac{\sqrt{6}}{6}$$

$$\xi_2 = \frac{-1}{\sqrt{6}} = -\frac{\sqrt{6}}{6}$$

$$\xi_3 = \frac{\sqrt{2}}{6} = 2\frac{\sqrt{6}}{6}$$

$$f_1(P,d) = \frac{\sqrt{6}}{6}(-2-1) = -\frac{3}{6}\sqrt{6} = -\frac{1}{2}\sqrt{6}$$

6 — *Calcular a derivada da função* $u = xy + yz + xz$ *no ponto* $M(2,1,3)$ *na direcção que une esse ponto ao ponto* $N(5,5,15)$.

Resolução

A recta que passa por M e N tem por equações

$$\frac{x-2}{3} = \frac{y-1}{4} = \frac{z-3}{12}$$

Então

$$\xi_1 = \frac{3}{\sqrt{9+16+144}} = \frac{3}{13}$$

$$\xi_2 = \frac{4}{13}$$

$$\xi_3 = \frac{12}{13}$$

$$u_x = y + z \; ; \; u_x(M) = 4$$

$$u_y = x + z \; ; \; u_y(M) = 5$$

$$u_z = x + y \; ; \; u_z(M) = 3$$

Logo

$$u(M,d) = 4\frac{3}{13} + 5\frac{4}{13} + 3\frac{12}{13} = \frac{68}{13}$$

7 — *Seja*

$$f(x,y) = \begin{cases} \dfrac{x^5}{(y-x^2)^2 + x^8} & para \quad (x,y) \neq (0,0) \\ 0 & para \quad (x,y) = (0,0) \end{cases}$$

Mostrar que a função f *admite derivada na origem segundo qualquer vector, mas não é contínua nesse ponto (ao longo da parábola* $y = x^2$ *a função não tende para zero quando* $(x,y) \to (0,0)$).

RESOLUÇÃO

$$\frac{\partial f}{\partial x}(0,0) = \lim_{h \to 0} \frac{f(h,0) - f(0,0)}{h} = \lim_{h \to 0} \frac{\frac{h^5}{h^4 + h^8}}{h} =$$

$$= \lim_{h \to 0} \frac{1}{1 + h^4} = 1$$

$$\frac{\partial f}{\partial y}(0,0) = \lim_{k \to 0} \frac{(f(0,k) - f(0,0)}{k} = \lim_{k \to 0} \frac{0}{k} = 0$$

Então, sendo d uma direcção qualquer de cossenos directores ξ_1 e ξ_2, e P(0,0) vem

$$f_1'(P,d) = f_x(P)\xi_1 + f_y(P)\xi_2 = \xi_1$$

A primeira derivada direccional existe, e é igual a ξ_1.

Mas

$$\lim_{\substack{x \to 0 \\ y = x^2}} f(x,y) = \lim_{x \to 0} \frac{x^5}{x^8} = \infty$$

Portanto não existe $\lim_{\substack{x \to 0 \\ y = x^2}} f(x,y)$ o que torna a função $f(x,y)$ descontínua na origem, logo não diferenciável nesse ponto (ver nota 3).

8 — *Para que pontos da parábola* $y = x^2 + 1$ *se anula a* 2.ª *derivada da função* $f(x,y) = x + y - (x+y)^2 + 1$ *segundo a direcção que une esses pontos com a origem.*

RESOLUÇÃO

Os cossenos directores da direcção dada são:

$$\xi = \frac{x}{\pm \sqrt{x^2 + y^2}} \; ; \; \eta = \frac{y}{\pm \sqrt{x^2 + y^2}}$$

$$\frac{\partial f}{\partial x} = 1 - 2(x+y) \ ; \ \frac{\partial^2 f}{\partial x^2} = -2$$

$$\frac{\partial f}{\partial y} = 1 - 2(x+y) \ ; \ \frac{\partial^2 f}{\partial y^2} = -2 \quad \frac{\partial^2 f}{\partial x \partial y} = -2$$

$$f_2(P,d) = \frac{\partial^2 f}{\partial x^2}(P)\xi^2 + 2\frac{\partial^2 f}{\partial x \partial y}(P)\xi\eta + \frac{\partial^2 f}{\partial y^2}(P)\eta^2$$

$$= -2\frac{x^2}{x^2+y^2} - 4\frac{xy}{x^2+y^2} - 2\frac{y^2}{x^2+y^2}$$

$$= -2\frac{(x+y)^2}{x^2+y^2}$$

$$f_2(P,d) = 0 \text{ se } x+y = 0 \text{ ou seja } y = -x.$$

Mas $P(x,y)$ é uma ponto de parábola, então $y = x^2 + 1$

$$\begin{cases} y = -x \\ y = x^2 + 1 \end{cases}$$

Logo

$$y^2 - y + 1 = 0 \ ; \ y = \frac{1 \pm \sqrt{1-4}}{2}$$

o que mostra que não há nenhum ponto da parábola nas condições pedidas.

9 — *Para que direcções emergentes da origem é nula a 2.ª derivada direccional da função* $f(x,y) = x^2 - y(x+2)$?

Resolução

A direcção emergente da origem tem para cossenos directores:

$$\xi = \frac{x}{\pm\sqrt{x^2+y^2}} \ ; \ \eta = \frac{y}{\pm\sqrt{x^2+y^2}}$$

Mas

$$\frac{\partial f}{\partial x} = 2x - y \ ; \ \frac{\partial^2 f}{\partial x^2} = 2 \ ; \ \frac{\partial^2 f}{\partial x \, \partial y} = -1$$

$$\frac{\partial f}{\partial y} = -(x+2) \ ; \ \frac{\partial^2 f}{\partial y^2} = 0 \ ,$$

Logo sendo P(x,y)

$$f_2(P,d) = 2 \frac{x^2}{x^2+y^2} - 2 \frac{xy}{x^2+y^2} = \frac{2}{x^2+y^2}(x^2 - xy)$$

$f_2(P,d) = 0$ se $x^2 - xy = 0$ ou seja $x = 0$ ou $x = y$.

Há pois duas direcções nas condições pedidas:

— a direcção do eixo dos YY
— a direcção da bissectriz dos quadrantes impares.

10 — *Uma função diferencial f tem no ponto P(1,2) uma derivada direccional que é igual a 2 segundo o vector* $\vec{PQ}$*, Q(2,2), e igual a* — *2 segundo o vector* $\vec{PR}$*, R(1,1).*

a) *Determine o vector gradiente em P*

b) *Calcule a derivada direccional na direcção de S(4,6).*

Resolução

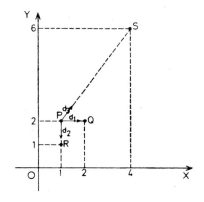

141

a) Sendo d_1 a direcção de PQ, $\xi_1 = 1$ e $\xi_2 = 0$, então

$$f_1(P,d_1) = f_x(P)\xi_1 + f_y(P)\xi_2 = f_x(P)$$

Mas, por hipótese, $f_1(P,d_1) = 2$, logo $f_x(P) = 2$.
Sendo d_1 a direcção de PR, $\xi_1 = 0$ e $\xi_2 = -1$, então

$$f_1(P,d_2) = -f_y(P)$$

Como por hipótese $f_1(P,d_2) = -2$, vem $f_y(P) = 2$.

Então

$$(\text{grad } f)(P) = f_x(P)\vec{e_1} + f_y(P)\vec{e_2} = 2\vec{e_1} + 2\vec{e_2}$$

b) Considerando d_3 a direcção de PS, $\xi_1 = \dfrac{3}{5}$ e $\xi_2 = \dfrac{4}{5}$

Então

$$f_1(P,d_3) = f_x(P)\xi_1 + f_y(P)\xi_2 = 2 \cdot \frac{3}{5} + 2 \cdot \frac{4}{5} = \frac{14}{5}$$

11 — *Considere a função f(x,y) nas condições do teorema 1.*

a) *Prove que a derivada direccional de f(x,y) no ponto P(x,y) é máxima na direcção do gradiente de f(x,y).*

b) *Mostre que a derivada da função f(x,y) na direcção do seu gradiente é igual à norma do gradiente.*

Resolução

$$f_1(P,r) = f_x(P)\xi_1 + f_y(P)\xi_2$$

$$(\text{grad } f)(P) = f_x(P)\vec{e_1} + f_y(P)\vec{e_2}$$

sendo ξ_1 e ξ_2 os cossenos directores de semirecta r, isto é, $\vec{r} = \xi_1\vec{e_1} + \xi_2\vec{e_2}$ é o vector unitário da direcção da semi-recta.

Fazendo o produto escalar dos dois vectores, grad f e $\vec{r}$ vem:

graf $f \cdot \vec{r} = |\text{grad } f| |\vec{r}| \cos\theta = |\text{grad } f| \cos\theta$, sendo θ o angulo por eles formado.

Este produto escalar será máximo quando $\cos\theta = 1$, ou seja, $\theta = 0$.

Mas

$$\text{grad } f \cdot \vec{r} = f_1(P,r)$$

Logo $f_1(P,r)$ será máxima quando for calculada *na direcção e sentido do seu gradiente*.

b) Na alínea anterior vimos que

$$f_1(P,r) = \text{grad } f \cdot \vec{r} = |\text{grad } f| \cdot \cos \theta$$

e o seu valor era máximo para $\theta = 0$. Então, o máximo valor de $f_1(P,r)$ é igual a $|\text{grad } f|$.

12 — *Determine a 1.ª derivada direccional da função* $f(x,y) = x^2 + 3xy$ *no ponto* P(1,1) *e na direcção em que ela é máxima.*

Resolução

$$f_x = 2x + 3y \; ; \; f_x(P) = 5$$

$$f_y = 3x \; ; \; f_y(P) = 3$$

$$(\text{grad } f)(P) = 5\hat{i} + 3\hat{j} \quad \text{com} \quad \xi = \frac{5}{\sqrt{25+9}} = \frac{5}{\sqrt{34}}$$

$$\eta = \frac{3}{\sqrt{34}}$$

A 1.ª derivada direccional é máxima na direcção do gradiente, logo:

$$f_1(P, \text{grad } f) = 5 \cdot \frac{5}{\sqrt{34}} + 3 \frac{3}{\sqrt{34}} = \sqrt{34}$$

Note que

$$|(\text{grad } f)(P)| = \sqrt{5^2 + 3^2} = \sqrt{34}$$

8.3 — **Exercícios para resolver**

1 — *Calcular a derivada da função* $f(x,y) = x^3 - 2x^2y + xy^2 + 1$ *no ponto* M(1,2) *na direcção que une esse ponto ao ponto* N(4,6).

R.: 1.

2 — *Considere a curva de equação* $y = x^2 + 4$ *e determine os pontos desta curva onde a 1.ª derivada direccional da função* $f:\mathbb{R}^2 \to \mathbb{R}$ *tal que* $(x,y) \to x^2 + y^2$ *se anula na direcção da normal a essa curva.*

(F.C.T.U.C. — *Exame* 1976).

R.: P(2,8); Q(—2,8).

3 — *Determinar os pontos da hipérbole* $y^2 - x^2 = 1$ *onde se anula a 1.ª derivada direccional de função* $f(x,y) = xy - x$ *segundo a direcção da tangente.*

R.: P(0,1).

4 — *Determine a derivada direccional de* $u = x^2 + y^2 + z^2$ *segundo a direcção da recta* $\dfrac{x}{3} = \dfrac{y}{4} = \dfrac{z}{5}$

R.: $f_1(P,d) = \dfrac{1}{\pm\sqrt{50}}(6x + 8y + 10z)$.

5 — *Mostrar que a 1.ª derivada direccional de* $u(x,y,z) = \dfrac{x^2}{a^2} + \dfrac{y^2}{b^2} + \dfrac{z^2}{c^2}$ *em qualquer ponto* M(x,y,z), *na direcção que une este ponto à origem, é igual a*

$$\dfrac{2u(x,y,z)}{R} \quad \text{com} \quad R = \sqrt{x^2 + y^2 + z^2}$$

6 — *Demonstrar que a derivada da função* $z = \dfrac{y^2}{x}$, *em qualquer ponto de elipse* $2x^2 + y^2 = c^2$ *ao longo da normal à mesma, é igual a zero.*

7 — *Dada a função* $f(x,y) = 2x^2 - y^2 + 3x - y$, *calcule o valor máximo da 1.ª derivada direccional no ponto* $P(1, -2)$.

R.: $\sqrt{58}$.

8 — *Calcule a derivada direccional da função* $f:\mathbb{R}^2 \to \mathbb{R}$ *tal que* $f(x,y) = x^2y + xy^2 + 3xy + 1$ *no ponto* $P(1,2)$ *e na direcção em que essa derivada é máxima.*

(*F.C.T.U.C.* — *Exame* 1977).

R.: $2\sqrt{65}$.

9 — $z = 1200 - 3x^2 - 2y^2$ *é a equação da superfície de uma montanha onde a distância está medida em metros, os pontos do eixo dos* XX *estão a Leste e os pontos do eixo dos* YY *estão a Norte. Um alpinista está no ponto correspondente a* $(-10, 5, 850)$.

a) *Qual a direcção da parte que tem inclinação mais acentuada?*

b) *Se o alpinista se mover na direcção Leste ele está a subir ou a descer e qual será a razão?*

c) *Se o alpinista se mover na direcção Sudoeste ele estará a subir ou a descer, e qual será a razão?*

d) *Em que direcção ele está a percorrer um caminho plano?*

R.: a) A inclinação é máxima na direcção do vector unitário

$$\frac{3}{\sqrt{10}} \vec{e}_1 - \frac{1}{\sqrt{10}} \vec{e}_2.$$

b) Está a subir a 60 metros por minuto.

c) Está a descer a $20\sqrt{2}$ metros por minuto.

d) $\dfrac{1}{\sqrt{10}} \vec{e}_1 + \dfrac{3}{\sqrt{10}} \vec{e}_2$ ou $-\dfrac{1}{\sqrt{10}} \vec{e}_1 - \dfrac{3}{\sqrt{10}} \vec{e}_2$

10 — *A densidade em qualquer ponto* (x,y) *de uma chapa rectangular no plano* X0Y *é* $\rho = \dfrac{1}{\sqrt{x^2 + y^2 + 3}}$

a) *Calcule a razão da variação da densidade no ponto (3,2) na direcção do vector unitário* $\cos \dfrac{2}{3} \pi \, \vec{e}_1 + \sin \dfrac{2}{3} \pi \, \vec{e}_2$.

b) *Calcule a direcção e o valor da razão de variação máxima de* ρ *em (3,2).*

R.: a) $\rho_1(P,d) = -\dfrac{3 - 2\sqrt{3}}{128}$

b) $|\operatorname{grad} \rho| = \dfrac{\sqrt{13}}{64}$

11 — *Que valores devem ter as constantes* a, b *e* c *de modo que a derivada direccional de* $f(x,y,z) = axy^2 + byz + cz^2x^3$ *no ponto* $(1,2,-1)$ *tenha o valor máximo de 64 numa direcção paralela ao eixo dos ZZ.*

R.: $a = 6 \; ; \; b = 24 \; ; \; c = -8$ ou $a = -6 \; ; \; b = -24 \; ; \; c = 8$

IX
FUNÇÕES IMPLÍCITAS

9.1 — Definições. Teoremas

Na Geometria é frequente representar curvas sob a forma $F(x,y) = 0$, em vez de $y = f(x)$. A recta é representada por $ax + by + c = 0$ (1) e uma elipse pela equação $\dfrac{x^2}{a^2} + \dfrac{y^2}{b^2} = 1$. Para se obter a curva sob a forma $y = f(x)$ deverá «resolver-se em ordem a y» a equação $F(x,y) = 0$. Note-se, que, para o caso da recta apresentada, é imediato que ela é verificada substituindo y por $f(x) = \dfrac{-ax-c}{b}$ e diz-se que a equação considerada (1) define implicitamente y como função de x. Seja agora a expressão $x^2 + y^2 + 1 = 0$. Reconhece-se também imediatamente que esta equação *não define* y *como função de* x pois não há qualquer par de números reais (x,y), que elevados ao quadrado e somados, dêm o valor -1.

Nos dois exemplos anteriores foi bastante simples averiguar se as equações definem ou não y como função de x, mas no caso geral da equação $F(x,y) = 0$ convém saber em que condições ela define y como função de x sem a «resolver em ordem a y».

Neste sentido poderemos enunciar o seguinte teorema.

TEOREMA 1 — Teorema das funções implícitas para funções de uma variável.

Seja $F(x,y)$ uma função definida em $C \subseteq R^2$, $(x_0,y_0) \in i(C)$ e tal que

a) $F(x_0,y_0) = 0$

b) F_x e F_y são contínuas numa vizinhança de (x_0,y_0)

c) $F_y(x_0,y_0) \neq 0$.

Nestas condições existe pelo menos uma vizinhança do ponto (x_0,y_0) na qual a cada x corresponde um só valor de y que verifica a equação $F(x,y) = 0$. Fica assim definida implicitamente uma função $y = f(x)$ que toma o valor $y = y_0$ para $x = x_0$. Essa função é continuamente derivável no ponto x_0 sendo a sua derivada $y' = -\dfrac{F_x}{F_y}$

Teorema 2 — Teorema das funções implícitas para funções de duas variáveis.

Seja $F(x,y,z)$ uma função definida em $C \subseteq R^3$, $(x_0,y_0,z_0) \in i(C)$ e tal que

a) $F(x_0,y_0,z_0) = 0$

b) F_x, F_y e F_z são contínuas numa vizinhança de (x_0,y_0,z_0)

c) $F_z(x_0,y_0,z_0) \neq 0$.

Nestas condições existe pelo menos uma vizinhança do ponto (x_0,y_0,z_0) na qual a cada par (x,y) corresponde um só valor de z que associado a (x,y) verifica a equação $F(x,y,z) = 0$. Fica assim definida implicitamente uma função $z = \varphi(x,y)$ que toma o valor $z = z_0$ para $x = x_0$ e $y = y_0$. Essa função é continuamente derivável no ponto (x_0,y_0) e as suas derivadas são dadas por

$$\frac{\partial z}{\partial x} = -\frac{F_x}{F_z} \quad ; \quad \frac{\partial z}{\partial y} = -\frac{F_y}{F_z}$$

Teorema 3 — Teorema das funções implícitas. Caso geral.

Consideremos o sistema de n equações

$$(1) \begin{cases} f_1(x_1,x_2,\ldots,x_m,y_1,y_2,\ldots,y_n) = 0 \\ f_2(x_1,x_2,\ldots,x_m,y_1,y_2,\ldots,y_n) = 0 \\ \ldots \\ f_n(x_1,x_2,\ldots,x_m,y_1,y_2,\ldots,y_n) = 0 \end{cases}$$

sendo $f_1,f_2,\ldots,f_n$ funções das $m+n$ variáveis $x_1,x_2,\ldots,x_m,y_1,y_2,\ldots,y_n$ definidas em $C \subseteq R^{m+n}$. Seja $M(a_1,a_2,\ldots,a_m,b_1,b_2,\ldots,b_n) \in i(C)$ e

a) O ponto M verifica as equações do sistema (1)

b) As funções $f_1,f_2,\ldots,f_n$ são continuamente deriváveis em relação a todos os seus argumentos nas vizinhanças de M

e) O determinante

$$\Delta = \begin{vmatrix} \dfrac{\partial f_1}{\partial y_1} & \dfrac{\partial f_1}{\partial y_2} & \cdots & \dfrac{\partial f_1}{\partial y_n} \\ \dfrac{\partial f_2}{\partial y_1} & \dfrac{\partial f_2}{\partial y_2} & & \dfrac{\partial f_2}{\partial y_n} \\ \hline \dfrac{\partial f_n}{\partial y_1} & \dfrac{\partial f_n}{\partial y_2} & \cdots & \dfrac{\partial f_n}{\partial y_n} \end{vmatrix}$$

é diferente de zero no ponto M.

Nestas condições pode afirmar-se que existe pelo menos uma vizinhança do ponto M na qual a cada sistema $(x_1, x_2, \ldots, x_m)$ corresponde um e um só sistema $(y_1, y_2, \ldots, y_n)$ que associado ao primeiro verifica as equações do sistema (1). Ficam assim definidas implicitamente n funções

$$(2) \begin{cases} y_1 = \varphi_1(x_1, x_2, \ldots, x_m) \\ y_2 = \varphi_2(x_1, x_2, \ldots, x_m) \\ \overline{} \\ y_n = \varphi_n(x_1, x_2, \ldots, x_m) \end{cases}$$

que substituídas nas equações do sistema (1) as convertem em identidades e que para $x_1 = a_1, x_2 = a_2, \ldots, x_m = a_m$ tomam os valores $y_1 = b_1, y_2 = b_2, \ldots, y_n = b_n$. As funções (2) são continuamente deriváveis no ponto $(a_1, a_2 \ldots, a_m)$.

Para calcular as derivadas $\dfrac{\partial y_k}{\partial x_i}$ $(k = 1, 2 \ldots, n)$ derivamos as funções (1) em ordem a x_i

$$\begin{cases} \dfrac{\partial f_1}{\partial x_i} + \dfrac{\partial f_1}{\partial y_1} \dfrac{\partial y_1}{\partial x_i} + \ldots + \dfrac{\partial f_1}{\partial y_n} \dfrac{\partial y_n}{\partial x_i} = 0 \\ \dfrac{\partial f_2}{\partial x_i} + \dfrac{\partial f_2}{\partial y_1} \dfrac{\partial y_1}{\partial x_i} + \ldots + \dfrac{\partial f_2}{\partial y_n} \dfrac{\partial y_n}{\partial x_i} = 0 \\ \overline{\phantom{\dfrac{\partial f_n}{\partial x_i} + \dfrac{\partial f_n}{\partial y_1} \dfrac{\partial y_1}{\partial x_i} + \ldots + \dfrac{\partial f_n}{\partial y_n} \dfrac{\partial y_n}{\partial x_i} = 0}} \\ \dfrac{\partial f_n}{\partial x_i} + \dfrac{\partial f_n}{\partial y_1} \dfrac{\partial y_1}{\partial x_i} + \ldots + \dfrac{\partial f_n}{\partial y_n} \dfrac{\partial y_n}{\partial x_i} = 0 \end{cases}$$

Resolvendo este sistema pela regra de Cramer obtemos os valores $\frac{\partial y_1}{\partial x_i}, \frac{\partial y_2}{\partial x_i}, \ldots, \frac{\partial y_n}{\partial x_i}$ procurados $(i = 1,2,\ldots,m)$.

Nota 1

Ao determinante Δ chama-se *determinante funcional* ou *jacobiano* e escreve-se muitas vezes

$$\Delta = \frac{\partial(f_1, f_2, \ldots, f_n)}{\partial(y_1, y_2, \ldots, y_n)}$$

9.2 — Exemplos

1 — *A equação* $(\sin x)^y + \sin x^y - \sin \frac{2x}{\pi} = 1$ *define* y *como função de* x. *Calcule* $\frac{dy}{dx}$ *no ponto* $\left(\frac{\pi}{2}, 0\right)$.

Resolução

Sendo $f(x,y) = 0$, derivando ambos os membros da equação em ordem a x, vem

$$\frac{\partial f}{\partial x} + \frac{\partial f}{\partial y} \frac{dy}{dx} = 0$$

No nosso caso

$$y(\sin x)^{y-1}\cos x + \cos x^y \cdot yx^{y-1} - \cos \frac{2x}{\pi} \cdot \frac{2}{\pi} +$$

$$+ \left[(\sin x)^y \log \sin x + \cos x^y \cdot x^y \log x\right] \cdot \frac{dy}{dx} = 0$$

No ponto $\left(\frac{\pi}{2}, 0\right)$ vem:

$$-\frac{2}{\pi} \cos 1 + \left(\cos 1 \cdot \log \frac{\pi}{2}\right) \cdot \frac{dy}{dx} = 0$$

$$\frac{dy}{dx}\left(\frac{\pi}{2}, 0\right) = \frac{\frac{2}{\pi}\cos 1}{\log\frac{\pi}{2} \cdot \cos 1} = \frac{2}{\pi \log\frac{\pi}{2}}$$

2 — *Mostre que nas vizinhanças dos pontos* $(0,0), (\sqrt{2}\,a, 0), (-\sqrt{2}\,a, 0)$ *a equação da lemniscata*

(1) $(x^2 + y^2)^2 - 2a^2(x^2 - y^2) = 0$

não define y como função de x.

RESOLUÇÃO

Seja $P_1(0,0)$; $P_2(\sqrt{2}\,a, 0)$; $P_3(-\sqrt{2}\,a, 0)$ e representemos (1) por $f(x,y) = 0$

i) Os três pontos verificam a equação (1)

ii) Derivando a função $f(x,y)$ em ordem a y, temos

$$\frac{\partial f}{\partial y} = 2(x^2 + y^2) \cdot 2y + 2a^2 \cdot 2y$$

$$\frac{\partial f}{\partial y}(P_1) = 0$$

$$\frac{\partial f}{\partial y}(P_2) = 0$$

$$\frac{\partial f}{\partial y}(P_3) = 0$$

Como nos três pontos considerados $\frac{\partial f}{\partial y} = 0$, então $f(x,y)$ não define y como função de x nas vizinhanças dos pontos considerados.

3 — *Mostre que se* f(x,y) = 0 *define* y *como função de* x *então*

$$\frac{d^2y}{dx^2} = -\frac{\frac{\partial^2 f}{\partial x^2}\left(\frac{\partial f}{\partial y}\right)^2 - 2\frac{\partial^2 f}{\partial x \partial y}\frac{\partial f}{\partial x}\frac{\partial f}{\partial y} + \frac{\partial^2 f}{\partial y^2}\left(\frac{\partial f}{\partial x}\right)^2}{\left(\frac{\partial f}{\partial y}\right)^3}$$

(*supõe-se que as segundas derivadas que intervêm no 2.º membro desta expressão existem e são contínuas*).

RESOLUÇÃO

Seja $f(x,y) = 0$.

Derivando em ordem a x,

$$\frac{\partial f}{\partial x} + \frac{\partial f}{\partial y}\frac{dy}{dx} = 0 \;;\; \frac{dy}{dx} = -\frac{\frac{\partial f}{\partial x}}{\frac{\partial f}{\partial y}}$$

Derivando novamente em ordem a x,

$$\frac{\partial^2 f}{\partial x^2} + \frac{\partial^2 f}{\partial x \partial y}\frac{dy}{dx} + \left(\frac{\partial^2 f}{\partial y \partial x} + \frac{\partial^2 f}{\partial y^2}\frac{dy}{dx}\right)\frac{dy}{dx} + \frac{\partial f}{\partial y}\frac{d^2y}{dx^2} = 0$$

Substituindo $\frac{dy}{dx}$ pelo seu valor vem:

$$\frac{\partial^2 f}{\partial x^2} + \frac{\partial^2 f}{\partial x \partial y}\cdot\left(-\frac{\frac{\partial f}{\partial x}}{\frac{\partial f}{\partial y}}\right) + \frac{\partial^2 f}{\partial y \partial x}\left(-\frac{\frac{\partial f}{\partial x}}{\frac{\partial f}{\partial y}}\right) + \frac{\partial^2 f}{\partial y^2}\left(-\frac{\frac{\partial f}{\partial x}}{\frac{\partial f}{\partial y}}\right)^2 +$$

$$+ \frac{\partial f}{\partial y}\frac{d^2y}{dx^2} = 0$$

Multiplicando por $\left(\frac{\partial f}{\partial y}\right)^2$,

$$\frac{\partial^2 f}{\partial x^2}\left(\frac{\partial f}{\partial y}\right)^2 - 2\frac{\partial^2 f}{\partial x \partial y}\frac{\partial f}{\partial x}\frac{\partial f}{\partial y} + \frac{\partial^2 f}{\partial y^2}\left(\frac{\partial f}{\partial x}\right)^2 + \left(\frac{\partial f}{\partial y}\right)^3\frac{d^2y}{dx^2} = 0$$

logo

$$\frac{d^2y}{dx^2} = -\frac{\frac{\partial^2 f}{\partial x^2}\left(\frac{\partial f}{\partial y}\right)^2 - 2\frac{\partial^2 f}{\partial x \partial y}\frac{\partial f}{\partial x}\frac{\partial f}{\partial y} + \frac{\partial^2 f}{\partial y^2}\left(\frac{\partial f}{\partial y}\right)^2}{\left(\frac{\partial f}{\partial y}\right)^3}$$

4 — a) Verifique que a relação

$$xz^2 - yz^2 + xy^2z - 5 = 0 \quad (1)$$

define z como função implícita de x e y numa vizinhança do ponto P(3,1,1).

b) Calcule $\dfrac{\partial z}{\partial x}$ e $\dfrac{\partial z}{\partial y}$ em P.

RESOLUÇÃO

Seja $f(x,y,z) = xz^2 - yz^2 + xy^2z - 5$

a)

i) $f(3,1,1) = 0$

ii) $\dfrac{\partial f}{\partial z} = 2xz - 2yz + xy^2$

$\dfrac{\partial f}{\partial z}(P) = 7 \neq 0$

iii) $\dfrac{\partial f}{\partial x} = z^2 + y^2z$; $\dfrac{\partial f}{\partial y} = -z^2 + 2xyz$

$\dfrac{\partial f}{\partial x}$, $\dfrac{\partial f}{\partial y}$, $\dfrac{\partial f}{\partial z}$ são contínuas numa vizinhança de P. Então a relação (1) define z como função implícita de x e y numa vizinhança de P, pois verifica as condições do teorema 2.

b) Derivando a relação (1) em ordem a x, vem

$$\frac{\partial f}{\partial x} + \frac{\partial f}{\partial z}\frac{\partial z}{\partial x} = 0$$

logo

$$\frac{\partial z}{\partial x} = -\frac{\frac{\partial f}{\partial x}}{\frac{\partial f}{\partial z}} \ ; \ \frac{\partial f}{\partial x}(P) = 2 \ ; \ \frac{\partial f}{\partial z}(P) = 7$$

$$\frac{\partial z}{\partial x}(P) = -\frac{2}{7}$$

Derivando a relação (1) em ordem a y, vem

$$\frac{\partial f}{\partial y} + \frac{\partial f}{\partial z}\frac{\partial z}{\partial y} = 0$$

logo

$$\frac{\partial z}{\partial y} = -\frac{\frac{\partial f}{\partial y}}{\frac{\partial f}{\partial z}} \ ; \ \frac{\partial f}{\partial y}(P) = 5$$

$$\frac{\partial z}{\partial y}(P) = -\frac{5}{7}$$

5 — *Considere a equação*

$$x^2 + y^2 + z^2 - 1 = 0 \quad (1)$$

a) *Averigue se ela define z como função implícita de x e y nas vizinhanças dos pontos*

$$A\left(\frac{\sqrt{2}}{2}, \frac{\sqrt{2}}{2}, 0\right) \quad e \quad B\left(0, \frac{\sqrt{2}}{2}, \frac{\sqrt{2}}{2}\right)$$

b) *Calcule* $\dfrac{\partial z}{\partial x}$ *e* $\dfrac{\partial z}{\partial y}$ *no ponto possível da alínea anterior.*

RESOLUÇÃO

a) i) a equação (1) é verificada pelo ponto A e pelo ponto B

ii) $\dfrac{\partial f}{\partial z} = 2z$

$\dfrac{\partial f}{\partial z}(B) = \sqrt{2} \neq 0$

$\dfrac{\partial f}{\partial z}(A) = 0$

A equação (1) não define z como função de x e y nas vizinhanças do ponto A.

iii) $\dfrac{\partial f}{\partial x} = 2x \;;\; \dfrac{\partial f}{\partial y} = 2y$

Podemos dizer que f_x, f_y e f_z são funções contínuas numa vizinhança de B.
Então a equação (1) define z como função de x e y numa vizinhança do ponto B.

b) $\dfrac{\partial z}{\partial x}(B) = -\dfrac{f_x(B)}{f_z(B)} = -\dfrac{0}{\sqrt{2}} = 0$

$\dfrac{\partial f}{\partial y}(B) = -\dfrac{f_y(B)}{f_z(B)} = -\dfrac{\sqrt{2}}{\sqrt{2}} = -1$

6 — *A relação* $e^z - xyz = 0$ *define z como função implícita de* x *e* y. *Calcule* $\dfrac{\partial z}{\partial x}$ *e* $\dfrac{\partial z}{\partial y}$

(*F.E.U.C.* — *Exame* 1978).

RESOLUÇÃO

$$f(x,y,z) = e^z - xyz = 0 \quad (1)$$

Derivando em ordem a x a igualdade (1)

$$\frac{\partial f}{\partial x} + \frac{\partial f}{\partial z}\frac{\partial z}{\partial x} = 0$$

$$-yz + (e^z - xy)\frac{\partial z}{\partial x} = 0$$

$$\frac{\partial z}{\partial x} = \frac{yz}{e^z - xy}$$

Derivando em ordem a y a igualdade (1)

$$\frac{\partial f}{\partial y} + \frac{\partial f}{\partial z}\frac{\partial z}{\partial y} = 0$$

$$-xz + (e^z - xy)\frac{\partial z}{\partial y} = 0$$

$$\frac{\partial z}{\partial y} = \frac{xz}{e^z - xy}$$

7 — A relação $\left(\dfrac{x}{a}\right)^n + \left(\dfrac{y}{a}\right)^n + \left(\dfrac{z}{a}\right)^n = 1$ define z como função de x e y Calcular. $\dfrac{\partial^2 z}{\partial x\, \partial y}$

Resolução

$$\frac{\partial^2 z}{\partial x\, \partial y} = \frac{\partial}{\partial y}\left(\frac{\partial z}{\partial x}\right)$$

Derivando a relação dada em ordem a x:

$$n\left(\frac{x}{a}\right)^{n-1}\cdot\frac{1}{a} + n\left(\frac{z}{a}\right)^{n-1}\cdot\frac{1}{x}\frac{\partial z}{\partial x} = 0$$

$$\frac{\partial z}{\partial x} = -\frac{\dfrac{n}{a}\left(\dfrac{x}{a}\right)^{n-1}}{\dfrac{n}{a}\left(\dfrac{z}{a}\right)^{n-1}} = -\left(\frac{x}{z}\right)^{n-1}$$

$$\frac{\partial^2 z}{\partial x\,\partial y} = \frac{\partial}{\partial y}\left[-\left(\frac{x}{z}\right)^{n-1}\right] = \frac{\partial}{\partial z}\left[-\left(\frac{x}{z}\right)^{n-1}\right]\cdot\frac{\partial z}{\partial y}$$

$$= -(n-1)\left(\frac{x}{z}\right)^{n-2}\cdot\left(-\frac{x}{z^2}\right)\cdot\frac{\partial z}{\partial y}$$

Precisamos de calcular $\dfrac{\partial z}{\partial y}$ que se obtém derivando a relação dada em ordem a y

$$n\left(\frac{y}{a}\right)^{n-1}\frac{1}{a} + n\left(\frac{z}{a}\right)^{n-1}\cdot\frac{1}{a}\cdot\frac{\partial z}{\partial y} = 0$$

$$\frac{\partial z}{\partial y} = \frac{-\dfrac{n}{a}\left(\dfrac{y}{a}\right)^{n-1}}{\dfrac{n}{a}\left(\dfrac{z}{a}\right)^{n-1}} = -\left(\frac{y}{z}\right)^{n-1}$$

Então

$$\frac{\partial^2 z}{\partial x\,\partial y} = -(n-1)\left(\frac{x}{z}\right)^{n-2}\cdot\left(-\frac{x}{z^2}\right)\cdot\left[\left(-\frac{y}{z}\right)^{n-1}\right]$$

$$= -(n-1)\frac{x^{n-1}}{z^n}\cdot\frac{y^{n-1}}{z^{n-1}} = -(n-1)\frac{(xy)^{n-1}}{z^{2n-1}}$$

8 — *Mostrar que* $f(x,y,z) = 0$ *se tem*

$$\frac{\partial x}{\partial y}\cdot\frac{\partial y}{\partial z}\cdot\frac{\partial z}{\partial x} = -1 \quad e \quad \frac{\partial y}{\partial x}\cdot\frac{\partial x}{\partial y} = 1$$

Resolução

Para calcular $\dfrac{\partial x}{\partial y}$ vamos supor que $f(x,y,z) = 0$ define x como função implícita de y e z. Logo derivando a equação em ordem a y vem:

$$f_y + f_x \frac{\partial x}{\partial y} = 0 \;;\; \frac{\partial x}{\partial y} = -\frac{f_y}{f_x}$$

Para calcular $\dfrac{\partial y}{\partial z}$ vamos supor que $f(x,y,z,) = 0$ define y como função de x e z. Logo derivando em ordem a z a equação vem:

$$f_z + f_y \frac{\partial y}{\partial z} = 0 \;;\; \frac{\partial y}{\partial z} = -\frac{f_z}{f_y}$$

Para calcular $\dfrac{\partial z}{\partial x}$ vamos supor que $f(x,y,z) = 0$ define z como função de x e y. Logo derivando em ordem a x a equação vem:

$$f_x + f_z \frac{\partial z}{\partial x} = 0 \;;\; \frac{\partial z}{\partial x} = -\frac{f_x}{f_z}$$

Então

$$\frac{\partial x}{\partial y} \cdot \frac{\partial y}{\partial z} \cdot \frac{\partial z}{\partial x} = \frac{-f_y}{f_x} \cdot \frac{-f_z}{f_y} \cdot \frac{-f_x}{f_z} = -1$$

Para calcular $\dfrac{\partial y}{\partial x}$ vamos supor que $f(x,y,z) = 0$ define y como função implícita de x e z. Derivando a equação em ordem a x vem

$$f_x + f_y \frac{\partial y}{\partial x} = 0 \;;\; \frac{\partial y}{\partial x} = -\frac{f_x}{f_y}$$

Então

$$\frac{\partial y}{\partial x} \cdot \frac{\partial x}{\partial y} = \frac{-f_x}{f_y} \cdot \frac{-f_y}{f_x} = 1$$

9 — *Dada a relação* $\dfrac{\sin z}{\sin y} = \varphi\left(\dfrac{\sin x}{\sin y}\right)$ *que define z como função implícita de* x *e* y, *mostre que*

$$\frac{\partial z}{\partial x}\,\text{tg}\,x + \frac{\partial z}{\partial y}\,\text{tg}\,y = \text{tg}\,z$$

RESOLUÇÃO

$$\frac{\sin z}{\sin y} - \varphi\left(\frac{\sin x}{\sin y}\right) = 0 \quad (1)$$

Derivando em ordem a x, a relação (1) vem

$$-\varphi'\left(\frac{\sin x}{\sin y}\right)\cdot\frac{\cos x}{\sin y} + \frac{\cos z}{\sin y}\frac{\partial z}{\partial x} = 0$$

$$\frac{\partial z}{\partial x} = \frac{\cos x \cdot \varphi'}{\cos z} = \frac{\cos x}{\cos z}\varphi'$$

Derivando em ordem a y, a relação (1) vem

$$-\varphi'\left(\frac{\sin x}{\sin y}\right)\cdot\left(-\frac{\sin x \cos y}{\sin^2 y}\right) - \frac{\sin z \cos y}{\sin^2 y} + \frac{\cos z}{\sin y}\frac{\partial z}{\partial y} = 0$$

$$\frac{\partial z}{\partial y} = \frac{\dfrac{\sin z \cos y}{\sin y} - \varphi'\cdot\dfrac{\sin x \cos y}{\sin y}}{\cos z} = \frac{\sin z \cos y - \varphi'\sin x \cos y}{\sin y \cos z}$$

Então

$$\frac{\partial z}{\partial x}\,\text{tg}\,x + \frac{\partial z}{\partial y}\,\text{tg}\,y =$$

$$= \frac{\cos x}{\cos z}\varphi'\cdot\frac{\sin x}{\cos x} + \frac{\sin z \cos y - \sin x \cos y\,\varphi'}{\sin y \cos z}\cdot\frac{\sin y}{\cos y} =$$

$$= \frac{\sin x}{\cos z}\varphi' + \text{tg}\,z - \frac{\sin x}{\cos z}\varphi' = \text{tg}\,z$$

159

logo

$$\frac{\partial z}{\partial x}\,\text{tg}\,x + \frac{\partial z}{\partial y}\,\text{tg}\,y = \text{tg}\,z$$

10 — *Sendo z uma função de x e y definida pela equação*

$$z(z^2 + 3x) + 3y = 0$$

Prove que:

$$\frac{\partial^2 z}{\partial x^2} + \frac{\partial^2 z}{\partial y^2} = \frac{2z(x-1)}{(z^2 + x)^3}$$

Resolução

$$f(x,y,z) = z^3 + 3xz + 3y = 0 \quad (1)$$

Derivando em ordem a x:

$$3z + (3z^2 + 3x)\frac{\partial z}{\partial x} = 0$$

$$\frac{\partial z}{\partial x} = -\frac{z}{z^2 + x}$$

$$\frac{\partial^2 z}{\partial x^2} = \frac{\partial}{\partial x}\left(-\frac{z}{z^2 + x}\right) = -\frac{\frac{\partial z}{\partial x}\cdot(z^2 + x) - z\left(1 + 2z\frac{\partial z}{\partial x}\right)}{(z^2 + x)^2} =$$

$$= -\frac{-\frac{z}{z^2 + x}\cdot(z^2 + x) - z - 2z^2\cdot\left(-\frac{z}{z^2 + x}\right)}{(z^2 + x)^2}$$

$$= \frac{z^3 + zx + z^3 + zx - 2z^3}{(z^2 + x)^3} = \frac{2xz}{(z^2 + x)^3}$$

Derivando a relação (1) em ordem a y:

$$3 + (3z^2 + 3x)\frac{\partial z}{\partial y} = 0$$

$$\frac{\partial z}{\partial y} = -\frac{1}{z^2 + x}$$

$$\frac{\partial^2 z}{\partial y^2} = \frac{\partial}{\partial y}\left(-\frac{1}{z^2 + x}\right) = -\frac{-2z\frac{\partial z}{\partial y}}{(z^2 + x)^2} =$$

$$= \frac{2z\left(-\frac{1}{z^2 + x}\right)}{(z^2 + x)^2} = \frac{-2z}{(z^2 + x)^3}$$

Então

$$\frac{\partial^2 z}{\partial x^2} + \frac{\partial^2 z}{\partial y^2} = \frac{2xz - 2z}{(z^2 + x)^3} = \frac{2z(x - 1)}{(z^2 + x)^3}$$

11 — *Quando se elimina* u *nas duas equações* x = u + v *e* y = uv², *obtemos uma equação da forma* F(x,y,v) = 0 *que define* v *implicitamente como uma função de* x *e* y. *Seja* h(x,y). *Prove que*

$$\frac{\partial h}{\partial x} = \frac{h(x,y)}{3h(x,y) - 2x}$$

$$\frac{\partial h}{\partial y} = \frac{1}{2xh(x,y) - 3h^2(x,y)}$$

Resolução

Eliminando u nas equações $x = u + v$ e $y = uv^2$ vem:

(1) $\quad xv^2 - v^3 - y = 0$

Derivando a equação (1) em ordem a x:

$$v^2 + (2xv - 3v^2)\frac{\partial v}{\partial x} = 0$$

161

$$\frac{\partial v}{\partial x} = -\frac{v^2}{2xv - 3v^2} = \frac{v}{3v - 2x}$$

Mas $v = h(x,y)$ logo:

$$\frac{\partial h}{\partial x} = \frac{h(x,y)}{3h(x,y) - 2x}$$

Derivando a equação (1) em ordem a y:

$$-1 + (2xv - 3v^2)\frac{\partial v}{\partial y} = 0$$

$$\frac{\partial v}{\partial y} = \frac{1}{2xv - 3v^2}$$

Ou seja

$$\frac{\partial h}{\partial y} = \frac{1}{2xh(x,y) - 3h^2(x,y)}$$

12 — *Seja F uma função real de duas variáveis reais e suponha que as derivadas parciais* $\dfrac{\partial F}{\partial x}$ *e* $\dfrac{\partial F}{\partial y}$ *nunca são nulas. Seja u outra função real de duas variáveis reais tal que* $\dfrac{\partial u}{\partial x}$ *e* $\dfrac{\partial u}{\partial y}$ *estão relacionadas pela equação* $F\left(\dfrac{\partial u}{\partial x}, \dfrac{\partial u}{\partial y}\right) = 0$. *Prove que existe uma constante* n *tal que* $\dfrac{\partial^2 u}{\partial x^2} \cdot \dfrac{\partial^2 u}{\partial y^2} = \left(\dfrac{\partial^2 u}{\partial x \partial y}\right)^n$ *e, calcule* n.

$\left(Suponha\ que\ \dfrac{\partial^2 u}{\partial x \partial y} = \dfrac{\partial^2 u}{\partial y \partial x}\right)$

Resolução

Em $F\left(\dfrac{\partial u}{\partial x}, \dfrac{\partial u}{\partial y}\right) = 0$ representemos $\dfrac{\partial u}{\partial x} = a$ e $\dfrac{\partial u}{\partial y} = b$.

Ficará $F(a, b) = 0$ (1)

Derivando (1) em ordem a x vem:

$$\frac{\partial F}{\partial a} \cdot \frac{\partial a}{\partial x} + \frac{\partial F}{\partial b} \frac{\partial b}{\partial x} = 0$$

$$\frac{\partial F}{\partial a} \cdot \frac{\partial^2 u}{\partial x^2} + \frac{\partial F}{\partial b} \cdot \frac{\partial^2 u}{\partial y \partial x} = 0$$

$$\frac{\partial^2 u}{\partial x^2} = - \frac{F_b}{F_a} \frac{\partial^2 u}{\partial y \partial x}$$

Derivando (1) em ordem a y vem:

$$\frac{\partial F}{\partial a} \frac{\partial a}{\partial y} + \frac{\partial F}{\partial b} \cdot \frac{\partial b}{\partial y} = 0$$

$$\frac{\partial F}{\partial a} \cdot \frac{\partial^2 u}{\partial x \partial y} + \frac{\partial F}{\partial b} \frac{\partial^2 u}{\partial y^2} = 0$$

$$\frac{\partial^2 u}{\partial y^2} = - \frac{F_a}{F_b} \cdot \frac{\partial^2 u}{\partial x \partial y}$$

Então

$$\frac{\partial^2 u}{\partial x^2} \cdot \frac{\partial^2 u}{\partial y^2} = \left(-\frac{F_b}{F_a} \frac{\partial^2 u}{\partial x dy}\right) \cdot \left(-\frac{F_a}{F_b} \frac{\partial^2 u}{\partial x \partial y}\right)$$

$$= \left(\frac{\partial^2 u}{\partial x \partial y}\right)^2$$

Então $n = 2$.

13 — *Mostre que as equações*

$$f_1(x,y_1,y_2) = y_1 y_2^2 + 3xy_2 + x^2 + 2y_1 + 1 = 0$$
$$f_2(x,y_1,y_2) = y_1^2 + xy_1 + 2xy_2 - y_2 - 3 = 0$$
(1)

definem y_1 *e* y_2 *como funções de* x *numa vizinhança do ponto* $x = 1, y_1 = -1$, $y_2 = 3$ *e determine os valores das derivadas* $\dfrac{dy_1}{dx}$ *e* $\dfrac{dy_2}{dx}$ *no ponto considerado.*

RESOLUÇÃO

i) As equações (1) são verificadas pelo ponto dado M(1, $-$1,3).

ii) $\dfrac{\partial f_1}{\partial y_1} = y_2^2 + 2$ $\qquad$ $\dfrac{\partial f_2}{\partial y_1} = 2y_1 + x$

$\dfrac{\partial f_1}{\partial y_2} = 2y_1 y_2 + 3x$ $\qquad$ $\dfrac{\partial f_2}{\partial y_2} = 2x - 1$

$\dfrac{\partial f_1}{\partial x} = 3y_2 + 2x$ $\qquad$ $\dfrac{\partial f_2}{\partial x} = y_1 + 2y_2$

As derivadas parciais são contínuas nas vizinhanças de M.

iii) $\dfrac{\partial(f_1,f_2)}{\partial(y_1,y_2)}(M) = \begin{vmatrix} \dfrac{\partial f_1}{\partial y_1}(M) & \dfrac{\partial f_1}{\partial y_2}(M) \\ \dfrac{\partial f_2}{\partial y_1}(M) & \dfrac{\partial f_2}{\partial y_2}(M) \end{vmatrix} = \begin{vmatrix} 11 & -3 \\ -1 & 1 \end{vmatrix} = 8 \neq 0$

Podemos pois garantir que as equações (1) definem y_1 e y_2 como funções de x, numa vizinhança do ponto M.

Derivando (1) em ordem a x:

$$\dfrac{\partial f_1}{\partial x} + \dfrac{\partial f_1}{\partial y_1} \dfrac{dy_1}{dx} + \dfrac{\partial f_1}{\partial y_2} \dfrac{dy_2}{dx} = 0$$

$$\dfrac{\partial f_2}{\partial x} + \dfrac{\partial f_2}{\partial y_1} \dfrac{dy_1}{dx} + \dfrac{\partial f_2}{\partial y_2} \dfrac{dy_2}{dx} = 0$$

Donde, pela aplicação da regra de Cramer, vem:

$$\dfrac{\partial y_1}{\partial x} = \dfrac{\begin{vmatrix} -\dfrac{\partial f_1}{\partial x} & \dfrac{\partial f_1}{\partial y_2} \\ -\dfrac{\partial f_2}{\partial x} & \dfrac{\partial f_2}{\partial y_2} \end{vmatrix}}{\begin{vmatrix} \dfrac{\partial f_1}{\partial y_1} & \dfrac{\partial f_1}{\partial y_2} \\ \dfrac{\partial f_2}{\partial y_1} & \dfrac{\partial f_2}{dy_2} \end{vmatrix}} \; ; \; \dfrac{dy_1}{dx}(M) = \dfrac{\begin{vmatrix} -11 & -3 \\ -5 & 1 \end{vmatrix}}{8} = -\dfrac{13}{4}$$

$$\frac{\partial y_2}{dx} = \frac{\begin{vmatrix} \frac{\partial f_1}{\partial y_1} & -\frac{\partial f_1}{\partial x} \\ \frac{\partial f_2}{\partial y_1} & -\frac{\partial f_2}{\partial x} \end{vmatrix}}{\begin{vmatrix} \frac{\partial f_1}{\partial y_1} & \frac{\partial f_1}{\partial y_2} \\ \frac{\partial f_2}{\partial y_1} & \frac{\partial f_2}{\partial y_2} \end{vmatrix}} \; ; \; \frac{dy_2}{dx}(M) = -\frac{33}{4}$$

14 — *Mostre que o sistema*

$$(1) \begin{cases} x^2 + y^2 + z^2 - 6 = 0 \\ x - y - z = 0 \end{cases}$$

define y *e* z *como funções de* x *na vizinhança de* P(1,2,—1). *Determine o valor de* $\frac{dy}{dx}$ *e* $\frac{d^2y}{dx^2}$ *nesse ponto.*

(*F.C.T.U.C.* — *Exame*, 1972).

Resolução

i) O ponto P verifica o sistema (1)

ii) Sendo

$$f_1 = x^2 + y^2 + z^2 - 6 = 0$$

$$f_2 = x - y - z = 0$$

$$\frac{\partial f_1}{\partial x} = 2x \; ; \; \frac{\partial f_1}{\partial y} = 2y \; ; \; \frac{\partial f_1}{\partial z} = 2z$$

$$\frac{\partial f_2}{\partial x} = 1 \; ; \; \frac{\partial f_2}{\partial y} = -1 \; ; \; \frac{\partial f_2}{\partial z} = -1 \; .$$

As derivadas parciais das funções f_1 e f_2 em ordem a x, y e z são contínuas numa vizinhança de P.

iii)

$$\frac{\partial(f_1,f_2)}{\partial(y,z)}(P) = \begin{vmatrix} \frac{\partial f_1}{\partial y}(P) & \frac{\partial f_1}{\partial z}(P) \\ \frac{\partial f_2}{\partial y}(P) & \frac{\partial f_2}{\partial z}(P) \end{vmatrix} = \begin{vmatrix} 4 & -2 \\ -1 & -1 \end{vmatrix} = -6 \neq 0$$

As equações (1) definem pois y e z como funções de x.

Derivando o sistema em ordem a x vem:

$$(2) \begin{cases} 2x + 2y \dfrac{dy}{dx} + 2z \dfrac{dz}{dx} = 0 \\ -\dfrac{dy}{dx} - \dfrac{dz}{dx} = 0 \end{cases}$$

No ponto dado temos:

$$\begin{cases} 4\dfrac{dy}{dx} - 2\dfrac{dz}{dx} = -2 \\ \dfrac{dy}{dx} + \dfrac{dz}{dx} = 1 \end{cases}$$

$$\frac{dy}{dx}(M) = \frac{\begin{vmatrix} -2 & -2 \\ 1 & 1 \end{vmatrix}}{6} = 0 \;;\; \frac{dz}{dx}(M) = \frac{\begin{vmatrix} 4 & -2 \\ 1 & 1 \end{vmatrix}}{6} = 1$$

Derivando o sistema (2) em ordem a x:

$$\begin{cases} 2 + 2\left(\dfrac{dy}{dx}\right)^2 + 2y\dfrac{d^2y}{dx^2} + 2\left(\dfrac{dz}{dx}\right)^2 + 2z\dfrac{d^2z}{dx^2} = 0 \\ -\dfrac{d^2y}{dx^2} - \dfrac{d^2z}{dx^2} = 0 \end{cases}$$

No ponto P:

$$\begin{cases} 2 + 4\dfrac{d^2y}{dx^2} + 2 - 2\dfrac{d^2z}{dx^2} = 0 \\[2mm] \dfrac{dy^2}{dx^2} + \dfrac{d^2z}{dx^2} = 0 \end{cases}$$

$$\begin{cases} 4\dfrac{d^2y}{dx^2} - 2\dfrac{d^2z}{dx^2} = -4 \\[2mm] \dfrac{d^2y}{dx^2} + \dfrac{d^2z}{dx^2} = 0 \end{cases}$$

Logo:

$$\frac{d^2y}{dx^2} = \frac{\begin{vmatrix} -4 & -2 \\ 0 & 1 \end{vmatrix}}{\begin{vmatrix} 4 & -2 \\ 1 & 1 \end{vmatrix}} = \frac{-4}{6} = -\frac{2}{3}$$

Então

$$\frac{dy}{dx}(P) = 0 \;;\; \frac{d^2y}{dx^2}(P) = -\frac{2}{3}$$

15 — *Verifique que o sistema*

$$(1) \quad \begin{cases} f_1 = u^v - x^2 = 0 \\ f_2 = \log(uv) - 2y = 0 \end{cases}$$

define implicitamente u *e* v *como funções de* x *e* y, *na vizinhança de* P(x = 1, y = 0, u = 1, v = 1) *e calcule* $\dfrac{\partial v}{\partial y}(P)$.

RESOLUÇÃO

i) O ponto P verifica as equações (1)

ii) Como é fácil de observar as derivadas parciais de f_1 e f_2 em ordem a x, y, u e v são continuas nas vizinhanças de P

iii) o jacobiano

$$\left| \begin{array}{cc} \dfrac{\partial f_1}{du} & \dfrac{\partial f_1}{\partial v} \\ \dfrac{\partial f_2}{\partial u} & \dfrac{\partial f_2}{\partial v} \end{array} \right|_P = \left| \begin{array}{cc} vu^{v-1} & u^v \log u \\ \dfrac{1}{u} & \dfrac{1}{v} \end{array} \right|_P = 1 \neq 0$$

Então pelo teorema das funções implíticas podemos dizer que as equações (1) definem u e v como funções implícitas de x e y numa vizinhança de P. Derivando o sistema (1) em ordem a y, vem:

$$\begin{cases} vu^{v-1} \dfrac{\partial u}{\partial y} + u^v \log u \dfrac{\partial v}{\partial y} = 0 \\ \dfrac{1}{u} \dfrac{\partial u}{\partial y} + \dfrac{1}{v} \dfrac{\partial v}{\partial y} - 2 = 0 \end{cases}$$

No ponto P vem:

$$\begin{cases} \dfrac{\partial u}{\partial y} = 0 \\ \dfrac{\partial u}{\partial y} + \dfrac{\partial v}{\partial y} = 2 \end{cases}$$

Logo:

$$\dfrac{\partial v}{\partial y}(P) = 2 \ .$$

16 — *O sistema*

$$(1) \begin{cases} x + y + z + u = 0 \\ xyzu = e^z \end{cases}$$

define z *e* u *como funções de* x *e* y.

Verifique que $\dfrac{\partial}{\partial x}(z+u) = \dfrac{\partial}{\partial y}(z+u)$.

Resolução

Derivando o sistema (1) em ordem a x, vem:

$$\begin{cases} 1 + \dfrac{\partial z}{\partial x} + \dfrac{\partial u}{\partial x} = 0 \\ yzu + xyu\dfrac{\partial z}{\partial x} + xyz\dfrac{\partial u}{\partial x} = e^z \dfrac{\partial z}{\partial x} \end{cases}$$

$$\frac{\partial z}{\partial x} = \frac{\begin{vmatrix} -1 & 1 \\ -yzu & xyz \end{vmatrix}}{\begin{vmatrix} 1 & 1 \\ (xyu - e^z) & xyz \end{vmatrix}} = \frac{yzu - xyz}{xyz - xyu + e^z}$$

$$\frac{\partial u}{\partial x} = \frac{\begin{vmatrix} 1 & -1 \\ xyu - e^z & -yzu \end{vmatrix}}{xyz - xyu + e^z} = \frac{-e^z + xyu - yzu}{xyz - xyu + e^z}$$

Mas

$$\frac{\partial}{\partial x}(z+u) = \frac{\partial z}{\partial x} + \frac{\partial u}{\partial x} = \frac{xyu - xyz - e^z}{xyz - xyu + e^z}$$

Derivando o sistema (1) em ordem a y, vem:

$$\begin{cases} 1 + \dfrac{\partial z}{\partial y} + \dfrac{\partial u}{\partial y} = 0 \\ xzu + xyu \dfrac{\partial z}{\partial y} + xyz \dfrac{\partial u}{\partial y} = e^z \dfrac{\partial z}{\partial y} \end{cases}$$

$$\frac{\partial z}{\partial y} = \frac{\begin{vmatrix} -1 & 1 \\ -xzu & xyz \end{vmatrix}}{\begin{vmatrix} 1 & 1 \\ xyu - e^z & xyz \end{vmatrix}} = \frac{xzu - xyz}{xyz - xyu + e^z}$$

$$\frac{\partial u}{\partial y} = \frac{\begin{vmatrix} 1 & -1 \\ xyu - e^z & -xzu \end{vmatrix}}{xyz - xyu + e^z} = \frac{xyu - e^z - xzu}{xyz - xyu + e^z}$$

Mas

$$\frac{\partial}{\partial y}(z+u) = \frac{\partial z}{\partial y} + \frac{\partial u}{\partial y} = \frac{xyu - xyz - e^z}{xyz - xyu + e^z}$$

Então

$$\frac{\partial}{\partial x}(z+u) = \frac{\partial}{\partial y}(z+u)$$

17 — *Considere as funções implícitas* u(x,y) *e* v(x,y) *definidas pelas equações:*

$$(1) \quad \begin{cases} x - \varphi(u,v) = 0 \\ y - \psi(u,v) = 0 \end{cases}$$

Calcule $\dfrac{\partial u}{\partial x}$ *e* $\dfrac{\partial v}{\partial x}$. *Utilize (se preferir) as fórmulas obtidas para provar que, as funções* u(x,y) *e* v(x,y) *definidas por:*

(2) $\begin{cases} x - (u+v) = 0 \\ y - (u-v) = 0 \end{cases}$

verificam $\dfrac{\partial u}{\partial x} - \dfrac{\partial v}{\partial x} = 0.$

Resolução

Derivando o sistema (1) em ordem a x, vem:

$$\begin{cases} 1 - \dfrac{\partial \varphi}{\partial u} \cdot \dfrac{\partial u}{\partial x} - \dfrac{\partial \varphi}{\partial v} \dfrac{\partial v}{\partial x} = 0 \\ -\dfrac{\partial \psi}{\partial u} \cdot \dfrac{\partial u}{\partial x} - \dfrac{\partial \psi}{\partial v} \dfrac{\partial v}{\partial x} = 0 \end{cases}$$

$$\begin{cases} \dfrac{\partial \varphi}{\partial u} \dfrac{\partial u}{\partial x} + \dfrac{\partial \varphi}{\partial v} \dfrac{\partial v}{\partial x} = 1 \\ \dfrac{\partial \psi}{\partial u} \dfrac{\partial u}{\partial x} + \dfrac{\partial \psi}{\partial v} \dfrac{\partial v}{\partial x} = 0 \end{cases}$$

$$\dfrac{\partial u}{\partial x} = \dfrac{\begin{vmatrix} 1 & \dfrac{\partial \varphi}{\partial v} \\ 0 & \dfrac{\partial \psi}{\partial v} \end{vmatrix}}{\begin{vmatrix} \dfrac{\partial \varphi}{\partial u} & \dfrac{\partial \varphi}{\partial v} \\ \dfrac{\partial \psi}{\partial u} & \dfrac{\partial \psi}{\partial v} \end{vmatrix}} = \dfrac{\dfrac{\partial \psi}{\partial v}}{\dfrac{\partial \varphi}{\partial u} \dfrac{\partial \psi}{\partial v} - \dfrac{\partial \varphi}{\partial v} \dfrac{\partial \psi}{\partial u}}$$

$$\dfrac{\partial v}{\partial x} = \dfrac{\begin{vmatrix} \dfrac{\partial \varphi}{\partial u} & 1 \\ \dfrac{\partial \psi}{\partial u} & 0 \end{vmatrix}}{\dfrac{\partial \varphi}{\partial u} \dfrac{\partial \psi}{\partial v} - \dfrac{\partial \varphi}{\partial v} \dfrac{\partial \psi}{\partial u}} = \dfrac{-\dfrac{\partial \psi}{\partial u}}{\dfrac{\partial \varphi}{\partial u} \dfrac{\partial \psi}{\partial v} - \dfrac{\partial \varphi}{\partial v} \dfrac{\partial \psi}{\partial u}}$$

com $\varphi(u,v) = u + v$; $\dfrac{\partial \varphi}{\partial u} = 1$; $\dfrac{\partial \psi}{\partial v} = 1$

com $\psi(u,v) = u - v$; $\dfrac{\partial \psi}{\partial u} = 1$; $\dfrac{\partial \varphi}{\partial v} = -1$

Então

$$\frac{\partial u}{\partial x} = \frac{-1}{-1-1} = \frac{1}{2} \; ; \; \frac{\partial v}{\partial x} = \frac{-1}{-2} = \frac{1}{2}$$

Logo:

$$\frac{\partial u}{\partial x} - \frac{\partial v}{\partial x} = \frac{1}{2} - \frac{1}{2} = 0$$

18 — *As funções* u *e* v *das variáveis independentes* x *e* y *são dadas implicitamente pelo sistema de equações*

(1) $\begin{cases} u = x + y \\ uv = y \end{cases}$

Calcular du, d²u dv, d²v *para* x = 0 *e* y = 1·

RESOLUÇÃO

Derivando o sistema (1) em ordem a x:

(2) $\begin{cases} \dfrac{\partial u}{\partial x} = 1 \\ v \dfrac{\partial u}{\partial x} + u \dfrac{\partial v}{\partial x} = 0 \end{cases} \quad \begin{cases} \dfrac{\partial u}{\partial x} = 1 \\ \dfrac{\partial v}{\partial x} = \dfrac{-v}{u} \end{cases} \quad \begin{cases} \dfrac{\partial u}{\partial x}(0,1) = 1 \\ \dfrac{\partial v}{\partial x}(0,1) = -1 \end{cases}$

Derivando o sistema (1) em ordem a y:

(3) $\begin{cases} \dfrac{\partial u}{\partial y} = 1 \\ v \dfrac{\partial u}{\partial y} + u \dfrac{\partial v}{\partial y} = 1 \end{cases} \quad \begin{cases} \dfrac{\partial u}{\partial y} = 1 \\ \dfrac{\partial v}{\partial y} = \dfrac{1-v}{u} \end{cases} \quad \begin{cases} \dfrac{\partial u}{\partial y}(0,1) = 1 \\ \dfrac{\partial v}{\partial y}(0,1) = 0 \end{cases}$

Então

$$du(0,1) = \frac{\partial u}{\partial x}(0,1)dx + \frac{\partial u}{\partial y}(0,1)dy = dx + dy$$

$$du(0,1) = \frac{\partial v}{\partial x}(0,1)dx + \frac{\partial v}{\partial y}(0,1)dy = -dx$$

Derivando o sistema (2) em ordem a x:

$$\begin{cases} \dfrac{\partial^2 u}{\partial x^2} = 0 \\ \dfrac{\partial^2 u}{\partial x^2} v + \dfrac{\partial u}{\partial x}\dfrac{\partial v}{\partial x} + \dfrac{\partial^2 v}{\partial x^2} u + \dfrac{\partial v}{\partial x} \cdot \dfrac{\partial u}{\partial x} = 0 \end{cases}$$

$$\begin{cases} \dfrac{\partial^2 u}{\partial x^2} = 0 \\ \dfrac{\partial^2 v}{\partial x^2} = \dfrac{2}{u} \end{cases} \quad \begin{cases} \dfrac{\partial^2 u}{\partial x^2}(0,1) = 0 \\ \dfrac{\partial^2 v}{\partial x^2}(0,1) = 2 \end{cases}$$

Derivando o sistema (3) em ordem a y:

$$\begin{cases} \dfrac{\partial^2 u}{\partial y^2} = 0 \\ \dfrac{\partial v}{\partial y}\dfrac{\partial u}{\partial y} + v\dfrac{\partial^2 u}{\partial y^2} + \dfrac{\partial u}{\partial y}\dfrac{\partial v}{\partial y} + u\dfrac{\partial^2 v}{\partial y^2} = 0 \end{cases}$$

$$\begin{cases} \dfrac{\partial^2 u}{\partial y^2} = 0 \\ \dfrac{\partial^2 v}{\partial y^2} = 0 \end{cases} \quad \begin{cases} \dfrac{\partial^2 u}{\partial y^2}(0,1) = 0 \\ \dfrac{\partial^2 v}{\partial y^2}(0,1) = 0 \end{cases}$$

Derivando o sistema (2) em ordem a y:

$$\begin{cases} \dfrac{\partial^2 u}{\partial x \partial y} = 0 \\ \dfrac{\partial^2 u}{\partial x \partial y} v + \dfrac{\partial u}{\partial x}\dfrac{\partial v}{\partial y} + \dfrac{\partial^2 v}{\partial x \partial y} u + \dfrac{\partial v}{\partial x}\dfrac{\partial u}{\partial y} = 0 \end{cases}$$

$$\begin{cases} \dfrac{\partial^2 u}{\partial x\, \partial y} = 0 \\[2mm] \dfrac{\partial^2 v}{\partial x\, \partial y} = 1 \end{cases}$$

Então

$$d^2 u(0,1) = \frac{\partial^2 u}{\partial x^2}(0,1)dx^2 + 2\frac{\partial^2 u}{\partial x\, \partial y}(0,1)dxdy + \frac{\partial^2 u}{\partial y^2}(0,1)dy^2$$

$$= 0$$

$$d^2 v(0,1) = \frac{\partial^2 v}{\partial x^2}(0,1)dx^2 + 2\frac{\partial^2 v}{\partial x\, \partial y}(0,1)dxdy + \frac{\partial^2 v}{\partial y^2}(0,1)dy^2$$

$$= 2dx^2 + 2dxdy$$

9.3 — Exercícios para resolver

1 — *Determine* $\dfrac{dy}{dx}$ *da função dada implicitamente pela relação* $\sin(xy) - e^{xy} - x^2 y = 0$.

R.: $\dfrac{dy}{dx} = \dfrac{2xy + e^{xy}y - \cos(xy)y}{x\cos(xy) - e^{xy}x - x^2}$

2 — *Sendo* y *uma função de* x *definida pela equação* $y = x + \log y$, *calcule* $\dfrac{dy}{dx}$ *e* $\dfrac{d^2 y}{dx^2}$.

R.: $\dfrac{dy}{dx} = \dfrac{y}{y-1}$; $\dfrac{d^2 y}{dx^2} = -\dfrac{y}{(y-1)^3}$

3 — *Que condição entre* a *e* b *é suficiente para garantir que a equação*

$$yx^2 - y^3 + x^3 - a^2 b - a^3 + b^3 = 0$$

defina y *como função de* x *onde* f *é contínua em* x = a *e* f(a) = b.

R.: $a^2 \neq 3b^2$.

4 — *a) Mostre que a relação*

$$x + y + z - \sin(xyz) = 0$$

define z como função implícita de x e y numa vizinhança do ponto (0,0,0).

b) Determine os valores de $\dfrac{\partial z}{\partial x}$ e $\dfrac{\partial z}{\partial y}$ no ponto considerado

R.: $\dfrac{\partial z}{\partial x} = -1$; $\dfrac{\partial z}{\partial y} = -1$

5 — *Seja z uma função definida pela equação*

$x^2 + y^2 + z^2 - \varphi(ax + by + cz) = 0$ *onde φ é uma função diferenciável arbitrária e a, b e c são constantes. Mostrar que*

$$(cy - bz)\dfrac{\partial z}{\partial x} + (az - cx)\dfrac{\partial z}{\partial y} = bx - ay$$

(F.E.U.C. — Exame 1978).

6 — *A função z é definida pela equação*

$$x^2 + y^2 - z^2 - xy = 0 \ .$$

Calcular $\dfrac{\partial z}{\partial x}$, $\dfrac{\partial z}{\partial y}$ para o sistema de valores $x = -1$, $y = 0$ e $z = 1$.

R.: $\dfrac{\partial z}{\partial x} = -1$; $\dfrac{\partial z}{\partial y} = \dfrac{1}{2}$.

7 — *Calcular dz e d²z se*

$$x^2 + y^2 + z^2 = a^2$$

R.: $dz = -\dfrac{x}{z} dx - \dfrac{y}{z} dy$

$$d^2z = \dfrac{y^2 - a^2}{z^3} dx^2 - \dfrac{2xy}{z^3} dx\, dy + \dfrac{x^2 - a^2}{z^3} dy^2$$

8 — *A equação* $x + z + (y + z)^2 = 6$ *defina z como função implicita de* x *e* y. *Seja* z = f(x,y).

Calcule $\dfrac{\partial f}{\partial x}$, $\dfrac{\partial f}{\partial y}$ *e* $\dfrac{\partial^2 f}{\partial x \partial y}$ *em função de* x, y *e* z.

R.: $\dfrac{\partial f}{\partial x} = \dfrac{-1}{2y + 2z + 1}$; $\dfrac{\partial f}{\partial y} = \dfrac{-2(y+z)}{2y + 2z + 1}$

$$\dfrac{\partial^2 f}{\partial x \partial y} = \dfrac{4(y+z)}{(2y + 2z + 1)^3}$$

9 — *Suponha que as equações*

$$\begin{cases} xyz = a \\ x + y + z = b \end{cases} \quad a\ e\ b\ constanets$$

definem y *e* z *como funções de* x. *Determine* dy *e* dz.

R.: $dy = \dfrac{y(x-z)}{x(z-y)}\, dx$; $dz = \dfrac{z(y-x)}{x(z-y)}\, dx$

10 — *As duas equações* $x + y = uv$ *e* $xy = u - v$ *definem* x *e* v *como funções de* u *e* y *(seja* x = X(u,y) *e* u = V(u,y)). *Mostre que*

$$\dfrac{\partial X}{\partial u} = \dfrac{u + v}{1 + yu} \quad se \quad 1 + yu \neq 0$$

e encontre fórmulas semelhantes para $\dfrac{\partial X}{\partial y}$, $\dfrac{\partial V}{\partial u}$ *e* $\dfrac{\partial V}{\partial y}$

R.: $\dfrac{\partial X}{\partial y} = -\dfrac{1 + xu}{1 + u}$; $\dfrac{\partial V}{\partial u} = \dfrac{1 - yv}{1 + yu}$; $\dfrac{\partial V}{\partial y} = \dfrac{1 - x}{1 + u}$

11 — *Seja* $u^2 + v^2 + y^2 - 2x = 0$ *e* $u^3 + v^3 - x^3 + 3y = 0$.

Calcule $\dfrac{\partial u}{\partial x}$, $\dfrac{\partial v}{\partial x}$, $\dfrac{\partial u}{\partial y}$ *e* $\dfrac{\partial v}{\partial y}$

R.: $\dfrac{\partial u}{\partial x} = \dfrac{2v - x^2}{uv - u^2}$; $\dfrac{\partial v}{\partial x} = \dfrac{x^2 - 2u}{v^2 - uv}$

$\dfrac{\partial u}{\partial y} = \dfrac{1 - yv}{uv - u^2}$; $\dfrac{\partial v}{\partial y} = \dfrac{yu - 1}{v^2 - uv}$

12 — *Mostre que as equações*

$$\begin{cases} x - u - v = 0 \\ y - 3u - 2v = 0 \end{cases}$$

definem u *e* v *como funções implícitas de* x *e* y *numa vizinhança de* x = 2, y = 5, u = 1 *e* v = 1. *Determine os valores de* $\dfrac{\partial u}{\partial x}$ *e* $\dfrac{\partial v}{\partial x}$ *no ponto considerado.*

R.: $\dfrac{\partial u}{\partial x} = -2$; $\dfrac{\partial v}{\partial x} = 3$

13 — *As equações*

$$\begin{cases} 2x = v^2 - u^2 \\ y = u \cdot v \end{cases}$$

definem u *e* v *com funções de* x *e* y. *Calcule* $\dfrac{\partial u}{\partial x}$, $\dfrac{\partial u}{\partial y}$, $\dfrac{\partial v}{\partial x}$ *e* $\dfrac{\partial v}{\partial y}$

R.: $\dfrac{\partial v}{\partial x} = \dfrac{v}{x^2 + v^2}$; $\dfrac{\partial u}{\partial x} = \dfrac{-u}{u^2 + v^2}$

$\dfrac{\partial v}{\partial y} = \dfrac{v}{u^2 + v^2}$; $\dfrac{\partial u}{\partial y} = \dfrac{u}{u^2 + v^2}$

14 — *Seja* (x_0, y_0, z_0) *o ponto da curva definida por* $z^2 + xy - a = 0$, $z^2 + x^2 - y^2 - b = 0$.

a) Que condição entre x_0 *e* y_0 *é suficiente para que nas vizinhanças de* (x_0, y_0, z_0) *a curva possa ser expressa na forma* $x = f(z), y = g(z)$?

b) Que condição entre x_0, y_0, z_0 *é suficiente para que nas vizinhanças de* (x_0, y_0, z_0) *a curva possa ser expressa na forma* $x = f(y), z = g(y)$?

R.: *a)* $x_0^2 + y_0^2 \neq 0$ *b)* $z_0 \neq 0$, $y_0 \neq 2x_0$.

X

PLANO TANGENTE E NORMAIS A UMA SUPERFÍCIE

10.1 — Definições. Teorema. Nota

Seja S a superfície de equação $F(x,y,z) = 0$ e $P_0(x_0,y_0,z_0)$ um ponto de S. Consideremos uma curva C em S que passa por P_0 e de equações paramétricas

$$x = \varphi(t)$$
$$y = \psi(t) \qquad \text{com } t \in [\alpha, \beta]$$
$$z = \theta(t)$$

e t_0 o valor do parâmetro t no ponto P_0.

DEFINIÇÃO 1

Um vector que é ortogonal ao vector unitário da tangente à curva C em P_0, é chamado *vector normal* a S, em P_0.

TEOREMA 1

Seja $F(x,y,z) = 0$ a equação da superfície S. Se F_x, F_y e F_z são contínuas e não todas nulas em $P_0(x_0,y_0,z_0) \in S$, então $(\text{grad } F)(P_0)$ é um vector normal à superfície $F(x,y,z) = 0$ no ponto considerado.

DEFINIÇÃO 2

Seja $F(x,y,z) = 0$ a equação da superfície S e $P_0(x_0,y_0,z_0) \in S$. Chama-se *plano tangente* a S no ponto P_0, ao plano que passa em P_0 e tem como vector normal (graf F)(P_0). A sua equação será pois:

$$F_x(x_0,y_0,z_0)(X - x_0) + F_y(x_0,y_0,z_0)(Y - y_0) + F_z(x_0,y_0,z_0)(Z - z_0) = 0$$

DEFINIÇÃO 3

Chama-se *normal* à superfície S num ponto P_0 de S, à recta que passa em P_0 e é perpendicular ao plano tangente. A sua equação será pois:

$$\frac{X - x_0}{F_x(x_0,y_0,z_0)} = \frac{Y - y_0}{F_y(x_0,y_0,z_0)} = \frac{Z - z_0}{F_z(x_0,y_0,z_0)}$$

NOTA 1

Se a superfície S é definida pela função $z = f(x,y)$ com $f(x,y)$ diferenciável em P_0, então a equação do plano *tangente* em $P_0(x_0,y_0,f(x_0,y_0))$ será

$$\frac{\partial f}{\partial x}(P_0)(X - x_0) + \frac{\partial f}{\partial y}(P_0)(Y - y_0) - (Z - z_0) = 0$$

e a equação da *normal*

$$\frac{X - x_0}{\frac{\partial f}{\partial x}(P_0)} = \frac{Y - y_0}{\frac{\partial f}{\partial y}(P_0)} = \frac{Z - z_0}{-1}$$

DEFINIÇÃO 4

Se duas superfícies $F(x,y,z) = 0$ e $G(x,y,z) = 0$ se interceptam num determinado ponto, *o ângulo ω, formado pelas superfícies*, é igual ao ângulo dos seus planos tangentes, ou, o que é o mesmo, ao ângulo existente entre as suas normais.

DEFINIÇÃO 5

Duas superfícies são *ortogonais* se elas se intersectam segundo um ângulo recto em cada ponto da sua curva de intersecção.

10.2 — Exemplos

1 — *Calcule a equação do plano tangente à superfície* $x^3 + 2xy^2 - 7z^3 + 3y + 1 = 0$ *em* P(1,1,1).

RESOLUÇÃO

Sendo $f(x,y,z) = x^3 + 2xy^2 - 7z^3 + 3y + 1$

$$\frac{\partial f}{\partial x} = 3x^2 + 2y^2 \ ; \ \frac{\partial f}{\partial x}(P) = 5$$

$$\frac{\partial f}{\partial y} = 4xy + 3 \ ; \ \frac{\partial f}{\partial y}(P) = 7$$

$$\frac{\partial f}{\partial z} = -21z^2 \ ; \ \frac{\partial f}{\partial z}(P) = -21$$

A equação do plano tangente é:

$$5(X-1) + 7(Y-1) - 21(Z-1) = 0$$

$$5X + 7Y - 21Z + 9 = 0 \ .$$

2 — *Prove que o plano tangente à superfície* $z = x^2 - y^2$ *no ponto* P(a,b,c) *é interseciado pelo eixo dos ZZ no ponto em que* $Z = -c$.

RESOLUÇÃO

$$\frac{\partial z}{\partial x} = 2x \ ; \ \frac{\partial z}{\partial x}(P) = 2a$$

$$\frac{\partial z}{\partial y} = -2y \ ; \ \frac{\partial z}{\partial y}(P) = -2b$$

A equação do plano tangente em P é:

$$2a(X - a) - 2b(Y - b) - (Z - c) = 0$$

$$2aX - 2a^2 - 2bY + 2b^2 - Z + c = 0$$

$$2aX - 2bY - Z - 2a^2 + 2b^2 + c = 0$$

A intercepção deste plano com o eixo dos ZZ (de equação X = 0 e Y = 0) é:

$$\begin{cases} X = 0 \\ Y = 0 \\ 2aX - 2bY - Z - 2a^2 + 2b^2 + c = 0 \end{cases}$$

logo

$$Z = -2a^2 + 2b^2 + c = -2(a^2 - b^2) + c \quad (1)$$

Mas P(a,b,c) pertence à superfície, logo $c = a^2 - b^2$.

Então, substituindo em (1), vem:

$$Z = -2c + c = -c.$$

3 — a) *Calcule a equação do plano tangente à superfície* $48z = 2x^2 + 3y^2$ *(paraboloide) no ponto* P(3,2,5/8).

b) Calcule os cossenos directores da normal à superfície em P.

RESOLUÇÃO

a) $\quad z = \dfrac{2}{48} x^2 + \dfrac{3}{48} y^2 = \dfrac{1}{24} x^2 + \dfrac{1}{16} y^2$

$\dfrac{\partial z}{\partial x} = \dfrac{2}{24} x = \dfrac{1}{12} x \; ; \; \dfrac{\partial z}{\partial x} (P) = \dfrac{1}{4}$

$\dfrac{\partial z}{\partial y} = \dfrac{2}{16} y = \dfrac{1}{8} y \; ; \; \dfrac{\partial z}{\partial y} (P) = \dfrac{1}{4}$

A equação do plano tangente em P será:

$$\frac{1}{4}(X-3) + \frac{1}{4}(Y-2) - \left(Z - \frac{5}{8}\right) = 0$$

$$2X - 6 + 2Y - 4 - 8Z + 5 = 0$$

$$2x + 2y - 8z = 5 .$$

b) Os parâmetros directores da normal à superfície em P são 2,2 e —8, logo os cossenos directores serão:

$$\cos \alpha = \frac{2}{\sqrt{4+4+64}} = \frac{\sqrt{2}}{6} \; ; \; \cos \beta = \frac{2}{\sqrt{4+4+64}} = \frac{\sqrt{2}}{6}$$

$$\cos \gamma = \frac{-8}{\sqrt{4+4+64}} = \frac{-2\sqrt{2}}{3}$$

4 — *Sob que ângulo o cilindro* $x^2 + y^2 = R^2$ *e a esfera* $(x-R)^2 + y^2 + z^2 = R^2$ *se intersectam no ponto* $M\left(\frac{R}{2}, \frac{R\sqrt{3}}{2}, 0\right)$?

RESOLUÇÃO

Plano tangente ao cilindro no ponto M:

Sendo $f(x,y,z) = x^2 + y^2 - R^2$ vem:

$$\frac{\partial f}{\partial x} = 2x \; ; \; \frac{\partial f}{\partial x}(M) = R$$

$$\frac{\partial f}{\partial y} = 2y \; ; \; \frac{\partial f}{\partial y}(M) = R\sqrt{3}$$

$$\frac{\partial f}{\partial z} = 0 \; ; \; \frac{\partial f}{\partial z}(M) = 0$$

logo

$$R\left(X - \frac{R}{2}\right) + R\sqrt{3}\left(Y - \frac{R\sqrt{3}}{2}\right) = 0$$

$$RX + \sqrt{3}\ RY - 2R^2 = 0$$

$$X + \sqrt{3}\ Y - 2R = 0 \quad (1)$$

Plano tangente à esfera no ponto M.

Sendo $f(x,y,z) = (x - R) + y^2 + z^2 - R^2$ vem:

$$\frac{\partial f}{\partial x} = 2(x - R)\ ;\ \frac{\partial f}{\partial x}(M) = 2\left(\frac{R}{2} - R\right) = -R$$

$$\frac{\partial f}{\partial y} = 2y\ ;\ \frac{\partial f}{\partial y}(M) = R\sqrt{3}$$

$$\frac{\partial f}{\partial z} = 2z\ ;\ \frac{\partial f}{\partial z}(M) = 0$$

logo

$$-R\left(X - \frac{R}{2}\right) + R\sqrt{3}\left(Y - \frac{R\sqrt{3}}{2}\right) = 0$$

$$-RX + R\sqrt{3}\ Y + \frac{R^2}{2} - \frac{3R^2}{2} = 0$$

$$-X + \sqrt{3}\ Y - R = 0$$

O ângulo formado pelos planos tangentes será

$$\cos\theta = \frac{-1 + 3}{\sqrt{1+3}\ \sqrt{1+3}} = \frac{1}{2}$$

$$\theta = \text{arc cos}\ \frac{1}{2}$$

$$\theta = \frac{\pi}{3}$$

5 — *Mostrar que os planos tangentes à superfície $\sqrt{x} + \sqrt{y} + \sqrt{z} = \sqrt{a}$ (a constante) cortam os eixos coordenados segundo segmentos de soma constante.*

RESOLUÇÃO

Sendo P(*x,y,z*) um ponto de superfície, a equação do plano tangente em P é:

$$\frac{1}{2\sqrt{x}}(X-x) + \frac{1}{2\sqrt{y}}(Y-y) + \frac{1}{2\sqrt{z}}(Z-z) = 0$$

$$\frac{X}{2\sqrt{x}} + \frac{Y}{2\sqrt{y}} + \frac{Z}{2\sqrt{z}} - \frac{\sqrt{x}+\sqrt{y}+\sqrt{z}}{2} = 0$$

A intersacção com o eixo dos XX (Y = 0, Z = 0) é

$$X = 2\sqrt{x}\left(\frac{\sqrt{x}+\sqrt{y}+\sqrt{z}}{2}\right)$$

A intersecção com o eixo dos YY (X = 0, Z = 0) é

$$Y = 2\sqrt{y}\left(\frac{\sqrt{x}+\sqrt{y}+\sqrt{z}}{2}\right)$$

A intersecção com o eixo dos ZZ (X = 0, Y = 0) é

$$Z = 2\sqrt{z}\left(\frac{\sqrt{x}+\sqrt{y}+\sqrt{z}}{2}\right)$$

Somando:

$$X + Y + Z = \frac{\sqrt{x}+\sqrt{y}+\sqrt{z}}{2} \, 2(\sqrt{x}+\sqrt{y}+\sqrt{z}) = (\sqrt{x}+\sqrt{y}+\sqrt{z})^2$$

Mas P(*x,y,z*) pertence à superfície dada, logo

$$\sqrt{x}+\sqrt{y}+\sqrt{z} = a$$

Então

X + Y + Z = a sendo *a* uma constante.

6 — *Mostre que em cada ponto de intersecção das duas superfícies* $z = 2(x^2 + y^2)$ *e* $8z = 17 - (x^2 + y^2)$ *as normais são perpendiculares (as superfícies intersectam-se ortogonalmente).*

RESOLUÇÃO

Eliminando z nas duas equações vem:

$$16(x^2 + y^2) = 17 - (x^2 + y^2)$$

$$x^2 + y^2 = 1 \ .$$

Para $x^2 + y^2 = 1$ vem $z = 2$, isto é, as superfícies intersectam-se ao longo do círculo $x^2 + y^2 = 1$ no plano $z = 2$.

Para a 1.ª superfície, $z = 2(x^2 + y^2)$, a direcção da normal num ponto $P(x,y,z)$ será $\left(\dfrac{\partial z}{\partial x}(P), \dfrac{\partial z}{\partial y}(P), -1 \right)$ ou seja $(4x, 4y, -1)$.

Para a 2.ª superfície, $8z = 17 - (x^2 + y^2)$, a direcção da normal num ponto P será $\left(-\dfrac{x}{4}, \dfrac{-y}{4}, -2 \right)$.

A condição de perpendicularidade destas duas normais num ponto comum P é:

$$4x \times \left(-\frac{x}{4} \right) + 4y \times \left(-\frac{y}{4} \right) + 1 = 0$$

$$x^2 + y^2 = 1$$

Mas a equação $x^2 + y^2 = 1$ é a intersecção das duas superfícies dadas. Logo elas intersectam-se ortogonalmente.

7 — *Prove que as esferas* $x^2 + y^2 + z^2 = 16$ *e* $x^2 + (y-5)^2 + z^2 = 9$ *se intersectam ortogonalmente.*

RESOLUÇÃO

Eliminando z nas equações dadas vem:

$$16 - x^2 - y^2 = 9 - x^2 - (y-5)^2$$

$$y = \frac{16}{5}$$

Para $y = \dfrac{16}{5}$ vem $x^2 + z^2 = 16 - \left(\dfrac{16}{5}\right)^2$, isto é, as superfícies intersectam-se ao longo do círculo $x^2 + z^2 = 16 - \left(\dfrac{16}{5}\right)^2$ no plano $y = \dfrac{16}{5}$

Para a 1.ª esfera a direcção da normal num ponto P(x,y,z) será $(2x, 2y, 2z)$.

Para a 2.ª esfera será $(2x, 2(y-5), 2z)$.

Para que as duas normais sejam perpendiculares num ponto comum, terá que se verificar a seguinte condição

$$4x^2 + 4y(y-5) + 4z^2 = 0$$

$$x^2 + z^2 = 5y - y^2$$

$$\text{Mas } y = \dfrac{16}{5}$$

logo

$x^2 + z^2 = 16 - \left(\dfrac{16}{5}\right)^2$, que é a curva de intersecção das duas esferas.

8 — *Mostrar que todos os planos tangentes à superfície* $z = xf\left(\dfrac{y}{x}\right)$ *no ponto* M(x_0, y_0, z_0) *onde* $x_0 \neq 0$, *passam pela origem das coordenadas.*

Resolução

$$\dfrac{\partial z}{\partial x} = f\left(\dfrac{y}{x}\right) + xf'\left(\dfrac{y}{x}\right) \cdot \left(-\dfrac{y}{x^2}\right)$$

$$= f\left(\dfrac{y}{x}\right) - \dfrac{y}{x} f'\left(\dfrac{y}{x}\right)$$

$$\dfrac{\partial z}{\partial y} = x \cdot f'\left(\dfrac{y}{x}\right) \cdot \dfrac{1}{x} = f'\left(\dfrac{y}{x}\right)$$

A equação do plano tangente em $M(x_0, y_0, z_0)$ é:

$$\frac{\partial z}{\partial x}(M)(X-x_0) + \frac{\partial z}{\partial y}(M)(Y-y_0) - (Z-z_0) = 0$$

$$\left[f\left(\frac{y_0}{x_0}\right) - \frac{y_0}{x_0} f'\left(\frac{y_0}{x_0}\right) \right] X + f'\left(\frac{y_0}{x_0}\right) Y - Z -$$

$$- x_0 f\left(\frac{y_0}{x_0}\right) + \frac{x_0 y_0}{x_0} f'\left(\frac{y_0}{x_0}\right) - y_0 f'\left(\frac{y_0}{x_0}\right) + z_0 = 0$$

Ou seja

$$\left[f\left(\frac{y_0}{x_0}\right) - \frac{y_0}{x_0} f'\left(\frac{y_0}{x_0}\right) \right] X + f'\left(\frac{y_0}{x_0}\right) Y - Z = 0 \;.$$

Equação do plano tangente que passa, evidentemente, na origem.

9 — *Em que pontos do elipsoide*

$$\frac{x^2}{a^2} + \frac{y^2}{b^2} + \frac{z^2}{c^2} = 1$$

a normal forma ângulos iguais com os eixos coordenados.

Resolução

A direcção da normal no ponto $P(x,y,z)$ do elipsoide é:

$$\left(\frac{2x}{a^2}, \frac{2y}{b^2}, \frac{2z}{c^2} \right)$$

Se a normal forma ângulos iguais com os eixos das coordenadas, temos:

$$\frac{2x}{x^2} = \frac{2y}{b^2} = \frac{2z}{c^2}$$

Mas P(x,y,z) sendo um ponto do elipsoide, verifica a relação

$$\frac{x^2}{a^2} + \frac{y^2}{b^2} + \frac{z^2}{c^2} = 1$$

Logo, resolvendo o sistema:

$$\begin{cases} \dfrac{2x}{a^2} = \dfrac{2y}{b^2} = \dfrac{2z}{c^2} \\ \dfrac{x^2}{a^2} + \dfrac{y^2}{b^2} + \dfrac{z^2}{c^2} = 1 \end{cases}$$

conclui-se que

$$x = \frac{\pm a^2}{\sqrt{a^2 + b^2 + c^2}} \;,\; y = \frac{\pm b^2}{\sqrt{a^2 + b^2 + c^2}} \;,\; z = \frac{\pm c^2}{\sqrt{a^2 + b^2 + c^2}}$$

10 — *Determine a equação do plano tangente à superfície $x^2 + 2y^2 + z^2 = 1$ de modo que seja paralelo ao plano $x - y + 2z = 0$.*

RESOLUÇÃO

A equação do plano tangente pedida é dada por:

$$2x(X - x) + 4y(Y - y) + 2z(Z - z) = 0$$

Para que este plano seja paralelo ao plano $x - y + 2z = 0$, terá de ser verificada a condição:

$$\frac{1}{2x} = \frac{-1}{4y} = \frac{2}{2z}$$

Resolvendo o sistema:

$$\begin{cases} \dfrac{1}{2x} = -\dfrac{1}{4y} \\ -\dfrac{1}{4y} = \dfrac{1}{z} \\ x^2 + 2y^2 + z^2 = 1 \;. \end{cases}$$

Vem:

$$x = \pm \frac{2}{\sqrt{22}} \; ; y = \pm \frac{1}{\sqrt{22}} \; ; z = \pm \frac{4}{\sqrt{22}}$$

Existem, pois dois, planos nas condições pedidas:

$$x - y + 2z = \pm \sqrt{\frac{11}{2}}$$

10.3 — Exercícios para resolver

1 — *Determinar as equações do plano tangente e de normal à superfície* $x^2 + y^2 = 4z$ *no ponto* $(2, -4, 5)$.

R.: $x - 2y - z = 5$

$$x - 2 = \frac{y+4}{-2} = \frac{z-5}{-1}$$

2 — *a) Determinar as equações do plano tangente e da normal à superfície* $x^2 - yz + 3y^2 = 2xz^2 - 8z$ *no ponto* $(1, 2, -1)$.

b) Em que ponto a normal encontra o plano $x + 3y - 2z = 10$?

R.: *a)* $6x - 11y - 14z + 2 = 0$

$$\frac{x-1}{-6} = \frac{y-2}{11} = \frac{z+1}{14}$$

b) $(7, -9, -15)$.

3 — *a) Calcule o plano tangente a* $z = x^2 + y$ *no ponto* $P(1,1,2)$.

R.: $z = 2x + y - 1$.

b) Calcule o vector unitário da normal em $(1,1,2)$ *à superfície* $z = x^2 + y$.

R.: $\dfrac{1}{\sqrt{6}} (-2, -1, 1)$.

4 — *a)* *Mostre que o plano tangente ao paraboloide hiperbólico* $z = x^2 - y^2$ *em (0,0,0) intersecta a superfície num par de linhas rectas.*

b) *Mostre que a conclusão anterior é válida para o plano tangente em qualquer ponto da superfície.*

R.: *a)* $x = \pm y$.

5 — *Dado o elipsoide* $\dfrac{x^2}{a^2} + \dfrac{y^2}{b^2} + \dfrac{z^2}{c^2} = 1$ *determine os planos tangentes que intersectam os eixos coordenados segundo segmentos de igual grandeza.*

R.: $x \pm y \pm z = \pm \sqrt{a^2 + b^2 + c^2}$

6 — *Dada a superfície* $x^2 + 2y^2 + 3z^2 = 21$ *determine os planos tangentes que são paralelos ao plano* $x + 4y + 6z = 0$.

R.: $x + 4y + 6z = \pm 21$.

7 — *Mostre que a superfície* $x^2 - 2yz + y^3 = 4$ *é perpendicular a qualquer elemento da família de superfícies* $x^2 + 1 = (2 - 4a)y^2 + az^2$ *no ponto de intersecção* $(1, -1, 2)$.

8 — *Determine a constante c de modo que as duas esferas* $(x - c)^2 + y^2 + z^2 = 3$ *e* $x^2 + (y - 1)^2 + z^2 = 1$ *sejam ortogonais.*

R.: $c = \pm \sqrt{3}$

9 — *Em cada caso calcule a derivada direccional de* f *para os pontos e direcções especificadas:*

a) $f(x,y,z) = 3x - 5y + 2z$ *em* $(2,2,1)$ *na direcção da normal à esfera* $x^2 + y^2 + z^2 = 9$.

b) $f(x,y,z) = x^2 + y^2 - z^2$ *em* $(3,4,5)$ *ao longo da curva de intersecção das duas superfícies* $2x^2 + 2y^2 - z^2 = 25$ *e* $x^2 + y^2 = z^2$.

R.: *a)* $f_1(P,d) = \dfrac{2}{3}$

b) $f_1(P,d) = 0$.

10 — *Demonstre o teorema 1.*

XI
MUDANÇA DA VARIÁVEL

11.1 — Independência funcional. Teorema de Jacobi

DEFINIÇÃO 1

Sejam dadas duas funções $f(x,y)$ e $g(x,y)$ definidas em $C \subseteq \mathbf{R}^2$. As funções f e g são *interdependentes* em C, quando existe uma relação funcional entre elas, isto é, quando existe $F(u,v)$ tal que $F[f(x,y),g(x,y)] = 0$ para qualquer $(x,y) \in C$.

TEOREMA DE JACOBI

Se as funções $f(x,y)$ e $g(x,y)$ têm derivadas parciais contínuas em C, elas são interdependentes em C, se e somente se, o seu Jacobiano for nulo em todos os pontos de C, isto é,

$$J = \frac{\partial(f,g)}{\partial(x,y)} = \begin{vmatrix} \dfrac{\partial f}{\partial x} & \dfrac{\partial f}{\partial y} \\ \dfrac{\partial g}{\partial x} & \dfrac{\partial g}{\partial y} \end{vmatrix} = 0$$

11.2 — Mudança de variáveis

Quando se pretende resolver um problema, procura-se pô-lo em equação, isto é, traduzir por equações, as relações existentes entre os elementos do problema. Nesta fase da resolução da questão, apenas se procura chegar a igualdades, e não se faz uma escolha das variáveis a utilizar. Porém, se ao entrarmos na resolução efectiva das equações, verificarmos que seria mais vantajoso escolher outras variáveis, substituem-se as anteriores por estas — faz-se uma *mudança de variáveis*.

As expressões sobre as quais vamos efectuar mudança de variáveis serão expressões do tipo

$$i) \quad f\left(x, y, \frac{dy}{dx}, \frac{d^2y}{dx^2}, \ldots, \frac{d^ny}{dx^n}\right) = 0$$

com a variável independente x e a variável dependente y.

$$ii) \quad f\left(x, y, z, \frac{\partial z}{\partial x}, \frac{\partial z}{\partial y}, \frac{\partial^2 z}{\partial x \partial y}, \ldots, \frac{\partial^n z}{\partial y^n}\right) = 0$$

com a variável dependente z e as variáveis independentes x e y.

1.º caso

Suponha-se que em $i)$ se pretende *mudar a variável independente* x para t $(x \to t)$. Essa mudança é definida por uma relação conhecida $x = \varphi(t)$.

Representemos por $x', x'', \ldots, x^{(n)}$ e $y', y'', \ldots, y^{(n)}$, as derivadas de x e y em ordem a t.

Pela regra da derivada da função composta, podemos escrever:

$$\frac{dy}{dt} = \frac{dy}{dx} \cdot \frac{dx}{dt}$$

Donde

$$\frac{dy}{dx} = \frac{\frac{dy}{dt}}{\frac{dx}{dt}} = \frac{y'}{x'} \quad \text{em que} \quad x' = \varphi'(t)$$

$$\frac{d^2y}{dt^2} = \frac{d}{dt}\left(\frac{dy}{dx} \cdot \frac{dx}{dt}\right) = \frac{d^2y}{dx^2}\left(\frac{dx}{dt}\right)^2 + \frac{dy}{dx} \cdot \frac{d^2x}{dt^2}$$

Donde

$$\frac{d^2y}{dx^2} = \frac{y''x' - y'x''}{x'^3} \quad \text{em que} \quad x'' = \varphi''(t)$$

Do mesmo modo vem:

$$\frac{d^3y}{dx^3} = \frac{y'''(x')^2 - 3y''x'x'' + 3y'(x')^2 - y'x'x'''}{x'^5}$$

em que $x''' = \varphi'''(t)$

etc.

Entrando com estes valores em i) vem:

$$f\left[\varphi(t), y, \frac{y'}{x'}, \frac{y''x' - y'x''}{x'^3}, \ldots\right] = 0$$

2.º *caso*

Consideremos ainda a equação i) e suponhamos que se pretende fazer a *mudança das duas variáveis* x e y, respectivamente para u e v. Assim, u será a nova variável independente e v a nova variável dependente.

Suponhamos conhecidas as relações:

$x = \varphi(u,v)$

$y = \psi(u,v)$

Representemos $x', x'', \ldots, x^{(n)}, y', y'', \ldots, y^{(n)}$ as derivadas de x e y em ordem a u, isto é,

$$\frac{dy}{du} = y' \; ; \; \frac{d^2y}{du^2} = y'' \; ; \; \ldots$$

$$\frac{dx}{du} = x' \; ; \; \frac{d^2x}{du^2} = x'' \; ; \; \ldots$$

As funções φ e ψ não podem ser interdependentes pois, se o fossem, teríamos afinal não duas novas variáveis, mas uma só.

Logo

$$J = \frac{\partial(\varphi,\psi)}{\partial(u,v)} = \begin{vmatrix} \varphi_u & \varphi_v \\ \psi_u & \psi_v \end{vmatrix} \neq 0$$

Pela regra da derivada da função composta:

(a) $\quad \dfrac{dy}{du} = \dfrac{dy}{dx} \cdot \dfrac{dx}{du}$

Donde

(b) $\quad \dfrac{dy}{dx} = \dfrac{\dfrac{dy}{du}}{\dfrac{dx}{du}}$

Mas como $x = \varphi(u,v)$, vem

(c) $\quad \dfrac{dx}{du} = \varphi_u + \varphi_v \dfrac{dv}{du}$

e do mesmo modo como $y = \psi(u,v)$

(d) $\quad \dfrac{dy}{du} = \psi_u + \psi_v \dfrac{dv}{du}$

Então

(e) $\quad \dfrac{dy}{dx} = \dfrac{\psi_u + \psi_v \dfrac{dv}{du}}{\varphi_u + \varphi_v \dfrac{dv}{du}}$

Derivando (a) em ordem a u vem:

$$\dfrac{d^2y}{du^2} = \dfrac{d^2y}{dx^2} \left(\dfrac{dx}{du}\right)^2 + \dfrac{dy}{dx} \cdot \dfrac{d^2x}{du^2}$$

ou seja

(f) $\quad \dfrac{d^2y}{dx^2} = \dfrac{\dfrac{d^2y}{du^2}\dfrac{dx}{du} + \dfrac{dy}{du} \cdot \dfrac{d^2x}{du^2}}{\left(\dfrac{dx}{du}\right)^3}$

Mas de (a) vem:

(g) $\quad \dfrac{d^2x}{du^2} = \varphi_{u^2} + 2\varphi_{uv}\dfrac{dv}{du} + \varphi_{v^2}\left(\dfrac{dv}{du}\right)^2 + \varphi_v \dfrac{d^2v}{du^2}$

e de (d) vem:

(h) $\quad \dfrac{d^2y}{du^2} = \psi_{u^2} + 2\psi_{uv}\dfrac{dv}{du} + \psi_{v^2}\left(\dfrac{dv}{du}\right)^2 + \psi_v \dfrac{d^2v}{du^2}$

Substituindo (g) e (h) em (f) obtém-se $\dfrac{d^2y}{dx^2}$ em função de $\dfrac{dv}{du}$ e $\dfrac{d^2v}{du^2}$

3.º caso

Consideremos agora a equação ii) e suponhamos que vamos fazer a *mudança de variáveis independentes* x e y respectivamente para u e v por meio das relações

$$x = g(u,v)$$
$$y = h(u,v)$$

supondo-se que as funções g e h não são interdependentes, isto é,

$$J = \begin{vmatrix} g_u & g_v \\ h_u & h_v \end{vmatrix} \neq 0$$

ou transpondo

$$J = \begin{vmatrix} \dfrac{\partial x}{\partial u} & \dfrac{\partial y}{\partial u} \\ \dfrac{\partial x}{\partial v} & \dfrac{\partial y}{\partial v} \end{vmatrix} \neq 0$$

A variável z depende de u e v através de x e y, logo:

(a) $\begin{cases} \dfrac{\partial z}{\partial u} = \dfrac{\partial z}{\partial x}\dfrac{\partial x}{\partial u} + \dfrac{\partial z}{\partial y}\dfrac{\partial y}{\partial u} \\ \\ \dfrac{\partial z}{\partial v} = \dfrac{\partial z}{\partial x}\dfrac{\partial x}{\partial v} + \dfrac{\partial z}{\partial y}\dfrac{\partial y}{\partial v} \end{cases}$

onde são conhecidos os valores:

$$\frac{\partial x}{\partial u} = g_u \; ; \; \frac{\partial y}{\partial u} = h_u \; ; \; \frac{\partial x}{\partial v} = g_v \; ; \; \frac{\partial y}{\partial v} = h_v$$

Como o determinante do sistema é o Jacobiano, que é, por hipótese, diferente de zero, o sistema é de Cramer e, resolvendo-o, vem:

$$\begin{cases} \dfrac{\partial z}{\partial x} = \dfrac{1}{J} \begin{vmatrix} \dfrac{\partial z}{\partial u} & h_u \\ \dfrac{\partial z}{\partial v} & h_v \end{vmatrix} = \dfrac{1}{J} \left(h_v \dfrac{\partial z}{\partial u} - h_u \dfrac{\partial z}{\partial v} \right) \\ \\ \dfrac{\partial z}{\partial y} = \dfrac{1}{J} \begin{vmatrix} g_u & \dfrac{\partial z}{\partial u} \\ g_v & \dfrac{\partial z}{\partial v} \end{vmatrix} = \dfrac{1}{J} \left(g_u \dfrac{\partial z}{\partial v} - g_v \dfrac{\partial z}{\partial u} \right) \end{cases}$$

As derivadas de 2.ª ordem obtem-se pelo mesmo processo resolvendo um sistema de três equações a três incógnitas (admitindo que a função z de x e y satisfaz as condições do teorema de Schwarz ou equivalentes).

Assim, derivando as equações do sistema (a) obtemos:

$$\frac{\partial^2 z}{\partial u^2} = \left(\frac{\partial^2 z}{\partial x^2} \frac{\partial x}{\partial u} + \frac{\partial^2 z}{\partial x \partial y} \frac{\partial y}{\partial u} \right) \frac{\partial x}{\partial u} + \frac{\partial z}{\partial x} \frac{\partial^2 x}{\partial u^2} +$$

$$+ \left(\frac{\partial^2 z}{\partial x \partial y} \frac{\partial x}{\partial u} + \frac{\partial^2 z}{\partial y^2} \frac{\partial y}{\partial u} \right) \frac{\partial y}{\partial u} + \frac{\partial z}{\partial y} \frac{\partial^2 y}{\partial u^2}$$

$$\frac{\partial^2 z}{\partial u \partial v} = \left(\frac{\partial^2 z}{\partial x^2} \frac{\partial x}{\partial v} + \frac{\partial^2 z}{\partial x \partial y} \frac{\partial y}{\partial v} \right) \frac{\partial x}{\partial u} + \frac{\partial z}{\partial x} \frac{\partial^2 x}{\partial u \partial v} +$$

$$+ \left(\frac{\partial^2 z}{\partial y \partial x} \frac{\partial x}{\partial v} + \frac{\partial^2 z}{\partial y^2} \frac{\partial y}{\partial v} \right) \frac{\partial y}{\partial v} + \frac{\partial z}{\partial y} \frac{\partial^2 y}{\partial u \partial v}$$

$$\frac{\partial^2 z}{\partial v^2} = \left(\frac{\partial^2 z}{\partial x^2} \cdot \frac{\partial x}{\partial v} + \frac{\partial^2 z}{\partial x \partial y} \frac{\partial y}{\partial v} \right) \frac{\partial x}{\partial v} + \frac{\partial z}{\partial x} \frac{\partial^2 x}{\partial v^2} +$$

$$+ \left(\frac{\partial^2 z}{\partial y \partial x} \frac{\partial x}{\partial v} + \frac{\partial^2 z}{\partial y^2} \frac{\partial y}{\partial v} \right) \frac{\partial y}{\partial v} + \frac{\partial z}{\partial y} \frac{\partial^2 y}{\partial v^2}$$

em que as incógnitas são $\dfrac{\partial^2 z}{\partial x^2}$, $\dfrac{\partial^2 z}{\partial x \partial y}$ e $\dfrac{\partial^2 z}{\partial y^2}$, as quais são calculadas pela regra de Cramer.

11.3 — Exemplos

1 — *Na equação* $(3x+2)^2 \dfrac{d^2y}{dx^2} + 3(3x+2)\dfrac{dy}{dx} - 36y = 3x^2 + 4x + 1$ *fazer a mudança de variável independente* $x \to t$ *através da relação* $3x+2 = e^t$. *(F.C.T.U.C. — exame 1972).*

Resolução

$y(x) \to y(t)$

$y - x - t$

$\dfrac{dx}{dt} = \dfrac{e^t}{3} \; ; \; \dfrac{d^2x}{dt^2} = \dfrac{e^t}{3}$

$\dfrac{dy}{dt} = \dfrac{dy}{dx} \cdot \dfrac{dx}{dt} = \dfrac{dy}{dx} \cdot \dfrac{e^t}{3}$

Logo

$\dfrac{dy}{dx} = \dfrac{3}{e^t} \dfrac{dy}{dt}$

$\dfrac{d^2y}{dt^2} = \dfrac{d^2y}{dx^2} \cdot \left(\dfrac{dx}{dt} \right)^2 + \dfrac{dy}{dx} \cdot \dfrac{d^2x}{dt^2}$

$\quad = \dfrac{d^2y}{dx^2} \cdot \dfrac{e^{2t}}{9} + \dfrac{3}{e^t} \cdot \dfrac{e^t}{3} \dfrac{dy}{dt}$

Logo

$\dfrac{d^2y}{dx^2} = \left(\dfrac{d^2y}{dt^2} - \dfrac{dy}{dt} \right) \cdot \dfrac{9}{e^{2t}}$

Substituindo na equação dada:

$$e^{2t}\left(\frac{d^2y}{dt^2} - \frac{dy}{dt}\right) \cdot \frac{9}{e^{2t}} + 3e^t \cdot \frac{3}{e^t} \cdot \frac{dy}{dt} - 36y =$$

$$= 3\left(\frac{e^t}{3} - \frac{2}{3}\right)^2 + 4\left(\frac{e^t}{3} - \frac{2}{3}\right) + 1$$

Donde

$$9\frac{d^2y}{dt^2} - 36y = \frac{1}{3}e^{2t} - \frac{1}{3}$$

2 — *Transformar a equação*

$$2t^2\frac{d^2y}{dt^2} - 2t\frac{dy}{dt} - \left(\frac{dy}{dt}\right)^2 + 4t^2 = 0 \quad sendo\ t = \sqrt{x}$$

RESOLUÇÃO

$y(t) — y(x)$

$y — t — x$

$$\frac{dt}{dx} = \frac{1}{2\sqrt{x}}\ ;\ \frac{d^2t}{dx^2} = -\frac{1}{4\sqrt{x^3}}$$

$$\frac{dy}{dx} = \frac{dy}{dt} \cdot \frac{dt}{dx} = \frac{dy}{dt} \cdot \frac{1}{2\sqrt{x}}$$

logo:

$$\frac{dy}{dt} = \frac{dy}{dx} \cdot 2\sqrt{x}$$

$$\frac{d^2y}{dx^2} = \frac{d^2y}{dt^2} \cdot \left(\frac{dt}{dx}\right)^2 + \frac{dy}{dt} \cdot \frac{d^2t}{dx^2} = \frac{d^2y}{dt^2} \cdot \frac{1}{4x} + 2\sqrt{x}\,\frac{dy}{dx} \cdot \left(-\frac{1}{4x^{3/2}}\right)$$

$$= \frac{d^2y}{dt^2} \cdot \frac{1}{4x} - \frac{dy}{dx} \cdot \frac{1}{2x}$$

Logo:

$$\frac{d^2y}{dt^2} = 4x\frac{d^2y}{dx^2} + 2\frac{dy}{dx}$$

Substituindo na equação dada:

$$2x\left(4x\frac{d^2y}{dx^2} + 2\frac{dy}{dx}\right) - 2\sqrt{x} \cdot 2\sqrt{x}\frac{dy}{dx} - 4x\left(\frac{dy}{dx}\right)^2 + 4x = 0$$

$$8x^2\frac{d^2y}{dx^2} + 4x\frac{dy}{dx} - 4x\frac{dy}{dx} - 4x\left(\frac{dy}{dx}\right)^2 + 4x = 0$$

$$2x^2\frac{d^2y}{dx^2} - x\left(\frac{dy}{dx}\right)^2 + x = 0$$

3 — *Transformar a expressão*

$$yy'' = 2(y' + y'^2)$$

para a nova função v, *sendo* $y = \dfrac{1}{v}$

RESOLUÇÃO

$y(x) \longrightarrow v(x)$

$y \longrightarrow v \longrightarrow x$

$$\frac{dy}{dx} = \frac{dy}{dv}\frac{dv}{dx} = -\frac{1}{v^2}\frac{dv}{dx}$$

$$\frac{d^2y}{dx^2} = \frac{d^2y}{dv^2}\left(\frac{dv}{dx}\right)^2 + \frac{dy}{dv} \cdot \frac{d^2v}{dx^2}$$

$$= \frac{2}{v^3}\left(\frac{dv}{dx}\right)^2 - \frac{1}{v^2}\frac{d^2v}{dx^2}$$

Substituindo na equação dada:

$$\frac{1}{v}\left[\frac{2}{v^3}\left(\frac{dv}{dx}\right)^2 - \frac{1}{v^2}\frac{d^2v}{dx^2}\right] = 2\left[-\frac{1}{v^2}\frac{dv}{dx} + \frac{1}{v^4}\left(\frac{dv}{dx}\right)^2\right]$$

$$\frac{2}{v^2}\frac{dv}{dx} - \frac{1}{v^3}\frac{dv^2}{dx^2} = 0$$

$$2vv' - v'' = 0$$

4 — *Na equação* $y - x\dfrac{dy}{dx} = \sqrt{y^2 - x^2}$ *mudar a variável **dependente** y para u através da relação* $y = u \cdot x$

RESOLUÇÃO

$y(x) \longrightarrow u(x)$

$y \longrightarrow u \longrightarrow x$
$ \searrow$
$ x$

$$\frac{dy}{dx} = \frac{\partial y}{\partial u}\frac{du}{dx} + \frac{\partial y}{\partial x} = x\frac{du}{dx} + u$$

Substituindo na equação dada, vem:

$$ux - x\left(x\frac{du}{dx} + u\right) = \sqrt{u^2x^2 - x^2}$$

$$x\frac{du}{dx} = -\sqrt{u^2 - 1}$$

5 — *Mudar o papel das variáveis na equação*

$$\left(\frac{dy}{dx}\right)\left(\frac{d^3y}{dx^3}\right) - 3\left(\frac{d^2y}{dx^2}\right)^2 = 0$$

RESOLUÇÃO

$$y(x) \to x(y)$$

Do teorema da derivada da função inversa vem:

$$\frac{dy}{dx} = \frac{1}{\frac{dx}{dy}}$$

$$\frac{d^2y}{dx^2} = \frac{d}{dx}\left(\frac{dy}{dx}\right) = \frac{d}{dx}\left(\frac{1}{\frac{dx}{dy}}\right) = -\frac{\frac{d}{dx}\left(\frac{dx}{dy}\right)}{\left(\frac{dx}{dy}\right)^2} = -\frac{\frac{d^2x}{dy^2}\frac{dy}{dx}}{\left(\frac{dx}{dy}\right)^2} =$$

$$= -\frac{\frac{d^2x}{dy^2} \cdot \frac{1}{\frac{dx}{dy}}}{\left(\frac{dx}{dy}\right)^2} = -\frac{\frac{d^2x}{dy^2}}{\left(\frac{dx}{dy}\right)^3}$$

$$\frac{d^3y}{dx^3} = \frac{d}{dx}\left(\frac{d^2y}{dx^2}\right) = \frac{d}{dx}\left(-\frac{\frac{d^2x}{dy^2}}{\left(\frac{dx}{dy}\right)^3}\right) =$$

$$= -\frac{\frac{d}{dx}\left(\frac{d^2x}{d^2y}\right) \cdot \left(\frac{dx}{dy}\right)^3 - \frac{d}{dx}\left[\left(\frac{dx}{dy}\right)^3\right] \cdot \frac{d^2x}{dy^2}}{\left(\frac{dx}{dy}\right)^6}$$

$$= -\frac{\frac{d^3x}{dy^3}\frac{dy}{dx}\left(\frac{dx}{dy}\right)^3 - 3\left(\frac{dx}{dy}\right)^2 \frac{d^2x}{dy^2}\frac{dy}{dx} \cdot \frac{d^2x}{dy^2}}{\left(\frac{dx}{dy}\right)^6}$$

$$= -\frac{\frac{d^3x}{dy^3} \cdot \frac{1}{\frac{dx}{dy}} \cdot \left(\frac{dx}{dy}\right)^3 - 3\left(\frac{dx}{dy}\right)^2 \left(\frac{d^2x}{dy^2}\right)^2 \frac{1}{\frac{dx}{dy}}}{\left(\frac{dx}{dy}\right)^6}$$

$$= -\frac{\dfrac{d^3x}{dy^3}\cdot\dfrac{dx}{dy} - 3\left(\dfrac{d^2x}{d^2y}\right)^2}{\left(\dfrac{dx}{dy}\right)^5}$$

Ou seja

$$y' = \frac{1}{x'}$$

$$y'' = -\frac{x''}{x'^3}$$

$$y''' = \frac{3x''^2 - x'''x'}{x'^5}$$

Substituindo na equação dada vem:

$$\frac{1}{x'}\frac{3x''^2 - x'''x'}{x'^5} - 3\frac{x''^2}{x'^6} = 0$$

$$3x''^2 - x'''x' - 3x''^2 = 0$$

$$x'''x' = 0$$

Ou ainda

$$\frac{d^3x}{dy^3}\cdot\frac{dx}{dy} = 0$$

6 — *Mudar o papel das variáveis em*

$$\frac{y''}{y'} + y = 0$$

RESOLUÇÃO

$$y(x) \to x(y)$$

Como calculamos no exemplo anterior:

$$y' = \frac{1}{x'} \; ; \; y'' = -\frac{x''}{x'^3}$$

logo, substituindo:

$$-\frac{\frac{x''}{x'^3}}{\frac{1}{x'}} + y = 0$$

$$-\frac{x''}{x'^2} + y = 0$$

$$-x'' + x'^2 y = 0$$

$$\frac{d^2x}{dy^2} - \left(\frac{dx}{dy}\right)^2 y = 0$$

7 — *Transformar para coordenadas polares a equação*

$$\frac{dy}{dx} = \frac{x+y}{x-y}$$

Resolução

$$y(x) \to \rho(\theta)$$

$$y - x - \theta$$

$$\begin{cases} x = \rho \cos \theta \\ y = \rho \sin \theta \end{cases}$$

$$\frac{dy}{d\theta} = \frac{dy}{dx} \cdot \frac{dx}{d\theta}$$

Mas

$$\frac{dy}{d\theta} = \frac{\partial y}{\partial \rho}\frac{d\rho}{d\theta} + \frac{\partial y}{\partial \theta} = \sin\theta\,\frac{d\rho}{d\theta} + \rho\,\cos\theta$$

$$\frac{dx}{d\theta} = \frac{\partial x}{\partial \rho}\frac{d\rho}{d\theta} + \frac{\partial x}{\partial \theta} = \cos\theta\,\frac{d\rho}{d\theta} - \rho\,\sin\theta$$

Logo:

$$\frac{dy}{dx} = \frac{\frac{dy}{d\theta}}{\frac{dx}{d\theta}} = \frac{\sin\theta\,\frac{d\rho}{d\theta} + \rho\,\cos\theta}{\cos\theta\,\frac{d\rho}{d\theta} - \rho\,\sin\theta}$$

Substituindo na equação dada:

$$\frac{\sin\theta\,\rho' + \rho\,\cos\theta}{\cos\theta\,\rho' - \rho\,\sin\theta} = \frac{\rho\,\cos\theta + \rho\,\sin\theta}{\rho\,\cos\theta - \rho\,\sin\theta}$$

$$\sin\theta\,\cos\theta\,\rho' - \sin^2\theta\,\rho' + \rho\,\cos^2\theta - \rho\,\sin\theta\,\cos\theta =$$

$$= \cos^2\theta\,\rho' + \sin\theta\,\cos\theta\,\rho' - \rho\,\sin\theta\,\cos\theta - \rho\,\sin^2\theta$$

$$-\rho'(\sin^2\theta + \cos^2\theta) = -\rho\,(\sin^2\theta + \cos^2\theta)$$

$$\rho' = \rho$$

Ou seja

$$\frac{d\rho}{d\theta} = \rho$$

8 — *Mudar a variável independente* x → t *e a variável dependente* y → z *na equação*

$$a\left(\frac{d^2y}{dx^2} - \frac{dy}{dx}\right) + b = 0 \quad sendo \quad \begin{cases} x = at \\ y = bt - az \end{cases}$$

RESOLUÇÃO

$$y(x) \to z(t)$$

$$y - x - t$$

$$\frac{dy}{dt} = \frac{dy}{dx} \cdot \frac{dx}{dt}$$

Mas

$$\frac{dy}{dt} = \frac{\partial y}{\partial t} + \frac{\partial y}{\partial z} \frac{dz}{dt} = b - a \frac{dz}{dt}$$

$$\frac{dx}{dt} = a$$

Então:

$$\frac{dy}{dx} = \frac{\frac{dy}{dt}}{\frac{dx}{dt}} = \frac{b}{a} - \frac{dz}{dt}$$

$$\frac{d^2y}{dt^2} = \frac{d^2y}{dx^2}\left(\frac{dx}{dt}\right)^2 + \frac{dy}{dx} \cdot \frac{d^2y}{dt^2}$$

Mas

$$\frac{d^2y}{dt^2} = -a\frac{d^2z}{dt^2} \; ; \; \frac{d^2x}{dt^2} = 0$$

Então:

$$\frac{d^2y}{dx^2} = \frac{\frac{dy^2}{dt^2} - \frac{dy}{dx} \cdot \frac{d^2x}{dt^2}}{\left(\frac{dx}{dt}\right)^2} = \frac{-a\frac{d^2z}{dt^2}}{a^2} = -\frac{1}{a}\frac{d^2z}{dt^2}$$

Substituindo na equação dada:

$$a \left(-\frac{1}{a} \frac{d^2z}{dt^2} - \frac{b}{a} + \frac{dz}{dt} \right) + b = 0$$

$$-\frac{d^2z}{dt^2} - b + a \frac{dz}{dt} + b = 0$$

$$\frac{d^2z}{dt^2} - a \frac{dz}{dt} = 0 \ .$$

9 — *Transformar a equação*

$$\frac{d^2y}{dx^2} - \frac{1}{2x} \frac{dy}{dx} + \frac{y}{(2x)^2} = 0$$

$$sendo \begin{cases} 2x = t^2 \\ y = zt \ . \end{cases}$$

(F.C.T.U.C. — *exame* 1968).

RESOLUÇÃO

$$y(x) \longrightarrow z(t)$$

$$y \longrightarrow x \longrightarrow t$$

$$\frac{dy}{dt} = \frac{dy}{dx} \cdot \frac{dx}{dt}$$

Mas

$$\frac{dy}{dt} = \frac{dz}{dt} \cdot t + z$$

$$\frac{dx}{dt} = t$$

208

Então

$$\frac{dy}{dx} = \frac{dz}{dt} + \frac{z}{t}$$

$$\frac{d^2y}{dt^2} = \frac{d^2y}{dx^2}\left(\frac{dx}{dt}\right)^2 + \frac{dy}{dx} \cdot \frac{d^2x}{dt^2}$$

Mas

$$\frac{d^2x}{dt^2} = 1$$

$$\frac{d^2y}{dt^2} = \frac{dz}{dt} + \frac{dz}{dt} + t\frac{d^2z}{dt^2}$$

Logo

$$\frac{d^2y}{dx^2} = \frac{\dfrac{dz}{dt} + t\dfrac{d^2z}{dt^2} - \dfrac{z}{t}}{t^2} = \frac{1}{t^2}\frac{dz}{dt} + \frac{1}{t}\frac{d^2z}{dt^2} - \frac{z}{t^3}$$

Substituindo na equação dada:

$$\frac{1}{t^2}\frac{dz}{dt} + \frac{1}{t}\frac{d^2z}{dt^2} - \frac{z}{t^3} - \frac{1}{t^2}\left(\frac{z}{t} + \frac{dz}{dt}\right) + \frac{zt}{t^4} = 0$$

$$\frac{d^2z}{dt^2} = \frac{z}{t^2}$$

10 — *Na equação diferencial* $f(x,y,y',y'') = 0$ *efectue a mudança de variável* $y \to v$ *e* $x \to u$ *através das relações*

$$x = h(e^u)$$

$$y = h(v) \cdot e^u$$

Resolução

$$y(x) - v(u)$$

$$\frac{dy}{du} = \frac{dy}{dx} \cdot \frac{dx}{du} \quad (1)$$

Mas

$$\frac{dx}{du} = h'(e^u) \cdot e^u$$

$$\frac{dy}{du} = h'(v) \cdot \frac{dv}{du} \cdot e^u + h(v) \cdot e^u$$

Logo substituindo em (1) vem:

$$\frac{dy}{dx} = \frac{h'(v)v'e^u + h(v)e^u}{h'(e^u) \cdot e^u} \quad (2)$$

Por outro lado

$$\frac{d^2y}{du^2} = \frac{d^2y}{dx^2}\left(\frac{dx}{du}\right)^2 + \frac{dy}{dx}\frac{d^2x}{du^2} \quad (3)$$

Mas

$$\frac{d^2y}{du^2} = h''(v)\left(\frac{dv}{du}\right)^2 e^u + h'(v)\frac{d^2v}{du^2}e^u + h'(v)\frac{dv}{du}e^u +$$

$$+ h'(v)\frac{dv}{du} \cdot e^u + h(v)e^u$$

$$\frac{d^2x}{du^2} = h''(e^u) \cdot (e^u)^2 + h'(e^u)e^u$$

substituindo em (3) vem:

$$\frac{d^2y}{dx^2} = \frac{h''(v)v'^2 e^u + h'(v)v''e^u + 2h'(v)v'e^u + h(v)e^u}{[h'(e^u)e^u]^2} -$$

$$- \frac{[h''(e^u)(e^u)^2 + h'(e^u)e^u] \cdot \dfrac{h'(v)v'e^u + h(v)e^u}{h'(e^u)e^u}}{[h'(e^u)e^u]^2} \quad (4)$$

Então a equação dada virá:

$$f[h(e^u), h(v)e^u, (2), (4)] = 0$$

210

11 — *Transformar a equação com derivadas parciais*

$$\frac{\partial^2 z}{\partial x^2} - 2\frac{\partial^2 z}{\partial x \partial y} + \frac{\partial^2 z}{\partial y^2} = 0 \text{ utilizando a mudança de variáveis } x = u, \ y = v - u$$

(F.C.T.U.C. — exame 1968).

RESOLUÇÃO

$$z(x,y) \to z(u,v)$$

$$\begin{cases} x = u \\ y = v - u \end{cases}$$

$$\begin{cases} \dfrac{\partial z}{\partial u} = \dfrac{\partial z}{\partial x}\dfrac{\partial x}{\partial u} + \dfrac{\partial z}{\partial y}\dfrac{\partial y}{\partial u} = \dfrac{\partial z}{\partial x} - \dfrac{\partial z}{\partial y} \\[2mm] \dfrac{\partial z}{\partial v} = \dfrac{\partial z}{\partial x}\dfrac{\partial x}{\partial v} + \dfrac{\partial z}{\partial y}\dfrac{\partial y}{\partial v} = \dfrac{\partial z}{\partial x}\cdot 0 + \dfrac{\partial z}{\partial y} \end{cases}$$

$$\begin{cases} \dfrac{\partial z}{\partial x} = \dfrac{\partial z}{\partial u} + \dfrac{\partial z}{\partial v} \\[2mm] \dfrac{\partial z}{\partial y} = \dfrac{\partial z}{\partial v} \end{cases}$$

$$\begin{cases} \dfrac{\partial^2 z}{\partial u^2} = \dfrac{\partial^2 z}{\partial x^2}\dfrac{\partial x}{\partial u} + \dfrac{\partial^2 z}{\partial x \partial y}\dfrac{\partial y}{\partial u} - \dfrac{\partial^2 z}{\partial y^2}\dfrac{\partial y}{\partial u} - \dfrac{\partial^2 z}{\partial y \partial x}\dfrac{\partial x}{\partial u} \\[2mm] \dfrac{\partial^2 z}{\partial u \partial v} = \dfrac{\partial^2 z}{\partial x^2}\dfrac{\partial x}{\partial v} + \dfrac{\partial^2 z}{\partial x \partial y}\dfrac{\partial y}{\partial v} - \dfrac{\partial^2 z}{\partial y^2}\dfrac{\partial y}{\partial v} - \dfrac{\partial^2 z}{\partial y \partial x}\dfrac{\partial x}{\partial v} \\[2mm] \dfrac{\partial^2 z}{\partial v^2} = \dfrac{\partial^2 z}{\partial y^2}\dfrac{\partial y}{\partial v} + \dfrac{\partial^2 z}{\partial y \partial x}\dfrac{\partial x}{\partial v} \end{cases}$$

$$\begin{cases} \dfrac{\partial^2 z}{\partial u^2} = \dfrac{\partial^2 z}{\partial x^2} - 2\dfrac{\partial^2 z}{\partial x \partial y} + \dfrac{\partial^2 z}{\partial y^2} \\ \dfrac{\partial^2 z}{\partial u \partial v} = \dfrac{\partial^2 z}{\partial x \partial y} - \dfrac{\partial^2 z}{\partial y^2} \\ \dfrac{\partial^2 z}{\partial v^2} = \dfrac{\partial^2 z}{\partial y^2} \end{cases}$$

$$\begin{cases} \overline{} \\ \dfrac{\partial^2 z}{\partial u \partial v} = \dfrac{\partial^2 z}{\partial x \partial y} - \dfrac{\partial^2 z}{\partial v^2} \\ \dfrac{\partial^2 z}{\partial y^2} = \dfrac{\partial^2 z}{\partial v^2} \end{cases}$$

$$\begin{cases} \overline{} \\ \dfrac{\partial^2 z}{\partial x \partial y} = \dfrac{\partial^2 z}{\partial u \partial v} + \dfrac{\partial^2 z}{\partial v^2} \\ \dfrac{\partial^2 z}{\partial y^2} = \dfrac{\partial^2 z}{\partial v^2} \end{cases}$$

$$\begin{cases} \dfrac{\partial^2 z}{\partial x^2} = \dfrac{\partial^2 z}{\partial u^2} + 2\dfrac{\partial^2 z}{\partial x \partial y} - \dfrac{\partial^2 z}{\partial y^2} = \dfrac{\partial^2 z}{\partial u^2} + 2\dfrac{\partial^2 z}{\partial u \partial v} + \dfrac{\partial^2 z}{\partial v^2} \end{cases}$$

Substituindo na equação dada vem:

$$\dfrac{\partial^2 z}{\partial u^2} + 2\dfrac{\partial^2 z}{\partial u \partial v} + \dfrac{\partial^2 z}{\partial v^2} - 2\dfrac{\partial^2 z}{\partial u \partial v} - 2\dfrac{\partial^2 z}{\partial v^2} + \dfrac{\partial^2 z}{\partial v^2} = 0$$

$$\dfrac{\partial^2 z}{\partial u^2} = 0$$

12 — *Mude as variáveis independentes da equação*

$$x \frac{\partial z}{\partial y} - \frac{\partial z}{\partial x} = 0 \quad fazendo \quad \begin{cases} x = \rho \cos \theta \\ y = \rho \sin \theta \end{cases}$$

(*F.C.T.U.C. — exame 1970*).

RESOLUÇÃO

$$z(x,y) \to z(\rho,\theta)$$

$$\begin{cases} \dfrac{\partial z}{\partial \rho} = \dfrac{\partial z}{\partial x} \dfrac{\partial x}{\partial \rho} + \dfrac{\partial z}{\partial y} \dfrac{\partial y}{\partial \rho} = \dfrac{\partial z}{\partial x} \cos \theta + \dfrac{\partial z}{\partial y} \cdot \sin \theta \\ \\ \dfrac{\partial z}{\partial \theta} = \dfrac{\partial z}{\partial x} \dfrac{\partial x}{\partial \theta} + \dfrac{\partial z}{\partial y} \dfrac{\partial y}{\partial \theta} = \dfrac{\partial z}{\partial x} (-\rho \sin \theta) + \dfrac{\partial z}{\partial y} (\rho \cos \theta) \end{cases}$$

$$\frac{\partial z}{\partial x} = \frac{\begin{vmatrix} \dfrac{\partial z}{\partial \rho} & \sin \theta \\ \dfrac{\partial z}{\partial \theta} & \rho \cos \theta \end{vmatrix}}{\begin{vmatrix} \cos \theta & \sin \theta \\ -\rho \sin \theta & \rho \cos \theta \end{vmatrix}} = \frac{\rho \cos \theta \dfrac{\partial z}{\partial \rho} - \sin \theta \dfrac{\partial z}{\partial \theta}}{\rho}$$

$$\frac{\partial z}{\partial y} = \frac{\begin{vmatrix} \cos \theta & \dfrac{\partial z}{\partial \rho} \\ -\rho \sin \theta & \dfrac{\partial z}{\partial \theta} \end{vmatrix}}{\rho} = \frac{\cos \theta \dfrac{\partial z}{\partial \theta} + \rho \sin \theta \dfrac{\partial z}{\partial \rho}}{\rho}$$

Substituindo na equação dada:

$$\rho \cos \theta \, \frac{\cos \theta \dfrac{\partial z}{\partial \theta} + \rho \sin \theta \dfrac{\partial z}{\partial \rho}}{\rho} - \frac{\rho \cos \theta \dfrac{\partial z}{\partial \rho} - \sin \theta \dfrac{\partial z}{\partial \theta}}{\rho} = 0$$

ou seja:

$$\left(\cos^2 \theta + \frac{\sin \theta}{\rho}\right) \frac{\partial z}{\partial \theta} + \left(\rho \cos \theta \sin \theta - \cos \theta \frac{\partial z}{\partial \rho}\right) = 0$$

13 — *Mudar as variáveis independentes na equação*

$$y \frac{\partial^2 z}{\partial y^2} - 2x \frac{\partial^2 z}{\partial x \partial y} + \frac{\partial z}{\partial y} = 0 \text{ , sendo } x = uv \text{ e } y = \frac{1}{v}$$

Resolução

$$\begin{cases} x = uv \\ y = \dfrac{1}{v} \end{cases} \Rightarrow \begin{cases} u = \dfrac{x}{v} \\ v = \dfrac{1}{y} \end{cases} \Rightarrow \begin{cases} u = xy \\ v = \dfrac{1}{y} \end{cases}$$

$$\frac{\partial z}{\partial y} = \frac{\partial z}{\partial u} \cdot \frac{\partial u}{\partial y} + \frac{\partial z}{\partial v} \cdot \frac{dv}{dy}$$

$$= \frac{\partial z}{\partial u} x + \frac{\partial z}{\partial v} \cdot \left(-\frac{1}{y^2}\right) = \frac{\partial z}{\partial u} x - \frac{\partial z}{\partial v} \cdot \frac{1}{y^2}$$

$$\frac{\partial^2 z}{\partial y \partial x} = \frac{\partial}{\partial x}\left(\frac{\partial z}{\partial y}\right) = \frac{\partial}{\partial x}\left(\frac{\partial z}{\partial u} \cdot \frac{\partial u}{\partial y} + \frac{\partial z}{\partial v} \cdot \frac{dv}{dy}\right)$$

$$= \frac{\partial}{\partial x}\left(\frac{\partial z}{\partial u}\right) \frac{\partial u}{\partial y} + \frac{\partial}{\partial x}\left(\frac{\partial u}{\partial y}\right) \frac{\partial z}{\partial u} + \frac{\partial}{\partial x}\left(\frac{\partial z}{\partial v}\right) \cdot \frac{dv}{dy}$$

$$= \frac{\partial^2 z}{\partial u^2} \frac{\partial u}{\partial x} \cdot \frac{\partial u}{\partial y} + \frac{\partial^2 u}{\partial x \partial y} \frac{\partial z}{\partial u} + \frac{\partial^2 z}{\partial u \partial v} \cdot \frac{\partial u}{\partial x} \cdot \frac{dv}{dy}$$

$$= \frac{\partial^2 z}{\partial u^2} y \cdot x + \frac{\partial z}{\partial u} + \frac{\partial^2 z}{\partial u \partial v} \cdot y \left(-\frac{1}{y^2}\right)$$

$$= \frac{\partial^2 z}{\partial u^2} y \cdot x + \frac{\partial z}{\partial u} - \frac{1}{y} \frac{\partial^2 z}{\partial u \partial v}$$

$$\frac{\partial^2 z}{\partial y^2} = \frac{\partial}{\partial y}\left(\frac{\partial z}{\partial u}\cdot\frac{\partial u}{\partial y} + \frac{\partial z}{\partial \varrho}\cdot\frac{\partial \varrho}{\partial y}\right)$$

$$= \frac{\partial}{\partial y}\left(\frac{\partial z}{\partial u}\right)\frac{\partial u}{\partial y} + \frac{\partial}{\partial y}\left(\frac{\partial u}{\partial y}\right)\frac{\partial z}{\partial u} + \frac{\partial}{\partial y}\left(\frac{\partial z}{\partial \varrho}\right)\frac{d\varrho}{dy} + \frac{d^2\varrho}{dy^2}\cdot\frac{\partial z}{\partial \varrho}$$

$$= \frac{\partial^2 z}{\partial u^2}\left(\frac{\partial u}{\partial y}\right)^2 + \frac{\partial^2 z}{\partial u \partial \varrho}\cdot\frac{\partial \varrho}{\partial y}\frac{\partial u}{\partial y}\cdot + \frac{\partial^2 u}{\partial y^2}\frac{\partial z}{\partial u} + \frac{\partial^2 z}{\partial u \partial \varrho}\cdot$$

$$\cdot\frac{\partial u}{\partial y}\frac{d\varrho}{dy} + \frac{\partial^2 z}{\partial \varrho^2}\left(\frac{d\varrho}{dy}\right)^2 + \frac{d^2\varrho}{dy^2}\frac{\partial z}{\partial \varrho}$$

$$= \frac{\partial^2 z}{\partial u^2}\cdot x^2 + \frac{\partial^2 z}{\partial u \partial \varrho}\left(-\frac{1}{y^2}\right)x - \frac{\partial^2 z}{\partial u \partial \varrho}\frac{1}{y^2}\cdot x + \frac{\partial^2 z}{\partial \varrho^2}\frac{1}{y^4} +$$

$$+ \frac{2}{y^3}\frac{\partial z}{\partial \varrho}$$

Então

$$\frac{\partial z}{\partial y} = \frac{\partial z}{\partial u}\cdot u\varrho - \frac{\partial z}{\partial \varrho}\varrho^2$$

$$\frac{\partial^2 z}{\partial y \partial x} = \frac{\partial^2 z}{\partial u^2}u + \frac{\partial z}{\partial u} - \varrho\frac{\partial^2 z}{\partial u \partial \varrho}$$

$$\frac{\partial^2 z}{\partial y^2} = \frac{\partial^2 z}{\partial u^2}u^2\varrho^2 - 2\frac{\partial^2 z}{\partial u \partial \varrho}u\varrho^3 + \frac{\partial^2 z}{\partial \varrho^2}\varrho^4 + 2\varrho^3\frac{\partial z}{\partial \varrho}$$

Substituindo na equação dada:

$$\frac{1}{\varrho}\left(\frac{\partial^2 z}{\partial u^2}u^2\varrho^2 - 2\frac{\partial^2 z}{\partial u \partial \varrho}u\varrho^3 - \frac{\partial^2 z}{\partial \varrho^2}\varrho^4 + 2\varrho^3\frac{\partial z}{\partial \varrho}\right) - 2u\varrho$$

$$\left(\frac{\partial^2 z}{\partial u^2}u + \frac{\partial z}{\partial u} - \varrho\frac{\partial^2 z}{\partial u \partial \varrho}\right) + \frac{\partial z}{\partial u}u\varrho - \frac{\partial z}{\partial \varrho}\varrho^2$$

Efectuando os cáculos teremos

$$\varrho^3\frac{\partial^2 z}{\partial \varrho^2} - u^2\varrho\frac{\partial^2 z}{\partial u^2} - u\varrho\frac{\partial z}{\partial u} + \varrho^2\frac{\partial z}{\partial \varrho} = 0$$

11.4 — Exercícios para resolver

1 — *Transformar a equação*

$$(1 - x^2)\frac{d^2y}{dx^2} - x\frac{dy}{dx} = 0 \quad \text{fazendo} \quad x = \cos t$$

R.: $\dfrac{d^2y}{dt^2} = 0$

2 — *Na equação* $\dfrac{d^2y}{dx^2} + \dfrac{1}{x}\dfrac{dy}{dx} + y = 0$ *efectue a mudança de variável* $x \to t$ *definida por* $x = 2\sqrt{t}$.

R.: $t\dfrac{d^2y}{dt^2} + \dfrac{dy}{dt} + y = 0$.

3 — *Na equação* $x^2\dfrac{d^2y}{dx^2} + 2x\dfrac{dy}{dx} = \dfrac{1}{x}\log x$ *fazer a mudança de variável independente* $x \to z$ *através da relação* $z = \log x$.

R.: $e^z\left(\dfrac{d^2y}{dz^2} + \dfrac{dy}{dz}\right) = z$

4 — *Na equação* $x\dfrac{dy}{dx} + y = y^2 \log x$ *mudar a variável dependente* y *para* t *através da relação* $xy = t$.

R.: $x^2\dfrac{dt}{dx} - t^2 \log x = 0$.

5 — *Na equação diferencial* $y' = e^{\frac{y}{x}} + \dfrac{y}{x}$ *faça a mudança de variável dependente* $y \to u$ *através da relação* $\dfrac{y}{x} = u$.

R.: $\dfrac{du}{dx} = \dfrac{e^u}{x}$

6 — *Trocar as variáveis dependente e independente em*

a) $\quad x\dfrac{d^2y}{dx^2} + y\dfrac{dy}{dx} = 0$

b) $\quad (y-4)\left(\dfrac{dy}{dx}\right)^3 + \dfrac{dy}{dx} - \dfrac{d^2y}{dx^2} = 0$.

R.:   a) $\quad xx'' - x'^2 y = 0$

        b) $\quad x'' + x'^2 + y - 4 = 0$.

7 — *Na equação* $\dfrac{d^2y}{dx^2} + \dfrac{dy}{dx} - (x+y) = 0$ *efectue a mudança de variáveis* $x \to u$ *e* $y \to v$ *definida pelas relações* $y = v^2 - 2$ *e* $x = u^2 + 1$.

R.: $\quad \dfrac{v}{2u^2}\dfrac{d^2v}{du^2} + \dfrac{dv}{du}\left(\dfrac{v}{u} - \dfrac{v}{2u^3}\right) + \dfrac{1}{2u^2}\left(\dfrac{dv}{du}\right)^2 - (u^2 + v^2 - 1) = 0$

8 — *Na equação diferencial*

$$y^2 \dfrac{d^2x}{dy^2} + y\dfrac{dx}{dy} - 2 = 0$$

mudar as variáveis dependente e independente $(x \to v, y \to u)$ *através das relações*

$$y = 5^u$$
$$x = u + 3v .$$

R.: $\quad 3\dfrac{d^2v}{du^2} - 2\log^2 5 = 0$.

9 — *Na equação* $x^2 \log^2 x \dfrac{d^2y}{dx^2} + x\log^2 x \dfrac{dy}{dx} - 1 = 0$ *efectue a mudança de variável* $x \to t$ *e* $y \to u$ *definida por* $x = e^t$ *e* $y = 2u + 3t$.

R.: $\quad 2t^2 \dfrac{d^2u}{dt^2} - 1 = 0$.

10 — *Na equação diferencial*

$$2y\frac{d^2y}{dx^2} - \left(\frac{dy}{dx}\right)^2 = 0$$

efectue a mudança das variáveis dependente e independente através das relações

$$x = \frac{1}{t}$$

$$y = u^2$$

R.: $tu'' + 2u' = 0$.

11 — *Na equação* $x^2\dfrac{\partial^2 u}{\partial x^2} + y^2\dfrac{\partial^2 u}{\partial y^2} + x\dfrac{\partial u}{\partial x} + y\dfrac{\partial u}{\partial y} = 0$, *efectue a mudança de variáveis definida por* $x = e^s$ *e* $y = e^t$.

R.: $\dfrac{\partial^2 u}{\partial s^2} + \dfrac{\partial^2 u}{\partial t^2} = 0$.

12 — *Transformar a equação* $\dfrac{\partial^2 z}{\partial t^2} = a^2\dfrac{\partial^2 z}{\partial x^2}$ $(a \neq 0)$ *mudando as variáveis independentes através das relações* $u = x - at$ *e* $v = x + at$.

R.: $\dfrac{\partial^2 z}{\partial u\, \partial v} = 0$.

13 — *Transformar a equação*

$$x^2\frac{\partial^2 z}{\partial x^2} - y^2\frac{\partial^2 z}{\partial y^2} = 0.$$

através das relações $u = xy$ *e* $v = \dfrac{x}{y}$

R.: $\dfrac{\partial^2 z}{\partial u\, \partial v} = \dfrac{1}{2u}\dfrac{\partial z}{\partial v}$.

14 — *Na equação de derivadas parciais*

$$u \frac{\partial^2 z}{\partial u \partial v} + v \frac{\partial^2 z}{\partial v^2} - \frac{u}{v} - \frac{\partial z}{\partial u} = 0, \text{ mudar as variáveis independentes}$$

sendo $x = \log u$ *e* $y = \dfrac{v}{u}$

R.: $\dfrac{\partial^2 z}{\partial y \partial x} \cdot \dfrac{1}{e^x} + \dfrac{y-1}{e^x} \cdot \dfrac{\partial z}{\partial y} - \dfrac{1}{e^x} \dfrac{\partial z}{\partial x} - \dfrac{1}{y} = 0$

XII

EXTREMOS DE FUNÇÕES DE DUAS OU MAIS VARIÁVEIS

12.1 — Extremos em pontos interiores

Definição 1

Seja $f(x,y)$ uma função real de duas variáveis reais definida num certo domínio $C \subseteq R^2$. Diz-se que $f(x,y)$ tem um extremo em $P(a,b)$ pertencente ao interior de C se existe um número real positivo δ tal que para todo o ponto Q pertencente à vizinhança de centro P e raio δ se verifique que $f(Q) - f(P)$ tem sinal constante.

Se

$$f(Q) - f(P) \leqslant 0, \quad f(x,y) \text{ tem um máximo local em } P(a,b).$$

Se

$$f(Q) - f(P) \geqslant 0, \quad f(x,y) \text{ tem um mínimo local em } P(a,b).$$

Ao máximo e ao mínimo dá-se o nome genérico de *extremos* de $f(x,y)$ e aos pontos $P(a,b)$ onde eles são atingidos chamam-se *extremantes*.

Teorema 1

Se $f(x,y)$ admite derivadas parciais de 1.ª ordem em $P(a,b)$ e tem extremo nesse ponto, então

$$(1) \begin{cases} f_x(P) = f_x(a,b) = 0 \\ f_y(P) = f_y(a,b) = 0 \end{cases}$$

Nota 1

As condições (1) são chamadas *condições de estacionaridade* ou *de 1.ª ordem* para uma função $f(x,y)$ no ponto $P(a,b)$. São *condições necessárias mas não suficientes* para existência de extremo em $P(a,b)$, isto é, as condições (1) podem ser verificadas, sem que exista extremo em $P(a,b)$.

Nota 2

No ponto $P(a,b)$, que verifica as condições de 1.ª ordem, $f_1(P,d) = 0$, qualquer que seja a direcção d emergente de P.

$$f_1(P,d) = f_x(P)\xi + f_y(P)\eta = 0$$

Teorema 2

Seja $P(a,b)$ um ponto de estacionaridade da função $f: C \subseteq R^2 \to R$ interior a C, e $n > 1$ a ordem de primeira derivada direccional de f que não se anula (identicamente) em P.

a) n ímpar — não há extremo.

b) n par, mas $f_n(P,d)$ não mantém o sinal constante em todas as direcções d emergentes de P — não há extremo.

c) n par e $f_n(P,d) > 0$, qualquer que seja a direcção d emergente de P — a função $f(x,y)$ tem um mínimo em P.

d) n par e $f_n(P,d) < 0$, qualquer que seja a direcção d emergente de P — a função $f(x,y)$ tem um máximo em P.

e) n par e $f_n(P,d)$ tem sinal constante, com excepção de um certo número finito de direcções $d_1, d_2, \ldots d_p$, tais que,

$$f_n(P,d_k) = 0 \quad (k = 1, 2, \ldots p)$$

nada se pode afirmar a partir da análise da derivada de ordem **n**.

As direcções $d_1, d_2, ..., d_p$ são chamadas *direcções singulares*.

Para cada direcção singular d_k, seja m a menor ordem da derivada direccional que não se anula, no ponto P para essa direcção.

e_1) m ímpar — não há extremo

e_2) m par e $f_m(P,d_k) \cdot f_n(P,d) < 0$ — não há extremo.

e_3) m par e $f_m(P,d_k) \cdot f_n(P,d) > 0$ — nada se pode concluir. É o caso duvidoso.

Nota 3

O estudo do caso duvidoso é sempre bastante complexo. Por vezes, a análise local do problema, pode dizer-nos se o ponto de estacionaridade é ou não extremante. No entanto, a maior parte dos autores limitam-se a dizer que se trata do caso duvidoso.

Teorema 3

Seja $f(x,y)$ uma função real de duas variáveis reais. Se as coordenadas de todos pontos da curva

$$\begin{cases} x = \varphi(t) \\ y = \psi(t) \end{cases} \quad t \in [t_0, T]$$

satisfazem às condições de estacionaridade:

$$\begin{cases} f_x(x,y) = 0 \\ f_y(x,y) = 0 \end{cases}$$

trata-se do *caso duvidoso*.

12.2 — Caso particular: $n = 2$

Na prática, na maioria dos casos, a menor ordem n da derivada direccional não nula em todas as direcções é 2. Vejamos, que existem técnicas mais expeditas para a determinação do sinal da 2.ª derivada direccional.

Seja $f(x_1, x_2, \ldots x_m)$ uma função definida em $D \subseteq R^m$ e P um ponto do interior de D, onde são verificadas as condições:

$$f_{x_i} = 0, \quad i = 1, 2, \ldots m, \quad \text{e}$$

$$f_2(P,d) = (f_{x_1} \xi_1 + f_{x_2} \xi_2 + \ldots + f_{xm} \xi_m)^{(2)}_{(P)} \quad \text{não identicamente nula.}$$

Como $f_2(P,d)$ é uma forma quadrática em $\xi_1, \xi_2, \ldots, \xi_m$ cujo discriminante é

$$\Delta = | f_{x_i x_j} |_{(P)}, \quad 1 \leqslant i, j \leqslant m$$

e cuja cadeia de menores é:

$$\Delta_p = | f_{x_i x_j} |_{(P)}, \quad 1 \leqslant i, j \leqslant p \quad \text{e} \quad p = 1, 2, \ldots m$$

a) Se os menores $\Delta_1, \Delta_2, \ldots, \Delta_m = \Delta$ são todos positivos, a forma é definida e assume valores positivos quaisquer que sejam os valores reais atribuídos a $\xi_1, \xi_2, \ldots, \xi_m$; $f_2(P,d) > 0, \forall d$ — *há um mínimo local* em P.

b) Se os menores $\Delta_p, p = 1, 2, \ldots m$, têm o sinal de $(-1)^p$, isto é, $\Delta_1 < 0$ e a cadeia de menores apresenta só variações de sinal, a forma é definida negativa e assume valores negativos quaisquer que sejam os valores reais atribuídos a $\xi_1, \xi_2, \ldots, \xi_m$; $f_2(P,d) < 0, \forall d$ — *há um máximo local em* P.

c) Se $\Delta = 0$ e os menores significativos são todos positivos, a forma é semi-definida positiva e assume valores positivos ou nulos quaisquer que sejam os valores reais atribuídos a $\xi_1, \xi_2, \ldots, \xi_m$; $f_2(P,d) \geqslant 0$ — *caso duvidoso* (mínimo possível).

d) Se $\Delta = 0$ e os menores Δ_p significativos têm o sinal de $(-1)^p$, a forma é semi-definida negativa e assume valores negativos ou nulos quaisquer que sejam os valores reais atribuídos a $\xi_1, \xi_2, \ldots, \xi_m$; $f_2(P,d) \leqslant 0$ — *caso duvidoso* (máximo possível).

e) Não se verificando algum dos casos anteriores, a forma não é definida, logo $f_2(P,d)$ muda de sinal com d e portanto *não há extremo em* P.

12.3 — Extremos ligados ou condicionados

Consideremos agora o caso da função a extremar $f(x_1,x_2,...,x_m)$ ser dada na forma $g(x_1,x_2,...,x_m,y_1,y_2,...,y_n)$, em que $y_1,y_2,...,y_n$ não são independentes, são funções de $x_1,x_2,...,x_m$, satisfazendo a n relações da forma:

$$(1) \begin{cases} \varphi_1(x_1,x_2,...,x_m,y_1,y_2,...,y_n) = 0 \\ ...... \\ \varphi_n(x_1,x_2,...,x_m,y_1,y_2,...,y_n) = 0 \end{cases}$$

Se, resolvendo o sistema (1), for possível obter $y_1,y_2,...,y_n$, então não temos mais do que substituir esses valores em g, e o problema passa a ser de extremo livre. Na prática, isso raramente acontece, de modo que se resolve a questão por outro método.

Método dos multiplicadores indeterminados ou método de Lagrange

Sejam $g(x_1,x_2,...,x_m,y_1,y_2,...,y_n)$ a função a extremar e $\varphi_i(x_1\,x_2\,...\,x_m, y_1,y_2,...,y_n) = 0$ ($i = 1,2,...,n$) as equações de ligação.

Considere-se a função auxiliar

$$\Phi = g + \sum_{i=1}^{n} \lambda_i \varphi_i, \quad \text{sendo } \lambda_i \text{ constantes.}$$

Para determinar os valores $x_1,x_2,...,x_m$, onde $f(x_1,x_2,...,x_m)$ se extrema, os correspondentes valores dos $y_1,y_2,...,y_n$ e os $\lambda_1,\lambda_2,...,\lambda_n$ auxiliares, não temos mais do que igualar a zero as derivadas parciais da função auxiliar e juntar-lhes as n equações de ligação $\varphi_i = 0$.

Este método, indica-nos a forma de determinar os pontos de estacionaridade. A questão a seguir, é investigar se, um tal ponto, é ou não extremante. Na prática, e na maior parte dos autores, dispensa-se a análise que se irá fazer a seguir, pois que, a própria natureza do problema proposto, nos indica se um ponto de estacionaridade nos conduz, ou não, à solução desejada.

Condições de 2.ª ordem

Se na função auxiliar Φ substituirmos $y_1,y_2,...,y_n$ pelos seus valores em função de $x_1,x_2,...,x_m$, esta transforma-se na função f, pois os φ_i são identicamente nulos e $g = f$. Logo $d^2f = d^2\Phi$, sob a condição das diferenciais dos y_i serem determinadas a partir de $\varphi_i = 0$.

Vem, pois

$$d^2f = d^2\Phi = \left[\frac{\partial \Phi}{\partial x_1} dx_1 + ... + \frac{\partial \Phi}{\partial x_m} dx_m + ... + \frac{\partial \Phi}{\partial y_n} dy_n \right]^{(2)}$$

Para se obter a forma quadrática f_2, basta substituir na igualdade anterior, $dy_1, dy_2, ..., dy_n$ pelos seus valores tirados das primeiras diferenciais de $\varphi_i = 0$ e substituir no resultado as diferenciais dx_j pelas constantes ξ_j, uma vez que, da própria definição de f_2, esta só difere de d^2f pelo facto das diferenciais dx_j desta última expressão, se encontrarem substituídas pelas constantes ξ_j, supondo que as variáveis são todas independentes ou lineares.

O estudo da forma quadrática f_2 indica-nos, se no ponto de estacionaridade, a função tem ou não extremo, e qual a sua natureza.

12.4 — Exemplos

12.4.1 — *Extremos livres*

1 — *Extremar a função*

$$f(x,y) = x^2 + xy + y^2 + x - y + 1$$

Resolução

1) *Condições de 1.ª ordem*

$$\begin{cases} f_x = 2x + y + 1 = 0 \\ f_y = x + 2y - 1 = 0 \end{cases} \quad \begin{cases} y = -2x - 1 \\ x - 4x - 2 - 1 = 0 \end{cases} \quad \begin{cases} y = 1 \\ x = -1 \end{cases}$$

Logo, $P(-1, 1)$ é ponto de estacionaridade

2) *Condições de 2.ª ordem*

	P(—1,1)
$f_{x^2} = 2$	2
$f_{xy} = 1$	1
$f_{y^2} = 2$	2

$$f_2(P,d) = 2\xi^2 + 2\xi\eta + 2\eta^2 \neq 0$$

1.º processo — derivadas direccionais

$$f_2(P,d) = 2\xi^2 + 2\xi\eta + 2\eta^2 = 2(\xi^2 + \eta^2) + 2\xi\eta$$
$$= 2 + 2\xi\eta = 2(1 + \xi\eta) > 0, \forall\, \xi,\eta$$

(por definição, ξ e η são cossenos directores da direcção d, logo, $-1 < \xi\eta < 1$).

Como para qualquer direcção d, $f_2(P,d) > 0$, a função tem em P um *mínimo local*.

2.º processo — formas quádraticas

$$f_2(P,d) \neq 0$$

$$\Delta = \begin{vmatrix} f_{x^2} & f_{xy} \\ f_{xy} & f_{y^2} \end{vmatrix}_{(P)} = \begin{vmatrix} 2 & 1 \\ 1 & 2 \end{vmatrix} = 4 - 1 = 3 > 0$$

$$\Delta_1 = 2 > 0 \ .$$

A forma é definida positiva em P, logo a função tem nesse ponto um *mínimo* local.

$$f(P) = 0 \ .$$

2 — Extremar a função

$$f(x,y) = 2xy - 3x^2 - 2y^2 + 10$$

RESOLUÇÃO

1) *Condições de 1.ª ordem*

$$\begin{cases} f_x = 2y - 6x = 0 \\ f_y = 2x - 4y = 0 \end{cases} \quad \begin{cases} y = 3x \\ 2x - 12x = 0 \end{cases} \quad \begin{cases} y = 0 \\ x = 0 \end{cases}$$

Logo, P(0,0) é ponto extremante.

2) *Condições de 2.ª ordem*

	P(0,0)
$f_{x^2} = -6$	-6
$f_{xy} = 2$	2
$f_{y^2} = -4$	-4

1.º processo — derivadas direccionais

$$f_2(P,d) = f_{x^2}(P)\xi + 2f_{xy}(P)\eta\xi + f_{y^2}(P)\eta^2$$

$$= -6\xi^2 + 4\xi\eta - 4\eta^2$$

$$= -4(\xi^2 + \eta^2) - 2\xi^2 + 4\xi\eta$$

$$= -4 + 4\xi\eta - 2\xi^2$$

$$= -4(1 - \xi\eta) - 2\xi^2$$

Mas $\xi\eta < 1$ logo: $f_2(P,d) < 0$ para qualquer direcção d

No ponto P(0,0) a função tem um máximo local.

2.º processo — formas quadráticas

$$f_2(P,d) = -6\xi^2 + 4\xi\eta - 4\eta^2 \neq 0$$

$$\Delta = \begin{vmatrix} -6 & 2 \\ 2 & -4 \end{vmatrix} = 24 - 4 = 20 > 0$$

$$\Delta_1 = -6 < 0 \ .$$

A forma é definida negativa em P, logo a função tem nesse ponto um máximo local.

$$f(P) = 10.$$

3 — *Extremar a função*

$$f(x,y,z) = 2x^2 + y^2 + 4z^2$$

RESOLUÇÃO

1) *Condições de 1.ª ordem*

$$\begin{cases} f_x = 4x = 0 \\ f_y = 2y = 0 \\ f_z = 8z = 0 \end{cases} \begin{cases} x = 0 \\ y = 0 \\ z = 0 \end{cases}$$

Logo P(0,0,0) é ponto de estacionaridade da função.

2) *Condições de 2.ª ordem*

	P(0,0,0)
$f_{x^2} = 4$	4
$f_{xy} = 0$	0
$f_{xz} = 0$	0
$f_{y^2} = 2$	2
$f_{yz} = 0$	0
$f_{z^2} = 8$	8

$$f_2(P,d) = 4\xi^2 + 2\eta^2 + 8\gamma^2$$

1.º processo — derivadas direccionais

Como $f_2(P,d) > 0$ para qualquer ξ, η, γ, então podemos dizer que a função tem em P um mínimo local.

2.º processo — formas quadráticas

$$\Delta = \begin{vmatrix} f_{x^2} & f_{xy} & f_{xz} \\ f_{xy} & f_{y^2} & f_{yz} \\ f_{xz} & f_{yz} & f_{z^2} \end{vmatrix}_{(P)} = \begin{vmatrix} 4 & 0 & 0 \\ 0 & 2 & 0 \\ 0 & 0 & 8 \end{vmatrix} = 64 > 0$$

$$\Delta_2 = \begin{vmatrix} 4 & 0 \\ 0 & 2 \end{vmatrix} = 8 > 0$$

$$\Delta_1 = 4 > 0 \ .$$

A forma é definida positiva, logo a função tem em P um mínimo local.

$f(P) = 0$

4 — *Extremar a função*

$$f(x,y) = x^2y^2 - 2xy$$

RESOLUÇÃO

1) *Condições de 1.ª ordem*

$$\begin{cases} f_x = 2xy^2 - 2y = 0 = 2y(xy - 1) \\ f_y = 2x^2y - 2x = 0 = 2x(xy - 1) \ . \end{cases}$$

P(0,0) é ponto de estacionaridade de $f(x,y)$

$xy = 1$ é uma linha de pontos de estacionaridade (caso duvidoso).

2) *Condições de 2.ª ordem*

	P(0,0)
$f_{x^2} = 2y^2$	0
$f_{xy} = 4xy - 2$	-2
$f_{y^2} = 2x^2$	0

$$f_2(P,d) = -4\xi\eta \ .$$

Se d_1 é uma direcção do 1.º e 3.º quadrantes ($\xi \cdot \eta > 0$) então $f_2(P,d_1) < 0$

Se d_2 é uma direcção do 2.º e 4.º quadrantes ($\xi \cdot \eta < 0$) então $f_2(P,d_2) > 0$

Como a 2.ª derivada direccional não mantém o sinal constante para todas as direcções emergentes de P, a função não tem extremo nesse ponto. Para a linha $xy = 1$ (caso duvidoso) teremos de fazer uma análise local. Sendo P(x,y) um ponto qualquer pertencente à linha $xy = 1$ então

$$f(P) = 1 - 2 = -1 \ .$$

Sendo Q um ponto qualquer pertencente a uma vizinhança de centro em P e raio ε, $xy = 1 + \varepsilon$, com $\varepsilon < 0$ ou $\varepsilon > 0$, então

$$f(Q) = (1 + \varepsilon)^2 - 2(1 + \varepsilon) = 1 + \varepsilon^2 + 2\varepsilon - 2 - 2\varepsilon$$

$$= -1 + \varepsilon^2 > -1 \ .$$

Logo $f(Q) > f(P)$.

Atendendo à definição, poderemos afirmar que a função tem em P um mínimo local. Como o ponto P é um ponto qualquer de $xy = 1$ podemos dizer que a hipérbole $xy = 1$ é uma linha de mínimos.

5 — *Verifique que os pontos* $P_1(0,0)$ *e* $P_2(-\frac{1}{3} \ -\frac{1}{3})$ *são extremos da função*

$$f(x,y) = x^2y + xy^2 + xy - 1$$

Resolução

1) *Condições de 1.ª ordem*

$$\begin{cases} f_x = 2xy + y^2 + y = 0 \\ f_y = x^2 + 2xy + x = 0 \end{cases}$$

substituindo na 2.ª equação o x por y obtemos a 1.ª equação. O sistema é verificado por pontos em que $y = x$.

$$2x^2 + x^2 + x = 0 \; ; \; x(3x+1) = 0 \; ; \; x = 0 \quad \text{ou} \quad x = -\frac{1}{3}$$

Logo

$P_1(0,0)$ e $P_2\left(-\dfrac{1}{3}, -\dfrac{1}{3}\right)$ são pontos de estacionaridade.

2) *Condições de 2.ª ordem*

	$P_1(0,0)$	$P_2\left(-\dfrac{1}{3}, -\dfrac{1}{3}\right)$
$f_{x^2} = 2y$	0	$-\dfrac{2}{3}$
$f_{xy} = 2x + 2y + 1$	1	$-\dfrac{1}{3}$
$f_{y^2} = 2x$	0	$-\dfrac{2}{3}$

$$f_2(P_1, d) \neq 0 \quad \text{e} \quad f_2(P_2, d) \neq 0$$

1.º processo

$$f_2(P_1, d) = 2\xi\eta \; .$$

Sendo d_1 do 1.º e 3.º quadrantes, $f_2(P_1, d_1) > 0$. Sendo d_2 do 2.º e 4.º quadrantes, $f_2(P_1, d_2) < 0$. Como a 2.ª derivada direccional não mantém sinal constante, para qualquer direcção emergente do ponto P_1, a função não tem extremo nesse ponto.

$$f_2(P_2,d) = -\frac{2}{3}\xi^2 - \frac{2}{3}\xi\eta - \frac{2}{3}\eta^2$$

$$= -\frac{2}{3}(\xi^2 + \eta^2) - \frac{2}{3}\xi\eta$$

$$= -\frac{2}{3} - \frac{2}{3}\xi\eta$$

$$= -\frac{2}{3}(1 + \xi\eta) < 0 .$$

Como $f_2(P_2,d)$ é sempre negativa para qualquer direcção emergente de P_2, a função tem nesse ponto um máximo local.

2.º *processo*

$$\Delta(P_1) = \begin{vmatrix} 0 & 1 \\ 1 & 0 \end{vmatrix} = -1 < 0 \quad \text{não há extremo}$$

$$\Delta(P_2) = \begin{vmatrix} -\frac{2}{3} & -\frac{1}{3} \\ -\frac{1}{3} & -\frac{2}{3} \end{vmatrix} = \frac{4}{9} - \frac{1}{9} = \frac{3}{9} > 0$$

$$\Delta_1(P_2) = -\frac{2}{3} < 0$$

A forma é definida negativa, logo em P_2 a função tem um máximo local.

$$f(P_2) = -\frac{26}{27}$$

6 — *Extremar a função*

$$f(x,y) = (x-y)^2 - x^4 - y^4$$

Resolução

1) *Condições de 1.ª ordem*

$$\begin{cases} f_x = 2(x-y) - 4x^3 = 0 \\ f_y = -2(x-y) - 4y^3 = 0 . \end{cases}$$

O sistema é verificado para pontos tais que $y = -x$ ou $x=0$ e $y=0$.
$P_1(0,0)$; $P_2(1, -1)$; $P_3(-1, 1)$ são pontos de estacionaridade.

2) *Condições de 2.ª ordem*

	$P_1(0,0)$	$P_2(1,-1)$	$P_3(-1,1)$
$f_{x_2} = 2 - 12x^2$	2	-10	-10
$f_{xy} = -2$	-2	-2	-2
$f_{y^2} = 2 - 12y^2$	2	-10	-10

$$\Delta(P_2) = \Delta(P_3) = \begin{vmatrix} -10 & -2 \\ -2 & -10 \end{vmatrix} = 100 - 4 > 0$$

$$\Delta_1(P_2) = \Delta_1(P_3) = -10 < 0 .$$

A forma é definida negativa. Em P_2 e P_3 a função tem um máximo local.

$$f(P_2) = f(P_3) = 2$$

$$\Delta(P_1) = \begin{vmatrix} 2 & -2 \\ -2 & 2 \end{vmatrix} = 0 \text{ caso duvidoso}$$

$$f_2(P_1, d) = 2\xi^2 - 4\xi\eta + 2\eta^2 = 2(\xi - \eta)^2 \geqslant 0$$

Temos uma direcção singular d_1, direcção da recta $y = x \left(\xi_1 = \eta_1 = \pm \dfrac{\sqrt{2}}{2} \right)$

	P_1
$f_{x^3} = -24x$	0
$f_{y^3} = -24y$	0

$f_3(P_1, d_1) = 0$

	P₁
$f_{x^4} = -24$	-24
$f_{y^4} = -24$	-24

$f_4(P_1, d_1) = -24\xi_1^4 - 24\eta_1^4 = -24(\xi_1^4 + \eta_1^4) < 0$.

Como $f_4(P_1, d_1) < 0$ e $f_2(P_1, d) > 0$ (com $d \neq d_1$), a função não tem extremo em P_1.

7 — *Extremar a função*

$$f(x,y) = y^2 - 4x^2y + 3x^4$$

RESOLUÇÃO

1) *Condições de 1.ª ordem*

$$\begin{cases} f_x = -8xy + 12x^3 = 0 \\ f_y = 2y - 4x^2 = 0 \end{cases} \quad \begin{cases} -16x^3 + 12x^3 = 0 \\ y = 2x^2 \end{cases} \quad \begin{cases} x = 0 \\ y = 0 \end{cases}$$

logo $P(0,0)$ é ponto de estacionaridade da função.

2) *Condições de 2.ª ordem*

	P(0,0)
$f_{x^2} = -8y + 36x^2$	0
$f_{xy} = -8x$	0
$f_{y^2} = 2$	2

$f_2(P, d) \neq 0$

$$\Delta = \begin{vmatrix} 0 & 0 \\ 0 & 2 \end{vmatrix} = 0 \text{ caso duvidoso}$$

$f_2(P,d) = 2\eta^2 \geqslant 0$.

A 2.ª derivada direccional é positiva para qualquer direcção d, excepto para a direcção d_1 (em que $\eta = 0$) onde ela é nula.

Vejamos o que se passa na direcção singular d_1 (é a direcção do eixo dos XX onde $\eta_1 = 0$ e $\xi_1 = \pm 1$)

	P
$f_{x^3} = 72x$	0
$f_{x^2y} = -8$	-8

$f_3(P,d_1) = -24\xi_1^2 \eta_1 = 0$

$f_{x^4} = 72$

$f_4(P,d_1) = 72\xi_1^4 = 72(\pm 1)^4 > 0$

Como $f_2(P,d) > 0$ e $f_4(P,d_1) > 0$ nada podemos concluir. Teremos de fazer uma análise local.

Seja então

$$f(x,y) = y^2 - 4x^2y + 3x^4 = (y - x^2)(y - 3x^2)$$

Vejamos o comportamento da função nas vizinhanças da origem.

Para $x^2 < y < 3x^2$ $f(x,y) < 0$

Para $y < x^2$ ou $y > 3x^2$ $f(x,y) > 0$

Podemos concluir que não existe uma vizinhança de P(0,0) onde $f(x,y) - f(0,0)$ mantenha um sinal constante. Logo em P não há extremo.

8 — *Extremar a seguinte função*

$$f(x,y) = 2x^3 + 2y^3 - 6axy \quad \text{com} \quad a \in R$$

(*F.E.U.C. — exame* 1979).

RESOLUÇÃO

1) *Condições de 1.ª ordem*

$$\begin{cases} f_x = 6x^2 - 6ay = 0 \\ f_y = 6y^2 - 6ax = 0 \end{cases} \quad \begin{array}{l} \text{sistema verificado} \\ \text{para } x = y \end{array}$$

$x = y$; $6x^2 - 6ax = 0$; $6x(x-a) = 0$; $x = 0$ ou $x = a$

Então $P_1(0,0)$ e $P_2(a,a)$ são pontos de estacionaridade.

2) *Condições de 2.ª ordem*

	P_1	P_2
$f_{x^2} = 12x$	0	$12a$
$f_{xy} = -6a$	$-6a$	$-6a$
$f_{y^2} = 12y$	0	$12a$

$$\Delta(P_1) = \begin{vmatrix} 0 & -6a \\ -6a & 0 \end{vmatrix} = -36a^2$$

i) $a \neq 0$. A função não tem em P_1 extremo local pois $\Delta < 0$.

ii) $a = 0$. Como $\Delta(P_1) = 0$ temos o caso duvidoso que vamos analisar.

$f_2(P_1, d) = 0$ e nada podemos concluir.

Vejamos a 3.ª derivada direccional.

	P_1
$f_{x^3} = 12$	12
$f_{x^2y} = 0$	0
$f_{xy^2} = 0$	0
$f_{y^3} = 12$	12

$f_3(P_1,d) = 12\xi^3 + 12\eta^3 \neq 0$

Como a primeira derivada direccional que não é identicamente nula é a 3.ª ($n = 3$, ímpar) a função não tem em P_1 extremo local.

$$\Delta(P_2) = \begin{vmatrix} 12a & -6a \\ -6a & 12a \end{vmatrix} = 108a^2$$

i) Se $a > 0$ então $\Delta_2(P_2) > 0$ e $\Delta_1(P_2) = 12a > 0$. A função tem em P_2 um mínimo local.

ii) Se $a < 0$ então $\Delta_2(P_2) > 0$ e $\Delta_1(P_2) < 0$. A função tem em P_2 um máximo local.

iii) Se $a = 0$ $P_2 \equiv P_1$ e o estudo já foi feito.

9 — *Extremar a função*

$$f(x,y) = (x^2 + y^2 - 1)^2$$

Resolução

1) *Condições de 1.ª ordem*

$$\begin{cases} f_x = 2(x^2 + y^2 - 1) \cdot 2x = 0 \\ f_y = 2(x^2 + y^2 - 1) \cdot 2y = 0 \end{cases} \quad \begin{cases} x(x^2 + y^2 - 1) = 0 \\ y(x^2 + y^2 - 1) = 0 \end{cases}$$

As soluções do sistema são $(0,0)$ e $x^2 + y^2 = 1$.

Os pontos extremantes são P(0,0) e os pontos da circunferência de centro na origem e raio igual à unidade.

Estudo para o ponto P(0,0)

2) *Condições de 2.ª ordem*

	P
$f_{x^2} = 4(x^2 + y^2 - 1) + 8x^2$	-4
$f_{xy} = 8xy$	0
$f_{y^2} = 4(x^2 + y^2 - 1) + 8y^2$	-4

$$\Delta(P) = \begin{vmatrix} -4 & 0 \\ 0 & -4 \end{vmatrix} = 16 > 0$$

$\Delta_1(P) = -4 < 0$.

como $\Delta(P) > 0$ e $\Delta_1(P) < 0$ a função tem em P(0,0) um máximo local

$$f(P) = f(0,0) = 1 .$$

Estudo para os pontos da circunferência $x^2 + y^2 = 1$.

Como as condições de 1.ª ordem são verificadas pelos pontos de uma linha, estamos no caso duvidoso e vamos estudá-lo através de uma análise local.
O valor da função para os pontos Q(x,y) pertencentes à linha $x^2+y^2=1$ é

$$f(Q) = (1-1)^2 = 0.$$

O valor da função para os pontos $R(x,y)$ na vizinhança dos pontos da circunferência (isto é, as coordenadas de R verificam a relação $x^2 + y^2 = 1 + \varepsilon$ com $\varepsilon > 0$ ou $\varepsilon < 0$) é

$$f(R) = (1 + \varepsilon - 1)^2) = \varepsilon^2 > 0 \ .$$

Concluímos então que a circunferência é uma linha de mínimos.

10 — *Extremar a seguinte função*

$$f(x,y) = x^4 + y^4 + 3 \ .$$

RESOLUÇÃO

1) *Condições de 1.ª ordem*

$$\begin{cases} f_x = 4x^3 = 0 \\ f_y = 4y^3 = 0 \end{cases} \quad \begin{cases} x = 0 \\ y = 0 \end{cases}$$

$P(0,0)$ é ponto de estacionaridade.

2) *Condições de 2.ª ordem*

	P
$f_{x^2} = 12x^2$	0
$f_{xy} = 0$	0
$f_{y^2} = 12y^2$	0

$f_2(P,d) \equiv 0$

	P
$f_{x^3} = 24x$	0
$f_{x^2y} = f_{xy^2} = 0$	0
$f_{y^3} = 24y$	0

$f_3(P,d) \equiv 0$

	P
$f_{x^4} = 24$	24
$f_{y^4} = 24$	24

$f_4(P,d) = 24\xi^4 + 24\eta^4 > 0$.

Como $f_4(P,d)$ é positiva para qualquer direcção emergente do ponto P, então em P(0,0) a função tem um mínimo local.

$$f(P) = 3 .$$

11 — *Verifique que a função*

$$f(x,y,z) = x^4 + y^4 + z^4 - 4xyz$$

tem extremos nos pontos P(1,1,1) *e* Q(—1,1,—1) *e determine a natureza desses extremos.* (*F.E.U.C. — exame 1977*).

RESOLUÇÃO

1) *Condições de 1.ª ordem*

$$\begin{cases} f_x = 4x^3 - 4yz \\ f_y = 4y^3 - 4xz \\ f_z = 4z^3 - 4xy \end{cases}$$

$f_x(P) = f_y(P) = f_z(P) = 0$

$f_x(Q) = f_y(Q) = f_z(Q) = 0$

Os pontos P e Q verificam as condições de 1.ª ordem.

2) *Condições de 2.ª ordem*

	P	Q
$f_{x^2} = 12x^2$	12	12
$f_{xy} = -4z$	-4	4
$f_{xz} = -4y$	-4	-4
$f_{y^2} = 12y^2$	12	12
$f_{yz} = -4x$	-4	4
$f_{z^2} = 12z^2$	12	12

$$\Delta_3(P) = \begin{vmatrix} 12 & -4 & -4 \\ -4 & 12 & -4 \\ -4 & -4 & 12 \end{vmatrix} = 1.536 > 0$$

$$\Delta_2(P) = \begin{vmatrix} 12 & -4 \\ -4 & 12 \end{vmatrix} = 128 > 0$$

$$\Delta_1(P) = 12 > 0$$

Em P a forma é definida positiva. A função tem em P(1,1,1) um mínimo local.

$$f(P) = -1 \ .$$

$$\Delta_3(Q) = \begin{vmatrix} 12 & 4 & -4 \\ 4 & 12 & 4 \\ -4 & 4 & 12 \end{vmatrix} = 1024 > 0$$

$$\Delta_2(Q) = \begin{vmatrix} 12 & 4 \\ 4 & 12 \end{vmatrix} = 128 > 0$$

$\Delta_1(Q) = 12 > 0$.

Em Q a forma é definida positiva. A função tem em Q um mínimo local.

$$f(Q) = -1$$

12 — *Extremar a função*

$$f(x,y,z) = -x^3 + 3xz + 2y - y^2 - 3z^2$$

(*F.E.U.C.* — *exame 1978*).

Resolução

1) *Condições de 1.ª ordem*

$$\begin{cases} f_x = -3x^2 + 3z = 0 \\ f_y = 2 - 2y = 0 \\ f_z = 3x - 6z = 0 \end{cases} \quad \begin{cases} z = x^2 \\ y = 1 \\ 3x - 6x^2 = 0 \end{cases} \quad \begin{cases} - \\ - \\ 3x(1 - 2x) = 0 \end{cases}$$

$$\begin{cases} x = 0 \\ y = 1 \\ z = 0 \end{cases} \text{ ou } \begin{cases} x = \dfrac{1}{2} \\ y = 1 \\ z = \dfrac{1}{4} \end{cases}$$

P(0,1,0) e Q($\tfrac{1}{2}$,1,$\tfrac{1}{4}$) são pontos de estacionaridade.

2) *Condições de 2.ª ordem*

	P	Q
$f_{x^2} = -6x$	0	-3
$f_{xy} = 0$	0	0
$f_{xz} = 3$	3	3
$f_{y^2} = -2$	-2	-2
$f_{yz} = 0$	0	0
$f_{z^2} = -6$	-6	-6

$$\Delta_3(P) = \begin{vmatrix} 0 & 0 & 3 \\ 0 & -2 & 0 \\ 3 & 0 & -6 \end{vmatrix} = 18 > 0$$

$$\Delta_2(P) = \begin{vmatrix} 0 & 0 \\ 0 & -2 \end{vmatrix} = 0$$

$$\Delta_1(P) = 0 .$$

A forma quadrática não é definida, logo em P a função não tem extremo.

$$\Delta_3(Q) = \begin{vmatrix} -3 & 0 & 3 \\ 0 & -2 & 0 \\ 3 & 0 & -6 \end{vmatrix} = -18 < 0$$

$$\Delta_2(Q) = \begin{vmatrix} -3 & 0 \\ 0 & -2 \end{vmatrix} = 6 > 0$$

$$\Delta_1(Q) = -3 < 0 .$$

A forma é definida negativa logo a função tem em Q um máximo local.

$$f(Q) = \frac{17}{16}$$

13 — *Determine todos os pontos* $P(x,y,z) \in R^3$ *onde eventualmente possa ser extremo o valor da função*

$$\Phi(x,y,z) = x^2 + y^2 + 10 - 2x + \cos^2 z - 8y$$

Desses pontos indique, justificando, aqueles onde a função é máxima, mínima ou não tem extremos.

(*F.C.T.U.C. — Exame 1978*).

Resolução

1) *Condições de 1.ª ordem*

$$\begin{cases} \Phi_x = 2x - 2 = 0 \\ \Phi_y = 2y - 8 = 0 \\ \Phi_z = -2 \sin z \cos z = 0 \end{cases} \quad \begin{cases} x = 1 \\ y = 4 \\ \sin z = 0 \quad \text{ou} \quad \cos z = 0 \end{cases}$$

$\sin z = 0$ para $z = k\pi$ com $k \in Z$

$\cos z = 0$ para $z = \dfrac{\pi}{2} + k\pi$ com $k \in Z$

Então os pontos onde são verificadas as condições de 1.ª ordem são:

$$P_k\left(1, 4, \frac{\pi}{2} + k\pi\right) \quad \text{e} \quad Q_k(1, 4, k\pi) \quad \text{com} \quad k \in Z$$

2) *Condições de 2.ª ordem*

	P_k	Q_k
$\Phi_{x^2} = 2$	2	2
$\Phi_{xy} = \Phi_{xz} = \Phi_{yz} = 0$	0	0
$\Phi_{y^2} = 2$	2	2
$\Phi_{z^2} = 2\sin^2 z - 2\cos^2 z$ $= 2(\sin^2 z - \cos^2 z)$	2	-2

$$\Delta_3(P_k) = \begin{vmatrix} 2 & 0 & 0 \\ 0 & 2 & 0 \\ 0 & 0 & 2 \end{vmatrix} = 8 > 0 \quad \Delta_2(P_k) = \begin{vmatrix} 2 & 0 \\ 0 & 2 \end{vmatrix} = 4 > 0 \quad \Delta_1(P_k) = 2 > 0$$

Nos pontos P_k a função tem mínimos locais

$$f(P_k) = -7$$

$$\Delta_3(Q_k) = \begin{vmatrix} 2 & 0 & 0 \\ 0 & 2 & 0 \\ 0 & 0 & -2 \end{vmatrix} = -8 < 0$$

$$\Delta_2(Q_k) = 4 > 0$$

$$\Delta_1(Q_k) = 2 > 0 \ .$$

A forma não é definida. A função não tem em Q_k extremos locais.

14 — *Determinar os extremos da função*

$$f(x,y) = x^4 + y^4 - 2(x+y)^2$$

RESOLUÇÃO

1) *Condições de 1.ª ordem*

$$\begin{cases} f_x = 4x^3 - 4(x+y) = 0 \\ f_y = 4y^3 - 4(x+y) = 0 \end{cases}$$

O sistema é verificado para pontos tais que

$$x = y$$

a) $x = y$; $4y^3 - 4(y+y) = 0$; $y(4y^2 - 8) = 0$; $y = 0$ ou $y = \pm\sqrt{2}$

$$P(0,0) \; ; \; Q(\sqrt{2}, \sqrt{2}) \; ; \; R(-\sqrt{2}, -\sqrt{2})$$

2) *Condições de 2.ª ordem*

	P	Q	R
$f_{x^2} = 12x^2 - 4$	-4	20	20
$f_{xy} = -4$	-4	-4	-4
$f_{y^2} = 12y^2 - 4$	-4	20	20

$$\Delta_2(P) = \begin{vmatrix} -4 & -4 \\ -4 & -4 \end{vmatrix} = 16 - 16 = 0 \quad \text{caso duvidoso}$$

$$f_2(P,d) = -4\xi^2 - 8\xi\eta - 4\eta^2 = -(\xi+\eta)^2 \leqslant 0$$

A 2.ª derivada direccional anula-se nas direcções em que $\xi = -\eta$ (bissectriz dos quadrantes pares).

As direcções singulares são $d_1\left(\frac{\sqrt{2}}{2}, -\frac{\sqrt{2}}{2}\right)$ e $d_2\left(-\frac{\sqrt{2}}{2}, \frac{\sqrt{2}}{2}\right)$

Vejamos o que se passa com a derivada direccional de 3.ª ordem em P e nas direcções d_1 e d_2.

	P			P
$f_{x^3} = 24x$	0		$f_{x^4} = 24$	24
$f_{x^2y} = f_{xy^2} = 0$	0			
$f_{y^3} = 24y$	0		$f_{y^4} = 24$	24

$f_3(P, d_1) = 0$ $\qquad f_4(P, d_1) = 24\xi_1^4 + 24\eta_1^4 > 0$

$f_3(P_1, d_2) = 0$ $\qquad f_4(P_1, d_2) > 0$

Como a 4.ª derivada direccional tem sinal contrário da 2.ª a função não tem extremo no ponto P.

$$\Delta_2(Q) = \Delta_2(R) = \begin{vmatrix} 20 & -4 \\ -4 & 20 \end{vmatrix} = 400 - 16 > 0$$

$\Delta_1(Q) = \Delta_1(R) = 20 > 0$.

A forma é definida positiva. A função tem em Q e R mínimos locais.

$f(Q) = -8$

$f(R) = -8$.

12.4.2 — *Extremos ligados*

1 — *Extremar as funções seguintes com as equações de ligação indicadas*

a) $f(x,y) = \log xy$; $2x + 3y = 5$

b) $f(x,y) = xy$; $x^2 + y^2 = 2a^2$

c) $f(x,y) = x^2 + y^2$; $\frac{x}{2} + \frac{y}{3} = 1$

RESOLUÇÃO

a) Função auxiliar: $F(x,y) = \log xy + \lambda(2x + 3y - 5)$.

1) *Condições de 1.ª ordem*

$$\begin{cases} F_x = \dfrac{1}{x} + 2\lambda = 0 \\ F_y = \dfrac{1}{y} + 3\lambda = 0 \\ 2x + 3y = 5 \end{cases} \quad \begin{array}{l} x = -\dfrac{1}{2\lambda} \\ y = -\dfrac{1}{3\lambda} \\ -\dfrac{1}{\lambda} - \dfrac{1}{\lambda} = 5 \Rightarrow \lambda = -\dfrac{2}{5} \end{array}$$

$$\lambda = -\frac{2}{5} \; ; \; x = \frac{5}{4} \; ; \; y = \frac{5}{6}$$

$P\left(\dfrac{5}{4}, \dfrac{5}{6}\right)$ é um ponto estacionário.

2) *Condições de 2.ª ordem*

	P
$F_{x^2} = -\dfrac{1}{x^2}$	$-\dfrac{16}{25}$
$F_{xy} = 0$	0
$F_{y^2} = -\dfrac{1}{y^2}$	$-\dfrac{36}{25}$

$$d^2F(P) = -\frac{16}{25} dx^2 - \frac{36}{25} dy^2.$$

Diferenciando a equação de ligação:

$2dx + 3dy = 0$

$dy = -\dfrac{2}{3} dx$

Substituindo em $d^2F(P)$ obtém-se

$$d^2f(P) = -\frac{16}{25} dx^2 - \frac{36}{25} \cdot \frac{4}{9} dx^2$$

$$= -\frac{288}{225} dx^2$$

$$f_2(P,d) = -\frac{288}{225} \xi^2 < 0 .$$

Esta derivada nunca se anula porque a função depende apenas de uma variável, existindo por isso só a direcção do eixo dos XX($\xi = \pm 1$).

Em P há um máximo local.

$$f(P) = \log \frac{25}{24}$$

b) Função auxiliar: $F(x,y) = xy + \lambda(x^2 + y^2 - 2a^2)$.

1) *Condições de 1.ª ordem*

$$\begin{cases} F_x = y + 2\lambda x = 0 \\ F_y = x + 2\lambda y = 0 \\ x^2 + y^2 = 2a^2 \end{cases} \quad \Bigg\} \; x = \pm y$$

Fazendo $x = \pm y$ na última equação obtém-se $x = \pm a$

Os pontos estacionários são

$P_1(a,a)$; $P_2(-a, -a)$; $P_3(a, -a)$ e $P(-a,a)$

Para P_1 e P_2 vem $\lambda = -\frac{1}{2}$

Para P_3 e P_4 vem $\lambda = \frac{1}{2}$

2) *Condições de 1.ª ordem*

	$P_1(a,a)$	$P_2(-a,-a)$	$P_3(a,-a)$	$P_4(-a,a)$
$F_{x^2} = 2\lambda$	-1	-1	1	1
$F_{xy} = 1$	1	1	1	1
$F_{y^2} = 2\lambda$	-1	-1	1	1

$$d^2F(P_1) = d^2F(P_2) = -dx^2 + 2dxdy - dy^2$$
$$d^2F(P_3) = d^2F(P_4) = dx^2 + 2dxdy + dy^2 \qquad (1)$$

Diferenciando a equação de ligação:

$$2xdx + 2ydy = 0$$

Nos pontos P_1 e P_2 $\quad dy = -dx$

Nos pontos P_3 e P_4 $\quad dy = dx$

Substituindo nas equações (1), obtém-se:

$$d^2f(P_1) = d^2f(P_2) = -dx^2 - 2dx^2 - dx^2 = -4dx^2$$

$$d^2f(P_3) = d^2f(P_4) = dx^2 + 2dx^2 + dx^2 = 4dx^2$$

$f_2(P_1,d) = f_2(P_2,d) = -4\xi^2 < 0$. P_1 e P_2 são máximos locais

$f_2(P_3,d) = f_2(P_4,d) = 4\xi^2 > 0$. P_3 e P_4 são mínimos locais

Estas derivadas nunca se anulam porque $\xi = \pm 1$.

Então:

$f(P_1) = f(P_2) = a^2$.

$f(P_3) = f(P_4) = -a^2$.

c) Função auxiliar

$$F(x,y) = x^2 + y^2 + \lambda \left(\frac{x}{2} + \frac{y}{3} - 1 \right)$$

1) *Condições de 1.ª ordem*

$$\begin{cases} F_x = 2x + \dfrac{\lambda}{2} \\[6pt] F_y = 2y + \dfrac{\lambda}{3} \\[6pt] \dfrac{x}{2} + \dfrac{y}{3} = 1 \end{cases} \quad \begin{cases} x = -\dfrac{\lambda}{4} \\[6pt] y = -\dfrac{\lambda}{6} \\[6pt] -\dfrac{\lambda}{8} - \dfrac{\lambda}{18} = 1 \Rightarrow \lambda = -\dfrac{72}{13} \end{cases}$$

$$\lambda = -\frac{72}{13} \; ; \; x = \frac{18}{13} \; ; \; y = \frac{12}{13}$$

$P\left(\dfrac{18}{13}, \dfrac{12}{13}\right)$ é um ponto estacionário.

2) *Condições de 2.ª ordem*

	P
$F_{x^2} = 2$	2
$F_{xy} = 0$	0
$F_{y^2} = 2$	2

$d^2F(P) = 2dx^2 + 2dy^2$

Diferenciando a equação de ligação:

$$\frac{1}{2} dx + \frac{1}{3} dy = 0$$

$$dy = -\frac{3}{2} dx$$

252

substituindo em $d^2F(P)$ vem

$$d^2f(P) = 2dx^2 + \frac{9}{2} dx^2 = \frac{13}{2} dx^2$$

$$f_2(P,d) = \frac{13}{2} \xi^2 > 0 \ . \ \text{Em P há um mínimo local}$$

Então:

$$f(P) = \frac{36}{13}$$

2 — *Calcular os extremos da função* $z = x + 2y$ *quando* $x^2 + y^2 = 5$. (*F.E.U.C.* — *exame 1979*).

RESOLUÇÃO

Função a extremar: $z = x + 2y$

Equação de ligação: $x^2 + y^2 = 5$

Função auxiliar: $F(x,y) = x + 2y + \lambda(x^2 + y^2 - 5)$.

1) *Condições de 1.ª ordem*

$$\begin{cases} F_x = 1 + 2\lambda x = 0 \\ F_y = 2 + 2\lambda y = 0 \\ x^2 + y^2 = 5 \end{cases} \quad \begin{cases} x = -\dfrac{1}{2\lambda} \\ y = -\dfrac{1}{\lambda} \\ \dfrac{1}{4\lambda^2} + \dfrac{1}{\lambda^2} = 5 \Rightarrow \lambda = \pm \dfrac{1}{2} \end{cases}$$

$$\lambda = \frac{1}{2} \; ; \; x = -1 \; ; \; y = -2$$

$$\lambda = -\frac{1}{2} \; ; \; x = 1 \; ; \; y = 2$$

Os pontos P(—1,—2) e Q(1,2) são pontos estacionários.

2) *Condições de 2.ª ordem*

	P	Q
$F_{x^2} = 2\lambda$	1	—1
$F_{xy} = 0$	0	0
$F_{y^2} = 2\lambda$	1	—1

$$d^2F(P) = dx^2 + dy^2 \quad (1)$$
$$d^2F(Q) = -dx^2 - dy^2$$

Diferenciando a equação de ligação:

$$xdx + ydy = 0$$

No ponto P:
$$-dx - 2dy = 0$$
$$dy = -\frac{1}{2} dx$$

No ponto Q:
$$dx + 2dy = 0$$
$$dy = -\frac{1}{2} dx$$

Substituindo em (1):

$$d^2f(P) = dx^2 + \frac{1}{4} dx^2 = \frac{5}{4} dx^2$$

$$d^2f(Q) = -dx^2 - \frac{1}{4} dx^2 = -\frac{5}{4} dx^2$$

$$f_2(P,d) = \frac{5}{4} \xi^2 > 0 \ . \ \text{Em P há um mínimo local.}$$

$$f_2(Q,d) = -\frac{5}{4} \xi^2 < 0 \ . \ \text{Em Q há um máximo local.}$$

$f(P) = -5$

$f(Q) = 5$

3 — *De todos os triângulos rectângulos de hipotenusa igual a 4, determine o de área máxima.*

RESOLUÇÃO

Função a extremar: $f(x,y) = \dfrac{xy}{2}$

Equação de ligação: $x^2 + y^2 = 16$

Função auxiliar:

$$F(x,y) = \frac{xy}{2} + \lambda(x^2 + y^2 - 16)$$

1) *Condições de 1.ª ordem*

$$\begin{cases} F_x = \dfrac{y}{2} + 2\lambda x = 0 \\ F_y = \dfrac{x}{2} + 2\lambda y = 0 \\ x^2 + y^2 = 16 \end{cases} \Bigg\} \ x = \pm y$$

como x e y representam dimensões, só nos interessa considerar $x = y$.

Da última equação, obtém-se $2x^2 = 16$

$$x = \pm 2\sqrt{2}$$

Apenas $x = 2\sqrt{2}$ tem significado

$$\lambda = -\frac{1}{4}$$

$P(2\sqrt{2}, 2\sqrt{2})$ é um ponto estacionário.

2) *Condições de 2.ª ordem*

	P
$F_{x^2} = 2\lambda$	$-\dfrac{1}{2}$
$F_{xy} = \dfrac{1}{2}$	$+\dfrac{1}{2}$
$F_{y^2} = 2\lambda$	$-\dfrac{1}{2}$

$$d^2F(P) = -\frac{1}{2}dx^2 - \frac{1}{2}dy^2 + dxdy$$

Deferenciando a equação de ligação:

$$2xdx + 2ydy = 0$$

No ponto P: $\quad 4\sqrt{2}\,dx + 4\sqrt{2}\,dy = 0$

$$dy = -dx$$

E assim, obtemos:

$$d^2f(P) = -\frac{1}{2}dx^2 - \frac{1}{2}dx^2 - dx^2$$

$$= -2dx^2$$

$f_2(P) = -2\xi^2 < 0$. P é máximo local.

O triângulo rectângulo de área máxima é o que tem os catetos iguais a $2\sqrt{2}$.

4 — *Extremar as funções seguintes com as equações de ligação indicadas.*

a) f(x,y,z) = x² + 3y² + 5z² ; 2x + 3y + 5z = 100

b) f(x,y,z) = x + y + z ; $\dfrac{1}{4} + \dfrac{1}{y} + \dfrac{1}{z} = 1$

c) f(x,y,z) = x — 2y + 2z ; x² + y² + z² = 9

Resolução

a) Função auxiliar

$$F(x,y,z) = x^2 + 3y^2 + 5z^2 + \lambda(2x + 3y + 5z - 100)$$

1) *Condições de 1.ª ordem*

$$\begin{cases} F_x = 2x + 2\lambda = 0 \\ F_y = 6y + 3\lambda = 0 \\ F_z = 10z + 5\lambda = 0 \\ 2x + 3y + 5z = 100 \end{cases} \quad \begin{cases} x = -\lambda \\ y = -\dfrac{1}{2}\lambda \\ z = -\dfrac{1}{2}\lambda \\ -2\lambda - \dfrac{3}{2}\lambda - \dfrac{5}{2}\lambda = 100 \Rightarrow \lambda = -\dfrac{50}{3} \end{cases}$$

$$\lambda = -\dfrac{50}{3} \ ; \ x = \dfrac{50}{3} \ ; \ y = \dfrac{25}{3} \ ; \ z = \dfrac{25}{3}$$

$P\left(\dfrac{50}{3}, \dfrac{25}{3}, \dfrac{25}{3}\right)$ é um ponto estacionário.

2) *Condições de 2.ª ordem*

	P
$F_{x^2} = 2$	2
$F_{y^2} = 6$	6
$F_{z^2} = 10$	10
$F_{xy} = F_{yz} = F_{xz} = 0$	0

$$d^2F(P) = 2dx^2 + 6dy^2 + 10dz^2$$

Diferenciando a equação de ligação:

$$2dx + 3dy + 5dz = 0$$

$$dz = -\frac{2}{5} dx - \frac{3}{5} dy$$

Então

$$d^2f(P) = 2dx^2 + 6dy^2 + 10\left(-\frac{2}{5} dx - \frac{3}{5} dy\right)^2$$

$$= \frac{18}{5} dx^2 + \frac{24}{5} dxdy + \frac{48}{5} dy^2$$

$$f_2(P,d) = \frac{18}{5} \xi^2 + \frac{24}{5} \xi\eta + \frac{48}{5} \eta^2$$

$$\Delta_2(P) = \begin{vmatrix} \dfrac{18}{5} & \dfrac{12}{5} \\ \dfrac{12}{5} & \dfrac{48}{5} \end{vmatrix} > 0$$

$$\Delta_1(P) = \frac{18}{5} > 0$$

A forma é definida positiva. Em P há um mínimo local.

$$f(P) = \left(\frac{50}{3}\right)^2 + 3\left(\frac{25}{3}\right)^2 + 5\left(\frac{25}{3}\right)^2$$

b) *Função auxiliar*

$$F(x,y,z) = x + y + z + \lambda\left(\frac{1}{x} + \frac{1}{y} + \frac{1}{z} - 1\right)$$

1) *Condições de 1.ª ordem*

$$\begin{cases} F_x = 1 - \dfrac{\lambda}{x^2} = 0 \\ F_x = 1 - \dfrac{\lambda}{y^2} = 0 \\ F_z = 1 - \dfrac{\lambda}{z^2} = 0 \\ \dfrac{1}{x} + \dfrac{1}{y} + \dfrac{1}{z} = 1 \end{cases} \quad \begin{cases} y = \pm z \\ x = \pm y \end{cases}$$

258

$x = y = z$; $P_1(3,3,3)$; $\lambda = 9$

$x = y = -z$; $P_2(1,1,-1)$; $\lambda = 1$

$x = -y = z$; $P_3(1,-1,1)$; $\lambda = 1$

$x = -y = -z$; $P_4(-1,1,1)$; $\lambda = 1$.

Há quatro pontos estacionários.

2) *Condições de 2.ª ordem*

	$P_1(3,3,3)$	$P_2(1,1,-1)$	$P_3(1,-1,1)$	$P_4(-1,1,1)$
$F_{x^2} = \dfrac{2\lambda}{x^3}$	$\dfrac{2}{3}$	2	2	-2
$F_{y^2} = \dfrac{2\lambda}{y^3}$	$\dfrac{2}{3}$	2	-2	2
$F_{z^2} = \dfrac{2\lambda}{z^3}$	$\dfrac{2}{3}$	-2	2	2

$d^2F(P_1) = \dfrac{2}{3} dx^2 + \dfrac{2}{3} dy^2 + \dfrac{2}{3} dz^2$

$d^2F(P_2) = 2dx^2 + 2dy^2 - 2dz^2$ \hfill (1)

$d^2F(P_3) = 2dx^2 - 2dy^2 + 2dz^2$

$d^2F(P_4) = -2dx^2 + 2dy^2 + 2dz^2$

Diferenciando a equação de ligação:

$$-\dfrac{1}{x^2} dx - \dfrac{1}{y^2} dy - \dfrac{1}{z^2} dz = 0$$

$$dx + dy + dz = 0$$

$$dz = -dx - dy$$

Substituindo nas equações (1), obtém-se

$$d^2f(P_1) = \frac{2}{3} dx^2 + \frac{2}{3} dy^2 + \frac{2}{3} (-dx - dy)^2$$

$$= \frac{4}{3} dx^2 + \frac{4}{3} dxdy + \frac{4}{3} dy^2$$

$$f_2(P_1,d) = \frac{4}{3}\xi^2 + \frac{4}{3} \xi\eta + \frac{4}{3} \eta^2$$

$$\Delta_2(P_1) = \begin{vmatrix} \frac{4}{3} & \frac{2}{3} \\ \frac{2}{3} & \frac{4}{3} \end{vmatrix} = \frac{12}{9} > 0$$

$$\Delta_1(P_1) > 0$$

A forma é definida positiva. Em P_1 hà um mínimo local

$$f(P_1) = 9$$

$$d^2f(P_2) = 2dx^2 + 2dy^2 - 2(-dx - dy)^2$$

$$= -4\, dxdy$$

$$f_2(P_2,d) = -4\xi\eta \ .$$

Esta derivada não mantém sempre o mesmo sinal. Por exemplo, para uma direcção d_1 do 1.º quadrante $f_2(P_2,d_1) < 0$. Para uma direcção d_2 do 2.º quadrante $f_2(P_2,d_2) > 0$. Logo em P_2 *não hà extremo*.

$$d^2f(P_3) = 2dx^2 - 2dy^2 + 2(-dx - dy)^2$$

$$= 4dx^2 + 4dxdy$$

$$f_2(P_3,d) = 4\xi^2 + 4\xi\eta$$

$$\Delta_2(P_3) = \begin{vmatrix} 4 & 2 \\ 2 & 0 \end{vmatrix} = -4 < 0. \text{ Em } P_3 \text{ não há extremo}$$

$$d^2f(P_4) = -2dx^2 + 2dy^2 + 2-(-dx-dy)^2$$

$$= 4dy^2 + 4dxdy$$

$$f_2'(P_4,d) = 4\eta^2 + 4\xi\eta$$

$$\Delta_2(P_4) = \begin{vmatrix} 4 & 2 \\ 2 & 0 \end{vmatrix} = -4 < 0. \text{ Em } P_4 \text{ não há extremo}$$

c) Função auxiliar

$$F(x,y,z) = x - 2y + 2z + \lambda(x^2 + y^2 + z^2 - 9)$$

1) *Condições de 1.ª ordem*

$$\begin{cases} F_x = 1 + 2\lambda x = 0 \\ F_y = -2 + 2\lambda y = 0 \\ F_z = 2 + 2\lambda z = 0 \\ x^2 + y^2 + z^2 = 9 \end{cases} \begin{cases} x = -\dfrac{1}{2\lambda} \\ y = \dfrac{1}{\lambda} \\ z = -\dfrac{1}{\lambda} \\ \dfrac{1}{4\lambda^2} + \dfrac{1}{\lambda^2} + \dfrac{1}{\lambda^2} = 9 \Leftrightarrow \lambda = \pm\dfrac{1}{2} \end{cases}$$

$$\lambda = \frac{1}{2} \; ; \; x = -1 \; ; \; y = 2 \; ; \; z = -2$$

$$\lambda = -\frac{1}{2} \; ; \; x = 1 \; ; \; y = -2 \; ; \; z = 2$$

P(—1,2,—2) e Q(1,—2,2) são pontos estacionários.

2) *Condições de 2.ª ordem*

	P	Q
$F_{x'} = 2\lambda$	1	-1
$F_{y'} = 2\lambda$	1	-1
$F_{z'} = 2\lambda$	1	-1
$F_{xy} = F_{yz} = F_{xz} = 0$	0	0

$$d^2F(P) = dx^2 + dy^2 + dz^2 \quad (1)$$

$$d^2F(Q) = -dx^2 - dy^2 - dz^2$$

Diferenciando a equação de ligação:

$$2xdx + 2ydy + 2zdz = 0$$

$$xdx + ydy + zdz = 0$$

No ponto P: $-dx + 2dy - 2dz = 0$

$$dz = \frac{-dx + 2dy}{2} = -\frac{1}{2}dx + dy$$

No ponto Q: $dx - 2dy + 2dz = 0$

$$dz = -\frac{1}{2}dx + dy$$

substituindo nas equações (1), vem:

$$d^2f(P) = dx^2 + dy^2 + (-\frac{1}{2}dx + dy)^2$$

$$= \frac{5}{4}dx^2 - dxdy + 2dy^2$$

$$f_2(P,d) = \frac{5}{4}\xi^2 - \xi\eta + 2\eta^2$$

$$\Delta_2(P) = \begin{vmatrix} \dfrac{5}{4} & -\dfrac{1}{2} \\ -\dfrac{1}{2} & 2 \end{vmatrix} = \dfrac{9}{4} > 0$$

$$\Delta_1(P) > 0$$

A forma é definida positiva. Em P hà um mínimo local

$$f(P) = -9$$

$$d^2f(Q) = -dx^2 - dy^2 - \left(-\dfrac{1}{2} dx + dy\right)^2$$

$$= -\dfrac{5}{4} dx^2 + dxdy - 2dy^2$$

$$f_2(Q,d) = -\dfrac{5}{4} \xi^2 + \xi\eta - 2\eta^2$$

$$\Delta_2(Q) = \begin{vmatrix} -\dfrac{5}{4} & \dfrac{1}{2} \\ \dfrac{1}{2} & -2 \end{vmatrix} = \dfrac{9}{4} > 0$$

$$\Delta_1(Q) < 0$$

A forma é definida negativa. Em Q hà um máximo local

$$f(Q) = 9$$

5 — *Decompor o número $k > 0$ na soma de três números cujo produto é máximo.*

Resolução

$$x + y + z = k \qquad \text{Equação de ligação}$$

$$f(x,y,z) = x \cdot y \cdot z \qquad \text{Função a extremar}$$

Função auxiliar: $F(x,y,z) = xyz + \lambda(x + y + z - k)$

1) *Condições de 1.ª ordem*

$$\begin{cases} F_x = yz + \lambda = 0 \\ F_y = xz + \lambda = 0 \\ F_z = xy + \lambda = 0 \\ x + y + z = k \end{cases} \quad \begin{cases} x = y = z \\ \\ 3x = k \ ; \ x = \dfrac{k}{3} = y = z \end{cases}$$

Substituindo numa das equações:

$$\frac{k^2}{9} + \lambda = 0 \ \Rightarrow \ \lambda = -\frac{k^2}{9}$$

$P\left(\dfrac{k}{3}, \dfrac{k}{3}, \dfrac{k}{3}\right)$ é um ponto estacionário.

2) *Condições de 2.ª ordem*

	P
$F_{x^2} = 0$	0
$F_{xy} = z$	$\dfrac{k}{3}$
$F_{xz} = y$	$\dfrac{k}{3}$
$F_{y^2} = 0$	0
$F_{yz} = x$	$\dfrac{k}{3}$
$F_{z^2} = 0$	0

$$d^2 F(P) = \frac{2}{3} k (dxdy + dydz + dxdz).$$

Diferenciando a equação de ligação:

$$dx + dy + dz = 0$$
$$dz = -dx - dy$$

$$d^2f(P) = \frac{2}{3} k(dxdy - dxdy - dy^2 - dx^2 - dxdy)$$

$$= -\frac{2}{3} kdx^2 - \frac{2}{3} kdxdy - \frac{2}{3} kdy^2$$

$$f_2(P,d) = -\frac{2}{3} k\xi^2 - \frac{2}{3} k\xi\eta - \frac{2}{3} k\eta^2$$

$$\Delta_2(P,d) = \begin{vmatrix} -\frac{2}{3}k & -\frac{1}{3}k \\ -\frac{1}{3}k & -\frac{2}{3}k \end{vmatrix} = \frac{1}{3} k^2 > 0$$

$$\Delta_1(P,d) < 0$$

A forma é definida negativa. Em P hà um máximo local

O número k, é decomposto da forma seguinte:

$$k = \frac{k}{3} + \frac{k}{3} + \frac{k}{3}$$

6 — *Extremar a função* $f(x,y,z) = ax^2 + by^2$ *sobre superfície esférica*

$$S = \{(x,y,z) : x^2 + y^2 + z^2 = 1\},$$

supondo que $a < 0$ *e* $b > 0$

RESOLUÇÃO

Função auxiliar: $F(x,y,z) = ax^2 + by^2 + \lambda(x^2 + y^2 + z^2 - 1)$

1) *Condições de 1.ª ordem*

$$\begin{cases} F_x = 2ax + 2\lambda x = 0 \\ F_y = 2by + 2\lambda y = 0 \\ F_z = 2\lambda z = 0 \quad z = 0 \\ x^2 + y^2 + z^2 = 1 \end{cases} \begin{cases} 2x(a+\lambda) = 0 \\ \\ z = 0 \end{cases} \begin{cases} x = 0 \text{ ou } \lambda = -a \\ \\ z = 0 \end{cases}$$

$$-2b - 2\lambda = 0 > \lambda = -b$$

Se $x = 0$; $z = 0$; $y = \pm 1$, temos dois pontos estacionários:

$$P_1(0,1,0) \ ; \ \lambda = -b$$

$$P_2(0,-1,0) \ ; \ \lambda = -b$$

Se $\lambda = -a$; $z = 0$; $y = 0$; $x = \pm 1$, temos dois pontos estacionários

$$P_3(1,0,0)$$

$$P_4(-1,0,0)$$

2) *Condições de 2.ª ordem*

	P_1	P_2	P_3	P_4
$F_{x^2} = 2a + 2\lambda$	$2a - 2b$	$2a + 2b$	0	0
$F_{y^2} = 2b + 2\lambda$	0	$4b$	$2b - 2a$	$2b - 2a$
$F_{z^2} = 2\lambda$	$-2b$	$2b$	$-2a$	$-2a$
$F_{xy} = F_{xz} = F_{yz} = 0$	0	0	0	0

$d^2F(P_1) = (2a - 2b)dx^2 - 2bdz^2$

$d^2F(P_2) = (2a + 2b)dx^2 + 4bdy^2 + 2bdz^2$

$d^2F(P_3) = d^2F(P_4) = (2b - 2a)dy^2 - 2adz^2$

Diferenciando a equação de ligação:

$$2xdx + 2ydy + 2zdz = 0$$

No ponto $P_1(0,1,0)$: $dy = 0$

No ponto $P_2(0,-1,0)$: $dy = 0$

No ponto $P_3(1,0,0)$: $dx = 0$

No ponto $P_4(-1,0,0)$: $dx = 0$

Então:

$$d^2f(P_1) = (2a - 2b)dx^2 - 2bdz^2$$

$$\Delta_2(P_1) = \begin{vmatrix} 2a-2b & 0 \\ 0 & -2b \end{vmatrix} = -4ab + 4b^2 > 0$$

$$\Delta_1(P_1) = 2a - 2b < 0$$

A forma é definida negativa. Em P_1 hà um máximo local

$$d^2f(P_2) = (2a + 2b)dx^2 + 2bdz^2$$

$$\Delta_2(P_2) = \begin{vmatrix} 2a+2b & 0 \\ 0 & 2b \end{vmatrix} = 4ab + 4b^2$$

Se $|a| < b \quad \Delta_2(P_2) > 0$

Em P_2 hà um minimo local, porque

$$\Delta_1(P_2) > 0$$

Se $|a| < b \quad \Delta_2(P_2) < 0;$ Em P_2 não hà extremo

$$d^2f(P_3) = d^2f(P_4) = (2b - 2a)dy^2 - 2adz^2$$

$$\Delta_2(P_3) = \Delta_2(P_4) = \begin{vmatrix} 2b-2a & 0 \\ 0 & -2a \end{vmatrix} = -4ab + 4a^2 > 0$$

$\Delta_1(P_3) = \Delta_1(P_4) > 0;$ Em P_3 e P_4 a função tem um minimo local

7 — *Utilizando a teoria do extremo ligado, determine o ponto de cota mais alta da intersecção do paraboloide* $x^2 + y^2 = 5 - z$ *com o plano* $x + y + z = 1.$

(F.C.T.U. — exa e 1977).

RESOLUÇÃO

Função a extremar: $f(x,y,z) = z$

Equações de ligação: $x^2 + y^2 = 5 - z$ e $x + y + z = 1$

Função auxiliar: $F(x,y,z) = z + \lambda(x^2 + y^2 - 5 + z) + \mu(x + y + z - 1)$

1) *Condições de 1.ª ordem*

$$\begin{cases} F_x = 2\lambda x + \mu = 0 \\ F_y = 2\lambda y + \mu = 0 \\ F_z = 1 + \lambda + \mu = 0 \\ x^2 + y^2 = 5 - z \\ x + y + z - 1 = 0 \end{cases}$$

Da 1.ª equação e da segunda tiramos $y = x$. Substituindo nas duas últimas obtemos

$$\begin{cases} 2y^2 + z - 5 = 0 \\ 2y + z - 1 = 0 \end{cases} \quad \begin{cases} y = 2 \\ z = -3 \end{cases} \text{ ou } \begin{cases} y = -1 \\ z = 3 \end{cases}$$

Calculando os correspondentes valores para a variável x determinamos dois pontos de estacionaridade:

$$P(2, 2, -3) \;;\; \lambda = \frac{1}{3} \text{ e } \mu = -\frac{4}{3}$$

$$Q(-1, -1, 3) \;;\; \lambda = -\frac{1}{3} \text{ e } \mu = -\frac{2}{3}$$

2) *Condições de 2.ª ordem*

	P	Q
$F_{x^2} = 2\lambda$	$\dfrac{2}{3}$	$-\dfrac{2}{3}$
$F_{xy} = F_{xz} = 0$	0	0
$F_{y^2} = 2\lambda$	$\dfrac{2}{3}$	$-\dfrac{2}{3}$
$F_{yz} = 0$	0	0
$F_{z^2} = 0$	0	0

$$d^2F(P) = \frac{2}{3} dx^2 + \frac{2}{3} dy^2$$

$$d^2F(Q) = -\frac{2}{3} dx^2 - \frac{2}{3} dy^2$$

Diferenciando as equações de ligação:

$$\begin{cases} 2xdx + 2ydy + dz = 0 \\ dx + dy + dz = 0 \end{cases}$$

No ponto P:

$$\begin{cases} 4dx + 4dy + dz = 0 \\ dx + dy + dz = 0 \end{cases}$$

Subtraindo as duas equações termo a termo vem:

$$dy(P) = -dx$$

No ponto Q:

$$\begin{cases} -2dx - 2dy + dz = 0 \\ dx + dy + dz = 0 \end{cases}$$

Logo: $dy(Q) = -dx$

Então

$$d^2f(P) = \frac{2}{3} dx^2 + \frac{2}{3} dx^2 = \frac{4}{3} dx^2$$

$$f_2(P,d) = \frac{4}{3} \xi^2 > 0; \quad \text{Em P há mínimo local}$$

$$d^2f(Q) = -\frac{2}{3} dx^2 - \frac{2}{3} dx^2 = -\frac{4}{3} dx^2$$

$$f_2(Q,d) = -\frac{4}{3} \xi^2 < 0; \quad \text{Em Q hà máximo local}$$

Logo o ponto pedido é o ponto Q(—1,—1,3).

8 — *Determinar, utilizando a teoria do extremo ligado, os pontos da superfície* $x^2 - y^2 + z = R$ *(R constante) onde a função* $v = x + y - z^2$ *tem um possivel extremo, indicando, no caso deste existir, qual a sua natureza.*

RESOLUÇÃO

Função a extremar $f(x,y,z) = x + y - z^2$

Equação de ligação $x^2 - y^2 + z = R$

Função auxiliar $F(x,y,z) = x + y - z^2 + \lambda (x^2 - y^2 + z - R)$

1) *Condições de 1.ª ordem*

$$\begin{cases} F_x = 1 + 2\lambda x = 0 \\ F_y = 1 - 2\lambda y = 0 \\ F_z = -2z + \lambda = 0 \\ x^2 - y^2 + z = R \end{cases} \quad \begin{cases} x = -\dfrac{1}{2\lambda} \\ y = \dfrac{1}{2\lambda} \\ z = \dfrac{\lambda}{2} \\ \lambda = 2R \end{cases}$$

Então

$$P\left(-\frac{1}{4R}, \frac{1}{4R}, R\right); \lambda = 2\ R$$

é um ponto de estacionalidade

2) *Condições de 2.ª ordem*

	P
$F_{x^2} = 2\lambda$	$4R$
$F_{xy} = F_{xz} = 0$	0
$F_{y^2} = -2\lambda$	$-4R$
$F_{yz} = 0$	0
$F_{z^2} = -2$	-2

$$d^2F(P) = 4R\,dx^2 - 4R\,dy^2 - 2dz^2$$

Diferenciando a equação de ligação:

$$2x\,dx - 2y\,dy + dz = 0$$

$$dz(P) = \frac{1}{2R}(dx + dy)$$

Substituindo:

$$d^2f(P) = 4R\,dx^2 - 4R\,dy^2 - \frac{2}{4R^2}(dx^2 + dy^2 + 2dx\,dy)$$

$$= \left(4R - \frac{1}{2R^2}\right)dx^2 + \left(-4R - \frac{1}{2R^2}\right)dy^2 - \frac{1}{R^2}dx\,dy$$

$$\Delta_2(P) = \begin{vmatrix} 4R - \dfrac{1}{2R^2} & -\dfrac{1}{2R^2} \\ -\dfrac{1}{2R^2} & -4R - \dfrac{1}{2R^2} \end{vmatrix} = -16R^2 < 0$$

Então P não hà extremo.

9 — *Utilizando a teoria do extremo ligado, extremar a função* $z(x,y)$ *definida por*

$$2z^4 + (y-1)^2 + 2(x-1)^2 - 2 = 0 \ .$$

RESOLUÇÃO

Função auxiliar $F(x,y,z) = z + \lambda[2z^4 + (y-1)^2 + 2(x-1)^2 - 2]$

1) *Condições de 1.ª ordem*

$$\begin{cases} F_x = 4\lambda(x-1) = 0 \\ F_y = 2\lambda(y-1) = 0 \\ F_z = 1 + 8\lambda z^3 = 0 \\ 2z^4 + (y-1)^2 + 2(x-1)^2 - 2 = 0 \end{cases} \quad \begin{cases} x = 1 \\ y = 1 \\ 1 + 8\lambda z^3 = 0 \\ z = 1 \quad \text{ou} \quad z = -1 \end{cases}$$

Há dois pontos que poderão ser extremos $P(1,1,1)\,;\lambda = -\dfrac{1}{8}$ e $Q(1,1,-1)\,;\lambda = \dfrac{1}{8}$

2) *Condições de 2.ª ordem*

	P	Q
$F_{x^2} = 4\lambda$	$-\dfrac{1}{2}$	$\dfrac{1}{2}$
$F_{xy} = 0$	0	0
$F_{xz} = 0$	0	0
$F_{y^2} = 2\lambda$	$-\dfrac{1}{4}$	$\dfrac{1}{4}$
$F_{yz} = 0$	0	0
$F_{z^2} = 24\lambda z^2$	-3	3

$$d^2F(P) = -\frac{1}{2}dx^2 - \frac{1}{4}dy^2 - 3dz^2$$

$$d^2F(Q) = \frac{1}{2}dx^2 + \frac{1}{4}dy^2 + 3dz^2$$

Diferenciando a equação de ligação:

$$8z^3 dz + 2(y-1)dy + 4(x-1)dx = 0$$

Nos pontos P e Q teremos: $dz = 0$

Substituindo:

$$d^2f(P) = -\frac{1}{2}dx^2 - \frac{1}{4}dy^2$$

$$d^2f(Q) = \frac{1}{2}dx^2 + \frac{1}{4}dy^2$$

$$\Delta_2(P) = \begin{vmatrix} -\frac{1}{2} & 0 \\ 0 & -\frac{1}{4} \end{vmatrix} = \frac{1}{8} > 0$$

$\Delta_1(P) < 0$. Em P hà um máximo local

$$\Delta_2(Q) = \begin{vmatrix} \frac{1}{2} & 0 \\ 0 & \frac{1}{4} \end{vmatrix} = \frac{1}{8} > 0$$

$\Delta_1(Q) > 0$. Em Q hà um minimo local

10 — *Pretende-se construir, com uma folha de zinco de área igual a 24 dm², uma caixa paralelipipeda fechada. Determine, quais as dimensões que deve ter essa caixa de modo que a sua capacidade seja máxima.*

(F.C.T.U.C. — exame 1976).

Resolução

Função a extremar $f(x,y,z) = V = xyz$

Equação de ligação $2xy + 2yz + 2xz = 24$

$$xy + yz + xz = 12 \ .$$

Função auxiliar $F(x,y,z) = xyz + \lambda(xy + xz + yz - 12)$

1) *Condições de 1.ª ordem*

$$\begin{cases} F_x = yz + \lambda y + \lambda z = 0 \\ F_y = xz + \lambda x + \lambda z = 0 \\ F_z = xy + \lambda x + \lambda y = 0 \\ xy + xz + yz = 12 \end{cases} \begin{cases} y = x \\ z = y \\ 3x^2 = 12; \ x = \pm 2 \end{cases}$$

Apenas interessa $x = 2$ porque x, y e z são dimensões, tendo por isso de ser positivos.

$P(2,2,2)$ com $\lambda = -1$ é um ponto estacionário.

2) *Condições de 2.ª ordem*

	P
$F_{x^2} = F_{y^2} = F_{z^2} = 0$	0
$F_{xy} = z + \lambda$	1
$F_{xz} = y + \lambda$	1
$F_{yz} = x + \lambda$	1

$$d^2F(P) = 2dxdy + 2dxdz + 2dydz$$

Diferenciando a equação de ligação:

$$(y + z)dx + (x + z)dy + (x + y)dz = 0$$

No ponto P(2,2,2): $4dx + 4dy + 4dz = 0$

$$dx + dy + dz = 0$$

$$dz = -dx - dy$$

$$d^2f(P) = 2dxdy + 2dx(-dx - dy) + 2dy(-dx - dy)$$

$$= -2dx^2 - 2dxdy - 2dy^2$$

$f_2(P,d) < 0$; Em P hà um máximo local

Os lados da caixa devem ser todos iguais a 2 dm² (cubo, de aresta igual a 2).

11 — *Determine o ponto do plano* $3x - 2z = 0$, *cuja soma dos quadrados das distâncias aos pontos* A(1,1,1) *e* B(2,3,4) *é mínima.*

Resolução

Seja P(x,y,z) um ponto do plano $3x - 2z = 0$

$$d(P,A) = \sqrt{(x-1)^2 + (y-1)^2 + (z-1)^2}$$

$$d(P,B) = \sqrt{(x-2)^2 + (y-3)^2 + (z-4)^2}$$

Função a extremar

$$f(x,y,z) = (x-1)^2 + (y-1)^2 + (z-1)^2 + (x-2)^2 + (y-3)^2 + (z-4)^2$$

Equação de ligação

$$3x - 2z = 0$$

Função auxiliar

$$F(x,y,z) = (x-1)^2 + (y-1)^2 + (z-1)^2 + (x-2)^2 + (y-3)^2 +$$

$$-(z-4)^2 + \lambda(3x - 2z)$$

1) *Condições de 1.ª ordem*

$$\begin{cases} F_x = 4x - 6 + 3\lambda = 0 \\ F_y = 4y - 8 = 0 \\ F_z = 4z - 10 - 2\lambda = 0 \\ 3x - 2z = 0 \end{cases} \begin{cases} x = \dfrac{3}{2} - \dfrac{3}{4}\lambda \\ y = 2 \\ z = \dfrac{5}{2} + \dfrac{1}{2}\lambda \\ \dfrac{9}{2} - \dfrac{9}{4}\lambda - 5 - \lambda = 0 \Rightarrow \lambda = -\dfrac{2}{13} \end{cases}$$

$P\left(\dfrac{21}{13}, 2, \dfrac{63}{26}\right)$ é um ponto estacionário.

2) *Condições de 2.ª ordem*

	P
$F_{x^2} = 4$	4
$F_{y^2} = 4$	4
$F_{z^2} = 4$	4
$F_{xy} = F_{xz} = F_{yz} = 0$	0

$$d^2F(P) = 4dx^2 + 4dy^2 + 4dz^2 .$$

Diferenciando a equação de ligação:

$$3dx - 2dz = 0$$

$$dz = \dfrac{3}{2} dx$$

$$d^2f(P) = 4dx^2 + 4dy^2 + 4\dfrac{9}{4}dx^2$$

$$= 13dx^2 + 4dy^2$$

$$\Delta_2(P) = \begin{vmatrix} 13 & 0 \\ 0 & 4 \end{vmatrix} = 52 > 0$$

$\Delta_1(P) > 0$

A forma é definida positiva; Em P há um mínimo local

12 — *Determine os pontos da superfície* $xy + yz + xz = 3$ *situados à distância mínima da origem.*

(*F.C.T.U.C.* — *exame 1977*).

RESOLUÇÃO

Função a extremar $f(x,y,z) = x^2 + y^2 + z^2$

Equação de ligação $xy + yz + xz = 3$

Função auxiliar $F(x,y,z) = x^2 + y^2 + z^2 + \lambda(xy + yz + xz - 3)$.

1) *Condições de 1.ª ordem*

$$\begin{cases} F_x = 2x + \lambda y + \lambda z = 0 \\ F_y = 2y + \lambda x + \lambda z = 0 \\ F_z = 2z + \lambda y + \lambda x = 0 \\ xy + yz + xz = 3 \end{cases} \quad \begin{array}{l} x = y \\ y = z \\ x = 1 \text{ ou } x = -1 \end{array}$$

$x = 1$; $y = 1$; $z = 1$; $\lambda = -1$

$x = -1$; $y = -1$; $z = -1$; $\lambda = -1$

$P(1,1,1)$ e $Q(-1,-1,-1)$ são pontos estacionários.

2) *Condições de 2.ª ordem*

	P	Q
$F_{x^2} = 2$	2	2
$F_{xy} = \lambda$	-1	-1
$F_{xz} = \lambda$	-1	-1
$F_{y^2} = 2$	2	2
$F_{yz} = \lambda$	-1	-1
$F_{z^2} = 2$	2	2

$$d^2F(P) = d^2F(Q) = 2dx^2 - 2dxdy - 2dxdz + 2dy^2 - 2dydz + 2dz^2 .$$

Diferenciando a equação de ligação:

$$(y + z)dx + (x + z)dy + (y + x)dz = 0$$

No ponto $P(1,1,1)$: $2dx + 2dy + 2dz = 0$

$$dz = - dx - dy$$

No ponto $Q(-1,-1,-1)$: $-2dx - 2dy - 2dz = 0$

$$dz = - dx - dy$$

Então

$$d^2f(P) = d^2f(Q) = 2dx^2 - 2dxdy - 2dx(-dx-dy) + 2dy^2$$
$$- 2dy(-dx-dy) + 2(-dx-dy)^2$$
$$= 6dx^2 + 6dxdy + 6dy^2$$

$$\Delta_2(P) = \begin{vmatrix} 6 & 3 \\ 3 & 6 \end{vmatrix} = 27 > 0$$

$$\Delta_1(P) > 0$$

A forma é definida positiva; Em P e Q a função tem mínimos locais

13 — *Prove que o valor mínimo da função* $u = ax^2 + by^2 + cz^2$ onde a, b e c são constantes positivas e x, y e z estão ligados pela equação $x + y + z = 1$, é $\dfrac{abc}{ab + bc + ca}$

(*F.C.T.U.C.* — *Exame* 1979).

RESOLUÇÃO

Função auxiliar

$$F(x,y,z) = ax^2 + by^2 + cz^2 + \lambda(x + y + z - 1)$$

1) *Condições de 1.ª ordem*

$$\begin{cases} F_x = 2ax + \lambda = 0 \\ F_y = 2by + \lambda = 0 \\ F_z = 2cz + \lambda = 0 \\ x + y + z = 1 \end{cases} \quad \begin{cases} x = -\dfrac{\lambda}{2a} \\ y = -\dfrac{\lambda}{2b} \\ z = -\dfrac{\lambda}{2c} \\ -\dfrac{\lambda}{2a} - \dfrac{\lambda}{2b} - \dfrac{\lambda}{2c} = 1 \Rightarrow \lambda = \dfrac{-2abc}{cb + ac + ab} \end{cases}$$

$$P\left(\dfrac{bc}{bc + ac + ab},\ \dfrac{ac}{bc + ac + ab},\ \dfrac{ab}{bc + ac + ab}\right)$$

é ponto estacionário.

2) *Condições de 2.ª ordem*

	P
$F_{x^2} = 2a$	$2a$
$F_{y^2} = 2b$	$2b$
$F_{z^2} = 2c$	$2c$

$d^2F(P) = 2adx^2 + 2bdy^2 + 2cdz^2$

Diferenciando a equação de ligação:

$$dx + dy + dz = 0$$

$$dz = -dx - dy$$

$$d^2u(P) = 2adx^2 + 2bdy^2 + 2c(-dx-dy)^2$$

$$= (2a + 2c)dx^2 + (2b + 2c)dy^2 + 4cdxdy$$

$$u_2(P,d) = (2a + 2c)\xi^2 + (2b + 2c)\eta^2 + 4c\xi\eta$$

$$\Delta_2(P) = \begin{vmatrix} 2a+2c & 2c \\ 2c & 2b+2c \end{vmatrix} = 4ab + 4ac + 4cb > 0$$

$\Delta_1(P) > 0$

A forma é definida positiva; Em P hà um mínimo local

$$u(P) = \frac{abc}{ab + bc + ca}$$

14 — *De todos os paralelipípedos rectangulares cuja soma das arestas é 12, qual o de maior volume?*

(F.E.U.C. — Exame 1977).

Resolução

Função a extremar $f(x,y,z) = xyz$

Equação de ligação $4x + 4y + 4z = 12$

Função auxiliar: $F(x,y,z) = xyz + \lambda(2x + 2y + 2z - 6)$.

1) *Condições de 1.ª ordem*

$$\begin{cases} F_x = yz + 2\lambda = 0 \\ F_y = xz + 2\lambda = 0 \\ F_z = xy + 2\lambda = 0 \\ x + y + z = 3 \end{cases} \begin{aligned} & x = y \\ & y = z \\ & 2x + 2y + 2z = 6 \end{aligned}$$

280

Como x, y e z representam dimensões, apenas interessa $x = y = z$.

Temos então $P(1, 1, 1)$ com $\lambda = -\dfrac{1}{8}$, como ponto estacionário.

2) *Condições de 2.ª ordem*

	P
$F_{x^2} = F_{y^2} = F_{z^2} = 0$	0
$F_{xy} = z$	1
$F_{xz} = y$	1
$F_{yz} = x$	1

$$d^2F(P) = 2dxdy + 2dxdz + 2dydz$$

Diferenciando a equação de ligação:

$$dx + dy + dz = 0$$

$$dz = -dx - dy$$

$$d^2f(P) = 2dxdy + 2dx(-dx - dy) + 2dy(-dx - dy)$$

$$= -2\,dx^2 - 2\,dxdy - 2\,dy^2$$

$$f_2(P,d) = -2\,\xi^2 - 2\,\xi\eta - 2\,\eta^2$$

$$= -2\cdot 1 - 2\,\xi\eta$$

$$= -2(1 + \xi\eta) < 0$$

Em P há um máximo local

Concluímos que de todos os paralelipípedos rectângulos com a soma das arestas igual a 12, o de volume máximo é o cubo de aresta igual a 1

15 — *Suponha que* a, b *e* c *são constantes positivas*, x, y *e* z *são positivos e* ayz + bzx + cxy = 3abc. *Prove que* xyz ⩽ abc.

RESOLUÇÃO

Queremos provar que o ponto $P(a,b,c)$ é um máximo para a função $f(x,y,z) = xyz$, atendendo a que $ayz + bzx + cxy = 3abc$.

Função auxiliar
$$F(x,y,z) = xyz + \lambda(ayz + bzx + cxy - 3abc)$$

1) *Condições de 1.ª ordem*

$$\begin{cases} F_x = yz + \lambda bz + \lambda cy = 0 \\ F_y = xz + \lambda az + \lambda cx = 0 \\ F_z = xy + \lambda ay + \lambda bx = 0 \\ ayz + bzx + cxy = 3abc \end{cases}$$

O ponto $P(a,b,c)$ verifica o sistema. Fazendo $x = a$, $y = b$ e $z = c$ numa das três primeiras equações, obtém-se $\lambda = -\dfrac{1}{2}$.

2) *Condições de 2.ª ordem*

	$P(a,b,c)$
$F_{x^2} = 0$	0
$F_{xy} = z + \lambda c$	$\dfrac{1}{2}c$
$F_{xz} = y + \lambda b$	$\dfrac{1}{2}b$
$F_{y^2} = 0$	0
$F_{yz} = x + \lambda a$	$\dfrac{1}{2}a$
$F_{z^2} = 0$	0

$$d^2F(P) = c\,dx\,dy + b\,dx\,dz + a\,dy\,dz$$

Diferenciando a equação de ligação, temos:

$$(bz + cy)dx + (az + cx)dy + (ay + bx)dz = 0$$

No ponto P: $cbdx + acdy + abdz = 0$

$$dz = -\frac{c}{a} dx - \frac{c}{b} dy$$

Substituindo em $d^2F(P)$, obtemos

$$d^2f(P) = -\frac{bc}{a} dx^2 - \frac{ca}{b} dy^2 - cdxdy$$

$$f_2(P,d) = -\frac{bc}{a} \xi^2 - \frac{ca}{b} \eta^2 - c\xi\eta$$

como a, b e c são constantes positivas, $f_2(P,d) < 0$; Em P a função tem um máximo local.

Como $f(P) = abc$

Vem:

$$f(x,y,z) = xyz \leqslant abc$$

17 — *Mostre que os pontos* A(1,1,—1) *e* B(—1,—1,1) *são pontos extremos da função* u = x² + y² + z² *com as condições* xy = 1 *e* z(x + y) = — 2.

RESOLUÇÃO

Função auxiliar $F(x,y,z) = x^2 + y^2 + z^2 + \lambda(xy - 1) + \mu(zx + zy + 2)$

1) *Condições de 1.ª ordem*

$$\begin{cases} F_x = 2x + \lambda y + \mu z = 0 \\ F_y = 2y + \lambda x + \mu z = 0 \\ F_z = 2z + \mu x + \mu y = 0 \\ xy = 1 \\ z(x + y) = -2 . \end{cases}$$

Para os pontos dados $\lambda = -1$ e $\mu = 1$.

Condições de 2.ª ordem

	A	B
$F_{x^2} = 2$	2	2
$F_{xy} = \lambda$	-1	-1
$F_{xz} = \mu$	1	1
$F_{y^2} = 2$	2	2
$F_{yz} = \mu$	-1	-1
$F_{z^2} = 2$	2	2

$$d^2F(A) = d^2F(B) = 2dx^2 - 2dxdy + 2dxdz + 2dy^2 + $$
$$+ 2dydz + 2dz^2$$

Diferenciando a primeira equação de ligação:

$$xdy + ydx = 0 \Rightarrow dy = \frac{-y}{x} dx$$

(1) $\begin{cases} dy(A) = -dx \\ dy(B) = -dx \end{cases}$

Diferenciando a segunda equação de ligação:

$$zdx + zdy + (x+y)dz = 0$$

$$dz = \frac{-z(dx+dy)}{x+y}$$

(2) $\begin{cases} dz(A) = \dfrac{1}{2} dx + \dfrac{1}{2} dy \\ dz(B) = -\dfrac{1}{2} dx - \dfrac{1}{2} dy \end{cases}$

De (1) e (2) podemos concluir que:

$$dz(A) = \frac{1}{2} dx - \frac{1}{2} dx = 0$$

$$dz(B) = -\frac{1}{2} dx + \frac{1}{2} dx = 0$$

Logo:

$$d^2u(A) = 2dx^2 - 2dx(-dx) + 2dx^2$$
$$= 6dx^2$$

$u_2(A,d) = 6\xi^2 < 0$; logo em A hà um mínimo local

$$d^2u(B) = 2dx^2 - 2dx(-dx) + 2dx^2$$
$$= 6dx^2$$

$u_2(B,d) = 6\xi^2 > 0$; logo em B hà um mínimo local

Então:

$$u(A) = u(B) = 3$$

18 — *Usando a teoria de extremos ligados resolva o seguinte problema:*
— *De todos os triângulos rectângulos de área dada S, determinar o de perímetro mínimo.*

(F.C.T.U.C. — Exame 1979).

RESOLUÇÃO

Sendo a e b os catetos e h a hipotenusa do triângulo vem:

$$S = \frac{a \cdot b}{2} \Rightarrow a \cdot b = 2S = k$$

$$h^2 = a^2 + b^2$$

$$P = a + b + h$$

Função a extremar $f(a,b,h) = a + b + h$

Equações de ligação $a \cdot b = k$ e $a^2 + b^2 - h^2 = 0$

Função auxiliar $F(a,b,h) = a + b + h + \lambda(ab - k) + \mu(a^2 + b^2 - h^2)$

1) *Condições de 1.ª ordem*

$$\begin{cases} F_a = 1 + \lambda b + 2\mu a = 0 \\ F_b = 1 + \lambda a + 2\mu b = 0 \\ F_h = 1 - 2\mu h = 0 \\ ab - k = 0 \\ a^2 + b^2 - h^2 = 0 \end{cases} \begin{cases} a = b \\ \\ 1 - 2\mu h = 0 \\ ab - k = 0 \\ a^2 + b^2 - h^2 = 0 \end{cases}$$

Da 4.ª equação virá:

$$a^2 = k \Rightarrow a = \sqrt{k} \; ; b = \sqrt{k}$$

Da 5.ª equação obtemos:

$$h = \sqrt{2k}$$

Da 3.ª equação

$$\mu = \frac{1}{2h} = \frac{1}{2\sqrt{2k}}$$

Logo:

$$\lambda = \frac{-\sqrt{2} - 1}{\sqrt{2k}}$$

2) *Condições de 2.ª ordem*

	$P(\sqrt{k}, \sqrt{k}, \sqrt{2k})$
$F_{a^2} = 2\mu$	$\dfrac{1}{\sqrt{2k}}$
$F_{b^2} = 2\mu$	$\dfrac{1}{\sqrt{2k}}$
$F_{h^2} = -2\mu$	$-\dfrac{1}{\sqrt{2k}}$
$F_{ab} = \lambda$	$\dfrac{-\sqrt{2}-1}{\sqrt{2k}}$
$F_{ah} = 0$	0
$F_{bh} = 0$	0

$$d^2F(P) = \frac{1}{\sqrt{2k}}\, da^2 + \frac{1}{\sqrt{2k}}\, db^2 - \frac{1}{\sqrt{2k}}\, dh^2 + 2\,\frac{-\sqrt{2}-1}{\sqrt{2k}}\, da\,db$$

Diferenciando as equações de ligação

$$\begin{cases} b\,da + a\,db = 0 \\ 2a\,da + 2b\,db - 2h\,dh = 0 \end{cases}$$

No ponto P:

$$\begin{cases} da(P) = -db \\ dh(P) = 0 \end{cases}$$

Logo:

$$d^2f(P) = \frac{1}{\sqrt{2k}}\, db^2 + \frac{1}{\sqrt{2k}}\, db^2 + \frac{2(\sqrt{2}+1)}{\sqrt{2k}}$$

$$= \left(\frac{4 + 2\sqrt{2}}{\sqrt{2k}}\right) db^2$$

$$f_2(P,d) = \left(\frac{4+2\sqrt{2}}{\sqrt{2k}}\right)\xi^2 > 0\ ;\ P\ \text{é mínimo}$$

Então o perímetro é mínimo quando

$$a = b = \sqrt{k} \quad \text{e} \quad h = \sqrt{2k} \quad \text{sendo:}$$

$$P = \sqrt{k} + \sqrt{k} + \sqrt{2k} = 2\sqrt{k} + \sqrt{2k} = 2\sqrt{2S} + 2\sqrt{S}$$

19 — *Dadas a recta* $y - x = 1$ *e a parábola* $y^2 = 2x$, *determinar um ponto P da recta e um ponto Q da parábola de modo que a distância de P a Q seja mínima.*

RESOLÇÃO

Sendo $P(x,y)$ pertencente à recta e $Q(s,t)$ pertencente à parábola

$$d(P,Q) = \sqrt{(x-s)^2 + (y-t)^2}$$

Função a extremar $f(x,y,s,t) = (x-s)^2 + (y-t)^2$

Equações de ligação $y - x = 1$ e $t^2 = 2s$

Função auxiliar $F(x,y) = (x-s)^2 + (y-t)^2 + \lambda(y-x-1) + \mu(t^2 - 2s)$

1) *Condições de 1.ª ordem*

$$\begin{cases} F_x = 2(x-s) - \lambda = 0 \\ F_y = 2(y-t) + \lambda = 0 \\ F_s = -2(x-s) - 2\mu = 0 \\ F_t = -2(y-t) + 2\mu t = 0 \\ y - x = 1 \\ t^2 = 2s \end{cases}$$

Somando a 1.ª equação com a 3.ª obtemos: $-\lambda - 2\mu = 0$

Somando a 2.ª equação com a 4.ª obtemos: $\lambda + 2\mu t = 0$

$$\begin{cases} \lambda = -2\mu \\ 2\mu(-1+t) = 0 \Rightarrow t = 1 \end{cases}$$

substituindo na última equação temos: $s = \dfrac{1}{2}$

Então as duas primeiras equações virão:
$$\begin{cases} 2x - 1 - \lambda = 0 \\ 2y - 2 + \lambda = 0 \end{cases}$$

somando, obtemos $2x + 2y = 3$ e juntando a 5.ª equação ficamos com o sistema

$$\begin{cases} 2x + 2y = 3 \\ y - x = 1 \end{cases} \Rightarrow \begin{cases} x = \dfrac{1}{4} \\ y = \dfrac{5}{4} \end{cases}$$

Facilmente se tira que $\lambda = \dfrac{1}{2}$ e $\mu = \dfrac{1}{4}$ e $R\left(\dfrac{1}{4}, \dfrac{5}{4}, \dfrac{1}{2}, 1\right)$

Temos que verificar se o ponto encontrado é um mínimo da função distância.

2) *Condições de 2.ª ordem*

	$R\left(\dfrac{1}{4}, \dfrac{5}{4}, \dfrac{1}{2}, 1\right)$
$F_{x^2} = 2$	2
$F_{xy} = \Phi_{xt} = 0$	0
$F_{xs} = -2$	-2
$F_{y^2} = 2$	2
$F_{ys} = 0$	0
$F_{yt} = 2$	2
$F_{s^2} = 2$	2
$F_{st} = 0$	0
$F_{t^2} = 2 + 2\mu$	$\dfrac{5}{2}$

$$d^2F(R) = 2dx^2 - 4dxds + 2dy^2 + 4dydt + 2ds^2 + \frac{5}{2}dt^2$$

Diferenciando as equações de ligação:

$$\begin{cases} dx - dy = 0 \\ 2tdt = 2ds \end{cases}$$

No ponto R o sistema vem:

$$\begin{cases} dy = dx \\ dt = ds \end{cases}$$

Substituindo na expressão de $d^2F(R)$ virá;

$$d^2f(R) = 2dx^2 - 4dxds + 2dy^2 + 4dxds + 2ds^2 + \frac{5}{2}ds^2$$

$$= 4dx^2 + \frac{9}{2}ds^2$$

$$\Delta_2 = \begin{vmatrix} 4 & 0 \\ 0 & \frac{9}{2} \end{vmatrix} = \frac{36}{2} = 18 > 0$$

$$\Delta_1 = 4 > 0 .$$

Forma definida positiva, logo R é um mínimo, isto é, o ponto $\left(\frac{1}{4}, \frac{5}{4}\right)$ pertencente à recta $y - x = 1$ encontra-se à distância mínima do ponto $Q\left(\frac{1}{2}, 1\right)$ pertencente à parábola $y^2 = 2x$.

20 — *Extremar a função* $f(x,y,z) = xy + yz$ *sabendo que* $x^2 + y^2 = 2$ *e* $yz = 2$.

RESOLUÇÃO

Função auxiliar $F(x,y) = xy + yz + \lambda(x^2 + y^2 - 2) + \mu(yz - 2)$.

1) *Condições de 1.ª ordem*

$$\begin{cases} F_x = y + 2\lambda x = 0 \\ F_y = x + z + 2\lambda y + \mu z = 0 \\ F_z = y + \mu y = 0 \Rightarrow y = 0 \text{ (não é solução do sistema) ou } \mu = -1 \\ x^2 + y^2 = 2 \\ yz = 2 \end{cases}$$

Substituindo obtemos o seguinte sistema

$$\begin{cases} y + 2\lambda x = 0 \\ x + 2\lambda y = 0 \\ x^2 + y^2 = 2 \\ yz = 2 \end{cases} \begin{cases} x = y \text{ ou } x = -y \\ x^2 + y^2 = 2 \\ yz = 2 \end{cases}$$

que tem como soluções os pontos

$P(1,1,2) \; ; \; \lambda = -\dfrac{1}{2} \; ; \; \mu = -1$

$Q(-1,-1,-2) \; ; \; \lambda = -\dfrac{1}{2} \; ; \; \mu = -1$

$R(1,-1,-2) \; ; \; \lambda = \dfrac{1}{2} \; ; \; \mu = -1$

$S(-1,1,2) \; ; \; \lambda = \dfrac{1}{2} \; ; \; \mu = -1$

Existem, portanto, quatro pontos de estacionaridade.

2) *Condições de 2.ª ordem*

	P	Q	R	S
$F_{x^2} = 2\lambda$	-1	-1	1	1
$F_{xy} = 1$	1	1	1	1
$F_{xz} = 0$	0	0	0	0
$F_{y^2} = 2\lambda$	-1	-1	1	1
$F_{yz} = 1 + \mu$	0	0	0	0
$F_{z^2} = 0$	0	0	0	0

$d^2F(P) = d^2F(Q) = -dx^2 + 2dxdy - dy^2$

$d^2F(R) = d^2F(S) = dx^2 + 2dxdy + dy^2$

Diferenciando a equação de ligação temos:

$2xdx + 2ydy = 0$

$$dy = -\frac{x}{y} dx$$

$dy(P) = dy(Q) = -dx$

$dy(R) = dy(S) = dx$

substituindo em d^2F obtemos:

$d^2f(P) = d^2f(Q) = -dx^2 - 2dx^2 - dx^2 = -4dx^2$

$f_2(P,d) = f_2(Q,d) = -4\xi^2 < 0$

Logo em P e Q a função tem máximos locais

$d^2f(R) = d^2f(S) = dx^2 + 2dx^2 + dx^2$

$= 4dx^2$

$f_2(R,d) = f_2(S,d) = 4\xi^2 > 0$

Então em R e S a função tem mínimos locais

$f(P) = 3$; $f(Q) = 3$

$f(R) = 1$; $f(S) = 1$.

21 — *Extremar a função* $f(x,y,z) = x^2 + y^2 + z^2$, *com a seguinte equação de ligação* $y^2 = 2px + k$ (k *constante*).

RESOLUÇÃO

Função auxiliar

$$F(x,y,z) = x^2 + y^2 + z^2 + \lambda(y^2 - 2px - k)$$

1) *Condições de 1.ª ordem*

$$\begin{cases} F_x = 2x - 2\lambda p = 0 \\ F_y = 2y + 2\lambda y = 0 \Rightarrow y = 0 \quad \text{ou} \quad \lambda = -1 \\ F_z = 2z = 0 \Rightarrow z = 0 \\ y^2 = 2px + k \end{cases}$$

$$y = 0 \ ; \ z = 0 \ ; \ x = -\frac{k}{2p} \ ; \ \lambda = -\frac{k}{2p^2}$$

$$\lambda = -1 \ ; \ x = -p \ ; \ y = \pm\sqrt{k - 2p^2} \quad z = 0$$

a) $k > 0$ e $2p^2 < k \Leftrightarrow -\sqrt{\dfrac{k}{2}} < p < \sqrt{\dfrac{k}{2}}$

Temos três pontos de estacionaridade que são

$$P\left(-\frac{k}{2p}, 0, 0\right) \ ; \ \lambda = \frac{-k}{2p^2}$$

$$Q(-p, -\sqrt{k - 2p^2}, 0) \ ; \ \lambda = -1$$

$$R(-p, \sqrt{k - 2p^2}, 0) \ ; \ \lambda = -1$$

2) *Condições de 2.ª ordem*

	P	Q	R
$F_{x^2} = 2$	2	2	2
$F_{y^2} = 2 + 2\lambda$	$2 - \dfrac{k}{p^2}$	0	0
$F_{z^2} = 2$	2	2	2
$F_{xy} = F_{xz} = F_{yz} = 0$	0	0	0

$$d^2F(P) = 2dx^2 + \left(2 - \frac{k}{p^2}\right)dy^2 + 2dz^2$$

$$d^2F(Q) = d^2F(R) = 2dx^2 + 2dz^2$$

Diferenciando a equação de ligação:

$$2ydy - 2pdx = 0$$

$$dx(P) = 0 \;;\; dx(Q) = \frac{-\sqrt{k-2p^2}}{p}\, dy$$

$$dx(R) = \frac{\sqrt{k-2p^2}}{p}\, dy$$

Substituindo

$$d^2f(P) = \left(2 - \frac{k}{p^2}\right)dy^2 + 2dz^2$$

$$\Delta_2(P) = \begin{vmatrix} 2 - \dfrac{k}{p^2} & 0 \\ 0 & 2 \end{vmatrix} = 2\left(\frac{2p^2 - k}{p^2}\right) < 0$$

Logo P não é extremo.

$$d^2f(Q) = d^2f(R) = \frac{k - 2p^2}{p^2}\, dy^2 + 2dz^2$$

$$\Delta_2(R) = \Delta_2(Q) = \frac{4(k-2p^2)}{p^2} > 0$$

$$\Delta_1(R) = \Delta_1(Q) = 2\,\frac{k-2p^2}{p^2} > 0$$

Q e R são mínimos locais

b) $k < 0$ e $2p^2 = k \Leftrightarrow p = \pm \sqrt{\dfrac{k}{2}}$

Neste caso temos apenas dois pontos de estacionaridade

$$P\left(-\frac{k}{2p}, 0, 0\right) ; \lambda = -\frac{k}{2p^2}$$

$$S(-p, 0, 0) ; \lambda = -1$$

Vimos já que P não é extremo

$$d^2F(S) = 2dx^2 + 2dz^2$$

$$dx(S) = 0$$

Logo

$$d^2f(S) = 2dz^2$$

$$f_2(S,d) = 2\xi^2 \geqslant 0$$

S poderá ser um mínimo da função. É necessário fazer-se uma análise local.

Seja $T(-p+\varepsilon, \varepsilon, \varepsilon)$ $(\varepsilon \gtrless 0)$ um ponto pertencente $V\varepsilon(S)$

$$f(S) = p^2$$

$$f(T) = p^2 + 2\varepsilon^2$$

como $f(T) > f(S)$: S é mínimo local

c) $k > 0$ e $2p^2 > k \Leftrightarrow p > \sqrt{\dfrac{k}{2}}$ ou $p < -\sqrt{\dfrac{k}{2}}$

Temos apenas um ponto de estacionaridade.

$$P\left(-\frac{k}{2p}, 0, 0\right) ; \lambda = \frac{-k}{2p^2}$$

$$\Delta_2(P) = 2\frac{2p^2 - k}{p^2} > 0$$

$$\Delta_1(P) = \frac{2p^2 - k}{p^2} > 0: \text{ P é mínimo local}$$

d) $k < 0$ e $p \neq 0$

Existe apenas um ponto de estacionaridade

$$P\left(-\frac{k}{2p}, 0, 0,\right) ; \lambda = \frac{-k}{2p^2}$$

$$\Delta_2(P) = 4\frac{2p^2 - k}{p^2} > 0$$

$$\Delta_1(P) = 2\frac{2p^2 - k}{p^2} > 0$$

P é mínimo local

e) $k = 0$

A função não tem extremos

12.5 — Exercícios para resolver

1 — *Determine os pontos estacionários das funções*

a) $z = 2x^3 + xy^2 + 5x^2 + y^2$

b) $z = e^{2x}(x + y^2 + 2y)$

c) $z = y(1 + x)^{\frac{1}{2}} + x(1 + y)^{\frac{1}{2}}$.

R.:

a) $P_1(0,0)$; $P_2\left(-\dfrac{5}{3}, 0\right)$; $P_3(-1,2)$; $P_4(-1,-2)$

b) $P\left(\dfrac{1}{2}, -1\right)$

c) $P\left(-\dfrac{2}{3}, -\dfrac{2}{3}\right)$

2 — *Mostre que a função* $z = x^3 + y^2 - 6xy - 39x + 18y + 20$ *tem um mínimo em* $P(5,6)$.

3 — *Extremar as funções*

a) $f(x,y) = x^2 + xy + y^2 + \dfrac{a^3}{x} + \dfrac{a^3}{y}$

b) $f(x,y,z) = x^2 + y^2 + 3z^2 + yz + 2xz - xy$

c) $f(x,y) = (y^2 - x)^2$.

R.:

a) Mínimo em $\left(\dfrac{a}{\sqrt[3]{3}}, \dfrac{a}{\sqrt[3]{3}}\right)$

b) Mínimo em $(0,0,0)$.

c) $x = y^2$ linha de mínimos.

4 — *Extremar as funções*

a) $f(x,y) = x^3 + y^3 - 3xy$

b) $f(x,y) = x^3 + y^3 - 3x^2y - 1$

c) $f(x,y) = x^3 y^2 (6 - x - y)$ com $x > 0$ e $y > 0$

d) $f(x,y) = xy e^{x-y}$

e) $f(x,y) = x^4 + y^3 - 3y$.

R.:

a) Mínimo em $(1,1)$

b) Não tem extremos

c) Máximo em (3,2)

d) Mínimo em (— 1,1)

e) Não tem extremos.

5 — *Determinar os extremos da função*

$$f(x,y) = x^3 + y^3 - 3axy \quad com \quad a \neq 0$$

R.: $P(a,a)$ mínimo se $a > 0$; máximo se $a < 0$.

6 — *Calcular o mínimo da função* $f(x,y) = 2x^2 + 3y^2$ *sendo* $5x + 6y = 0$.

R.: $f(0,0) = 0$.

7 — *Extremar as funções seguintes com as equações de ligação indicadas*

a) $f(x,y,z) = x^2 + 3y^2 + 5z^2$; $2x + 3y + 5z = 100$

b) $f(x,y) = \log xy$; $2x + 3y = 5$

c) $f(x,y,z) = xyz$; $2x - 3y + z = 10$

d) $f(x,y,z) = xyz$; $x + y + z = 5$ e $xy + zy + xz = 8$

R.:

a) $f\left(\dfrac{50}{3}, \dfrac{50}{6}, \dfrac{50}{6}\right) = 833{,}33$ mínimo

b) $f\left(\dfrac{5}{4}, \dfrac{5}{6}\right) = \log \dfrac{25}{24}$ máximo

c) $f\left(\dfrac{5}{3}, -\dfrac{10}{9}, \dfrac{10}{3}\right) = -\dfrac{500}{81}$ mínimo

d) $f(2,2,1) = 4$ mínimo ; $f\left(\dfrac{4}{3}, \dfrac{4}{3}, \dfrac{7}{3}\right) = \dfrac{112}{27}$ máximo.

8 — *Determine o máximo de função* $f(x,y,z) = x^2y^2z^2$ *sujeitas as variáveis* x, y *e* z *à condição* $x^2 + y^2 + z^2 = 5^2$.

b) *Use o resultado da alínea anterior para verificar que*

$$\sqrt[3]{x^2y^2z^2} \leqslant \frac{x^2+y^2+z^2}{3}$$

R.: *a)* O máximo é atingido no ponto

$$P\left(\frac{5}{\sqrt{3}},\frac{5}{\sqrt{3}},\frac{5}{\sqrt{3}}\right)$$

9 — *Utilizando a teoria do extremo ligado calcular as dimensões que deve ter uma caixa com a forma de paralelipípedo, fechada, com a capacidade de 27 m³ para que o seu custo, quando construída com determinado material, seja mínimo.*

R.: Cubo de aresta igual a 3 m.

10 — *Determine o ponto da parábola $y^2 = x$ que se encontra à distância mínima do ponto $P(1,0)$.*

R.: $P_1\left(\dfrac{1}{2},\dfrac{\sqrt{2}}{2}\right)$ e $P_2\left(\dfrac{1}{2},-\dfrac{\sqrt{2}}{2}\right)$

11 — *Determinar o ponto da superfície $z = x^2 + y^2$ que se encontra à distância mínima do ponto $(0,0,1)$.*

R.: $x^2 + y^2 = \dfrac{1}{2}$ e $z = \dfrac{1}{2}$ (linha de mínimos).

12 — *Demonstrar que a distância mínima do ponto $M(a,b,c)$ ao plano α: $Ax + By + Cz + D = 0$ é*

$$\frac{|Aa + Bb + Cc + D|}{\sqrt{A^2 + B^2 + C^2}}$$

13 — *Determine o produto máximo de três números de soma 24.*

R.: O produto máximo é 512 ($x = y = z = 8$).

14 — *Determine a soma mínima de três números de produto 64.*

R.: A soma mínima é 12 ($x = y = 4$).

15 — *Determine os pontos da circunferência* $x^2 + y^2 = 5$ *onde a função* $z = x + 2y$ *atinge um máximo ou um mínimo.*

R.: Máximo em (1,2) e mínimo em (—1,—2).

16 — *Determine o ponto do plano* $x + y - z = 3$ *em que é extremo o produto das suas coordenadas.*

R.: $P_1(1,1,1)$ (produto máximo = 1).

17 — *Determinar os extremos de* $z = x^2 + 4y^2$ *estando as variáveis* x *e* y *ligadas pela relação* $x^2 + 2xy + 4y^2 = 3$.

R.: Mínimos em $\left(1, \dfrac{1}{2}\right)$ e $\left(-1, -\dfrac{1}{2}\right)$;

Máximos em $\left(-\sqrt{3}\ ;\ \sqrt{\dfrac{3}{2}}\right)$ e $\left(\sqrt{3}\ ,\ -\sqrt{\dfrac{3}{2}}\right)$

XIII
EXERCÍCIOS SAÍDOS EM EXAME

1 — *Seja* $u(x,y,z) = e^{xyz}$. *Determine*

a) $\dfrac{\partial^3 u}{\partial x \partial y \partial z}$

b) $\dfrac{du}{dx}$, *sendo* $y = \text{arctg } x^2$ *e* $z = \sec(x^2 + y)$.

R.:

a) $\dfrac{\partial^3 u}{\partial x \partial y \partial z} = e^{xyz}(1 + 3xyz + x^2y^2z^2)$

b) $\dfrac{du}{dx} = e^{xyz}\left[yz + \dfrac{2x^2 z}{1+x^4} + 2x^2 y \left(\dfrac{2+x^4}{1+x^4}\right) \sec(x^2+y)\text{tg}(x^2+y^2)\right]$

$(y = \text{arctg } x^2 \quad e \quad z = \sec(x^2 + \text{arctg } x^2)$

2 — *Seja* $u(r,t) = t^n \, e^{-\frac{r^2}{4t}}$. *Calcule o valor da constante* n *para o qual* (r,t) *verifica a equação*

$$\frac{\partial u}{\partial t} = \frac{1}{r^2} \frac{\partial}{\partial r}\left(r^2 \frac{\partial u}{\partial r}\right)$$

R.: $n = -\dfrac{3}{2}$

3 — *Seja* $f: \mathbb{R}^2 \to \mathbb{R}$ *definida por*

$$f(x,y) = \begin{cases} \dfrac{2xy}{x^2+y^2} & se \quad (x,y) \neq (0,0) \\ 0. & se \quad (x,y) = (0,0) \end{cases}$$

a) *Calcule* $\dfrac{\partial f}{\partial x}(0,y)$ *para todo o* y

b) *Diga se* $\dfrac{\partial^2 f}{\partial x \partial y}(0,0)$ *existe*

c) $\dfrac{\partial f}{\partial x}$ *é diferenciável em* $(0,0)$?

R.:

a) $\dfrac{\partial f}{\partial x}(0,y) = \dfrac{2}{y}$

b) Não existe.

c) Não é diferenciável; $\dfrac{\partial}{\partial y}\left(\dfrac{\partial f}{\partial x}\right)$ não é finita.

4 — *Considere a função* $f: \mathbb{R}^2 \to \mathbb{R}$ **definida por**

$$f(x,y) = \cos xy^2.$$

Verifique que $\dfrac{\partial^2 f}{\partial x \partial y} = \dfrac{\partial^2 f}{\partial y \partial x}$

5 — *Sendo* $u = x^2 + e^{x+y}$ *com* $x = t^2$ *e* $y = e^t$.

a) *Calcule* $\dfrac{du}{dt}$

b) *Calcule* du. *Verifique o princípio da invariância da 1.ª diferencial.*

R.:

a) $\dfrac{du}{dt} = 4t^3 + 2t\, e^{t^2 + e^t} + e^{t^2 + t + e^t}$

b) $du = \dfrac{du}{dt} \cdot dt$

6 — *Considere a função* $f(x,y) = 2 + \log \dfrac{x+y}{y}$ *com* $\dfrac{x+y}{y} > 0$

a) *Verifique que ela é homogénea e determine o seu grau de homogeneidade. A que é igual a expressão* $xf'_x + yf'_y$? *Justifique.*

b) *Prove que* $y\,\dfrac{\partial^2 f}{\partial y^2} + x\,\dfrac{\partial^2 f}{\partial x \partial y} = -\dfrac{\partial f}{\partial y}$

c) *Calcule* df *no ponto* $P(1,1)$.

R.:

a) Homogénea de grau zero. Então $xf'_x + yf'_y = 0$, porque se uma função é homogénea verifica a identidade de Euler.

c) $df(1,1) = \dfrac{1}{2}(dx - dy)$.

7 — *Seja* $u = F(x,t)$ *a função que resulta de compor* $G(\rho,\eta)$ *com* $\rho = x + ct$ *e* $\eta = x - ct$ $(c \in \mathbb{R})$.

a) *Calcule* $\dfrac{\partial^2 u}{\partial t^2} - c^2 \dfrac{\partial^2 u}{\partial x^2}$ *em função das derivadas de* u *em ordem a* ρ *e* η.

b) *Se* $u(x,t) = \Phi(x - ct) + \psi(x + ct)$. *Verifique que*

$$\dfrac{\partial^2 u}{\partial t^2} = c^2 \dfrac{\partial^2 u}{\partial x^2}$$

R.:

a) $\dfrac{\partial^2 u}{\partial t^2} - c^2 \dfrac{\partial^2 u}{\partial x^2} = -4c^2 \dfrac{\partial^2 G}{\partial \rho\, \partial \eta}$

8 — *Considere a função* w = f(x,y,z) *e sejam* x = φ(u,v), y = ψ(v) *e* z = θ(u,v) *com* f,φ,ψ *e* θ *funções diferenciáveis até à 2.ª ordem. Calcule*

$$\frac{\partial w}{\partial v} \quad e \quad \frac{\partial^2 w}{\partial u^2}$$

R.:

a) $\dfrac{\partial w}{\partial v} = \dfrac{\partial f}{\partial x} \cdot \dfrac{\partial \varphi}{\partial v} + \dfrac{\partial f}{\partial y} \cdot \dfrac{d\psi}{dv} + \dfrac{\partial f}{\partial z} \cdot \dfrac{\partial \theta}{\partial v}$

$\dfrac{\partial^2 w}{\partial u^2} = \dfrac{\partial^2 f}{\partial x^2} \left(\dfrac{\partial \varphi}{\partial u}\right)^2 + 2 \dfrac{\partial^2 f}{\partial x \partial z} \cdot \dfrac{\partial \theta}{\partial u} \cdot \dfrac{\partial \varphi}{\partial u} + \dfrac{\partial f}{\partial x} \dfrac{\partial^2 \varphi}{\partial u^2} +$

$\qquad + \dfrac{\partial^2 f}{\partial z^2} \left(\dfrac{\partial \theta}{\partial u}\right)^2 + \dfrac{\partial f}{\partial z} \cdot \dfrac{\partial^2 \theta}{\partial u^2}$

9 — *Considere a função* $z = e^{\frac{x}{y}} + f(x+y, x-y)$, *sendo* f *uma função diferenciável*

a) *Determine a expressão* $x\dfrac{\partial z}{\partial x} + y\dfrac{\partial z}{\partial y}$ *em função* x, y *e das derivadas de* f *em ordem aos seus argumentos.*

b) *Se* f *for uma função homogénea de grau zero, a que é igual expressão da alínea anterior? Justifique.*

c) *Tomando para* f(x+y, x-y) *a expressão* $\dfrac{x+y}{x-y}$, *calcule* dz *no ponto* (0,1).

R.:

a) $x\dfrac{\partial z}{\partial x} + y\dfrac{\partial z}{\partial y} = (x+y)\dfrac{\partial f}{\partial u} + (x-y)\dfrac{\partial f}{\partial v}$

(com $x+y=u$ e $x-y=v$).

b) É igual a zero, porque z é homogénea de grau zero.

c) $dz(0,1) = -dx$.

10 — Sejam $u = \varphi(x,y)$ e $y = \dfrac{z}{f(x^2 - z^2)}$ com f e φ diferenciáveis.

a) Mostre que $\dfrac{1}{x}\dfrac{\partial y}{\partial x} + \dfrac{1}{z}\dfrac{\partial y}{\partial z} = \dfrac{y}{z^2}$

b) Calcule du *no ponto* (x,z).

R.:

b) $du = \left[\dfrac{\partial \varphi}{\partial x} - \dfrac{\partial \varphi}{\partial y} \dfrac{2xzf'(x^2 - z^2)}{f^2(x^2 - z^2)} \right] dx +$

$\dfrac{\partial \varphi}{\partial y} \dfrac{f(x^2 - z^2) + f'(x^2 - z^2)2z^2}{f^2(x^2 - z^2)} dz$

11 — Dada a função $u(x,y,z) = x^5 \operatorname{sen}\left(\dfrac{z^2 + y^2}{x^2}\right)$

a) Mostre que ela é homogénea e determine o seu grau de homogeneidade.

b) Mostre que verifica o teorema de Euler.

c) Expresse-a na forma $x^\alpha \varphi\left(\dfrac{y}{x}, \dfrac{z}{x}\right)$, onde α é o grau de homogeneidade da função.

R.:

a) Homogénea de grau cinco.

c) $\varphi\left(\dfrac{y}{x}, \dfrac{z}{x}\right) = \operatorname{sen}\left[\left(\dfrac{z}{x}\right)^2 + \left(\dfrac{y}{x}\right)^2\right]$

11 — Considere a função $f(x,y,z) = x^3 \psi\left(\dfrac{yz}{x^2}\right)$

a) Através da definição prove que ela é homogénea e determine o seu grau de homogeneidade.

b) Verifique a identidade de Euler.

R.:

a) Homogénea de grau 3.

12 — Sendo $z^3 + 3xyz = 8$.

a) Verifique que $x \dfrac{\partial z}{\partial x} - y \dfrac{\partial z}{\partial y} = 0$

b) Calcule $\dfrac{\partial^2 z}{\partial x \partial y}$ em $P(1,1,0)$.

R.:

b) $\dfrac{\partial^2 z}{\partial x \partial y}(1,1,0) = 0$

13 — Verifique que a função $u(r,t) = \dfrac{1}{r}[f(r-ct) + g(r+ct)]$ satisfaz a equação:

$$\frac{\partial^2 u}{\partial r^2} + \frac{2}{r}\frac{\partial u}{\partial r} = \frac{1}{c^2}\frac{\partial^2 u}{\partial t^2}$$ (c constante) quaisquer que sejam as funções f e g deriváveis pelo menos até à 2.ª ordem.

14 — Dada a função implícita definida por

$$\cos(xy) - \log(xy) = 0 .$$

Mostre que

$$\frac{2}{x}\frac{dy}{dx} + \frac{d^2y}{dx^2} = 0 \quad \left(\text{supõe-se sen } xy \neq -\frac{1}{xy}\right)$$

$\left(\text{Sugestão: } \textit{Comece por provar que } \dfrac{dy}{dx} = -\dfrac{y}{x}\right)$

15 — Mostre que as funções $z(x,y)$ definidas implicitamente pela relação

$$f(x + y + z, x^2 + y^2 + z^2) = 0$$

verificam

$$(y - x) + (y - z)\frac{\partial z}{\partial x} + (z - x)\frac{\partial z}{\partial y} = 0$$

16 — *Sendo φ uma função diferenciável e z definida implicitamente pela relação*

$$\cos z + \varphi(e^{xy}, \log xy) = 0, \quad \textit{mostre que}$$

$$x \frac{\partial z}{\partial x} - y \frac{\partial z}{\partial y} = 0$$

17 — *Se* $z = \Phi(x,y)$ *verifica a equação*

$F[f(x,y,z), g(x,y,z)] = 0$, *determine as expressões das derivadas* $\dfrac{\partial z}{\partial x}$ *e* $\dfrac{\partial z}{\partial y}$ *em termos das derivadas de* F, f *e* g.

R.:

$$\frac{\partial z}{\partial x} = - \frac{\dfrac{\partial F}{\partial f} \dfrac{\partial f}{\partial x} + \dfrac{\partial F}{\partial g} \dfrac{\partial g}{\partial x}}{\dfrac{\partial F}{\partial f} \cdot \dfrac{\partial f}{\partial z} + \dfrac{\partial F}{\partial g} \dfrac{\partial g}{\partial z}}$$

$$\frac{\partial z}{\partial y} = - \frac{\dfrac{\partial F}{\partial f} \cdot \dfrac{\partial f}{\partial y} + \dfrac{\partial F}{\partial g} \dfrac{\partial g}{\partial y}}{\dfrac{\partial F}{\partial f} \cdot \dfrac{\partial f}{\partial z} + \dfrac{\partial F}{\partial g} \cdot \dfrac{\partial g}{\partial z}}$$

18 — *Mostre, a partir da equação*

$$a + b(x+y) + cxy = m(x-y) \quad \textit{com } a, b, c \textit{ e } m \textit{ constantes, que}$$

$$\frac{dx}{a + 2bx + cx^2} = \frac{dy}{a + 2by + cy^2}$$

19 — *A relação* $\left(\dfrac{x}{a}\right)^n + \left(\dfrac{y}{b}\right)^n + \left(\dfrac{z}{c}\right)^n = 1$ *define z como função de x e y. Calcule* $\dfrac{\partial^2 z}{\partial x \partial y}$ (a, b *e* c $\in \mathbb{R}$).

R.:

$$\frac{\partial^2 z}{\partial x \partial y} = \frac{n-1}{z} \left(\frac{c^2}{ab}\right)^n \left(\frac{xy}{z^2}\right)^{n-1}$$

20 — *Sendo z definida implicitamente pela relação* $x^x y^y z^z = c^c$ $(c \in \mathbb{R})$. *Prove que*

$$\frac{\partial^2 z}{\partial x \partial y} = -\frac{(1+\log x)(1+\log y)}{z(1+\log z)^3}$$

21 — *a) Considere a função* f(x,y) *estando* x *e* y *relacionadas com as variáveis* u *e* v *do modo seguinte:*

$$x = e^u \cos v \quad e \quad y = e^u \operatorname{sen} v$$

Efectue a mudança de variáveis independentes na expressão:

$$x \frac{\partial f}{\partial y} + y \frac{\partial f}{\partial x}$$

b) Supondo que f(x,y) *verifica a equação* $x \dfrac{\partial f}{\partial y} + y \dfrac{\partial f}{\partial x} = 0$, *mostre que sucede o mesmo com a função* g(x,y) = sen (f) . cos (f).

R.:

a) $\cos 2v \dfrac{\partial f}{\partial v}$

22 — *Sendo* z = f(r,θ) *dada em coordenadas polares, mostre que*

$$\operatorname{grad} z = f'_r \vec{u} + \frac{1}{r} f'_\theta \vec{w}$$

onde $\vec{u} = \cos \theta \, \hat{i} + \operatorname{sen} \theta \, \hat{j}$ *e* $\vec{w} = -\operatorname{sen} \theta \, \hat{i} + \cos \theta \, \hat{j}$.

23 — *Seja dada a função* $u(x,y,z) = 2x + z + xf(x^2 + y, xyz)$.

a) Calcule as derivadas $\dfrac{\partial u}{\partial x}$, $\dfrac{\partial u}{\partial y}$ *e* $\dfrac{\partial u}{\partial z}$ *em função de* x,y,z,f *e das derivadas de* f *em ordem aos seus argumentos.*

b) Se for $f(x^2 + y, xyz) = -(x^2 + y + xyz)$, *verifique se há extremo para a função no ponto* P(—1,1,1).

R.:

a) $\dfrac{\partial u}{\partial x} = 2 + f(a,b) + x\left(2x\,\dfrac{\partial f}{\partial a} + yz\,\dfrac{\partial f}{\partial b}\right)$

$\dfrac{\partial u}{\partial y} = x\left(\dfrac{\partial f}{\partial a} + xz\,\dfrac{\partial f}{\partial b}\right)$ e $\dfrac{\partial u}{\partial z} = 1 + x^2 y\,\dfrac{\partial f}{\partial b}$

(com $a = x^2 + y$ e $b = xyz$).

b) Não há extremo.

24 — a) *Diga, justificando, qual a condição para que uma função* $f : \mathbb{R}^2 \to \mathbb{R}$ *tenha a 1.ª derivada direccional nula em* $P(a,b)$ *para todas as direcções emergentes de* $P(a,b)$.

b) *Mostre que qualquer que seja a função*

$$F : \mathbb{R} / \{(0,y)\} \times \mathbb{R} \to \mathbb{R} \quad \text{definida por}$$

$$F(x,y) = f\left(\dfrac{y}{x}\right), \text{ verifica a equação}$$

$$xF'_x + yF'_y = 0$$

R.:

a) $f'_x(P) = 0$ e $f'_y(P) = 0$.

25 — *Seja* $f : \mathbb{R}^2 \to \mathbb{R}$ *definida por*

$$f(x,y) = \sqrt{e^y x - y e^x}$$

c) *Calcule* grad $f(1,0)$.

b) *Calcule a 1.ª derivada direccional de* f *no ponto* $P(1,0)$ *e na direcção do vector unitário, que faz com o semi-eixo positivo* OX *um ângulo de* $\pi/6$.

c) *Escreva a equação do plano tangente à superfície* $\dfrac{z}{2} = f(x,y)$ *no ponto* $(1,0,.)$.

R.:

a) $\operatorname{grad} f(1,0) = \hat{i} + (1-e)\hat{j}$

b) $f_1(P,d) = \dfrac{\sqrt{3}}{2} + (1-e)\dfrac{1}{2}$

c) $2x - 2(1-e)y - z = 0$

26 — *Considere a função* $f : \mathbb{R}^2 \to \mathbb{R}$ *definida por*

$$f(x,y) = x^3 + 2xy^2 - x^2y$$

a) *Sem recorrer à definição mostre que esta função é homogénea indicando o grau de homogeneidade.*

b) *Calcule a 1.ª derivada direccional no ponto P(2,1) e na direcção em que tal derivada é máxima.*

R.:

a) Homogénea de grau três.

b) $f_1(P, \operatorname{grad} f) = 2\sqrt{29}$.

27 — *Calcule a 1.ª derivada direccional da função* $f : \mathbb{R}^2 \to \mathbb{R}$ *definida por* $f(x,y) = x^2y + xy^2 + 3xy + 1$ *no ponto P(1,2) e na direcção em que esta derivada é máxima.*

R.:

$$f_1(P, \operatorname{grad} f) = 4\sqrt{65}.$$

28 — *Determine os extremos das seguintes funções*

a) $f(x,y) = \dfrac{8}{x} + \dfrac{x}{y} + y$

b) $f(x,y) = x^3 + y^2 - 6xy - 39x + 18y$

c) $f(x,y) = x^2y^2 - 2xy$

d) $f(x,y) = xy^3 - 12y^2 - x^2 - 6$

e) $f(x,y) = x^3 + y^3 - 9xy + 27$.

R.:

a) Mínimo em (4,2).

b) Mínimo em (5,6).

c) A curva de equação $xy = 1$ é uma linha de mínimos.

d) Máximo em (0,0).

e) Mínimo em (3,3).

29 — *Utilizando a teoria do extremo ligado extremar a função* z(x,y) *definida por*

$$2z^4 + (y-1)^2 + 2(x-1)^2 - 2 = 0 .$$

R.:

a) Máximo no ponto (1,1,1) e um mínimo no ponto (1,1,—1).

30 — *Calcule o ponto do plano* $x + 4y + 4z = 39$ *mais próximo do ponto* P(2,0,1).

R.: (3,4,5).

31 — *A função* $f(x,y) = \dfrac{4x^2y^2 - y^4}{16}$ *representa o quadrado da área de um triângulo isósceles de lados* x *e* y *e cujo perímetro é* $2x + y = 3$. *Determine a área máxima.*

R.: $a = \dfrac{\sqrt{3}}{4}$